计算思维教育

王荣良 著

上海科技教育出版社

图书在版编目(CIP)数据

计算思维教育/王荣良著. —上海:上海科技教育出版社,2014.7(2017.10 重印)

ISBN 978-7-5428-5978-5

Ⅰ.①计… Ⅱ.①王… Ⅲ.①计算方法—思维方法 Ⅳ.①0241

中国版本图书馆 CIP 数据核字(2014)第 112201 号

责任编辑 杜文彪
封面设计 杨晓文

计算思维教育
王荣良 著

出版发行 上海科技教育出版社有限公司
（上海市柳州路 218 号 邮政编码 200235）
网　　址 www.sste.com www.ewen.co
经　　销 各地新华书店
印　　刷 上海师范大学印刷厂
开　　本 787 × 1092 1/16
字　　数 296 000
印　　张 14.75
版　　次 2014 年 7 月第 1 版
印　　次 2017 年 10 月第 2 次印刷
书　　号 ISBN 978-7-5428-5978-5/G·3319
定　　价 36.00 元

前　言

Prefence Prefence Prefence

在中国古代,学科有两个概念,一是指学问的科目门类,另一是指科举考试的学业科目。现代学科的形成主要源自西方。在西方的知识发展史上,知识的分门别类从古希腊的哲学就已经开始了。17世纪以后，很多学科从自然哲学中分离出来自立门户,逐渐形成了知识专业化的现象,现代学科正式诞生。

目前中小学是以科目为课程的主要呈现形式：教师是以科目为单位来划分课程内容、组织教学并进行评价;学生的文化知识结构也是以此为架构来搭建的。以学科为类属的知识划分直接影响了现代学校中课程的科目组织，学科直接影响了现代学校的课程体系,使得学校科目成为了学科的含义。

学科能进入中小学校的课程科目,需要满足三方面的基础条件,其一是现代知识观的哲学基础,即具备客观性、普遍性和中立性三大特征;其二是心理学基础,学校科目体系的安排和目标与学生心智发展的内部条件保持一致;其三最重要,是社会政治和经济基础。

现代的数字电子计算机诞生于20世纪40年代。到了20世纪50年代,各知名大学争先恐后地开设与计算机相关的课程，但当时计算机只被视为数学或工程学的一个分支,并非独立的学科。到了20世纪60年代,各大学开始设立计算机科学系,计算机科学才真正成为一门学科。

在我国中小学，社会政治和经济因素对推动计算机课程的诞生与发展作用巨大。科技的发展、计算机应用的普及、信息化浪潮的来临,特别是领导力的作用,促进了计算机课程的诞生以及从计算机课程到信息技术课程的转变。但是,信息技术课程在哲学基础和心理学基础上的欠缺，使得该课程总是困惑不断而呈现出不稳定性,其发展的基本依据是"什么知识最有用"的简单实用主义,也缺少对中小学生心智特征和信息技术知识体系的系统研究。目前的信息技术课程教学主要还是停留在计算机的操作技术学习上,并呈现向更泛化的信息处理和信息文化发展的趋势,这种发展趋势因该课程逐渐淡化技术和学科属性而使对应的学科越来越不明确。信息技术课程存在着许多的困惑,促使人们对课程的学科本质进行思考。

一次偶然的机会,我聆听了一位教育信息化专家的报告,他感慨远程教育信息化的发展远不如远程医疗信息化。这一说法获得了普遍的认同,但少有人提出其中存在的问题。其实,教育信息化的问题并不仅仅在信息化本身,还因为教育教学过程不能被抽象为可计算的模型。

基于计算机应用的教育信息化的本质是可计算问题,这促使我思考理解计算的意义。当今社会,我们称之为普适计算的时代,与我们生活、工作相关的大量信息都被转换成一定的数据形式由计算机处理,机器计算无处不在。另一方面,随着计算机技术的发展和人机交互的重视,以操作计算机实现简单应用的教育需求越来越小。机器计算的普及和计算机操作的便捷促使我们对计算机教育目标定位的再思考。如果社会公民通过常规教育能够理解计算,能够知道什么是可计算的,什么是不可计算的,那么,在他今后的工作与生活中,就可以清楚什么工作是可以由计算机自动完成的,什么工作必须由人完成。当然,他也会清楚教育信息化过程中哪些问题是可以由计算机来解决,教育信息化发展的瓶颈在哪里。因此,通过学校教育,让学生理解什么是机器计算,对他今后的工作和生活是有意义的,而这意义不只局限于从事计算机专业领域的工作。

2006年,周以真教授在美国提出计算思维。2008 年,我国高校也开展了计算思维的研究,并在高校的公共计算机基础课程和部分的计算机专业课程开展相关教学实践,以期解决大学计算机教育中存在的"狭义工具论"问题,注重培养学生的创新能力。尽管近年来计算思维受关注程度越来越高,但许多教师还是不清楚计算思维的本质是什么,感觉计算思维有多种版本,特别是缺少从思维教育角度来理解计算思维。2012 年,我在《中国信息技术教育》杂志撰文"计算思维:一种新的学科思维方式",向中小学推介计算思维教育。文章发表以后,得到了许多中小学教师的关注。基于不少教师想深入了解计算思维,我萌发了详细阐述计算思维教育的想法。

本书花费较多的篇幅阐述计算学科及相关原理,努力通过计算的本质来理解计算思维的本质,而不是简单地停留在什么是计算思维的概念之上。只有清楚计算模型,掌握从抽象、理论到设计的学科方法,理解机器计算,才能真正理解计算思维。本书也从数学和工程两方面归纳了计算思维的学科方法,希望能帮助读者从学科方法论的角度理解计算思维,并掌握相关的方法。本书适量地介绍了思维的相关知识,并阐述了从知识教育到思维教育变化的缘由和意义,希望通过计算思维教育的个案来引发读者对思维教育价值的思考、探索与实践。在本书的后半部分,通过介绍一些计算机基础课程、程序设计课程以及中小学的信息技术课程教学案例,挖掘和阐述其中的计算思维教育成分, 以期让读者能对计算思维教育有相对具体的认识。由于计算思维教育的研究与实践还刚开始,特别是在基础教育中更为鲜见,其教学案例还不够成熟,有待通过研究与实践来完善。

本书所阐述的计算思维教育涉及计算、心理、教育等多个学科,读者可以感受多个学科在计算思维教育领域碰撞中产生的智慧火花, 但同时也面临着如何理解本书内容的挑战。本书引用了一些与计算原理和学科发展相关的有趣故事,希望能增强可读性,以淡化理论叙述的枯燥以及对数学基础的要求。如果读者在阅读本书过程中对部分理论或实例暂时理解不透,可以先跳过,因为这不一定影响以后章节的阅读,并且很有可能在阅读其他章节以后反而能够得到释疑解惑了。受多种因素的限制,本书对涉及的一些基本理论、经典算法和学科方法并没有详细阐述,读者想深入了解,可以阅读相关专业文献资料。

本书的写作,参考了大量文献,包括书籍、论文以及网络资料,主要文献已罗列于本书的“参考文献”中,但难免挂一漏万。在本书的写作过程中,房诗林老师、汪霞华老师、陈久华老师、王斌华老师提供了教学案例,桂兆焜老师、房诗林老师还对书稿提出了很有价值的建议,在此表示衷心感谢。另外,特别要感谢出版社杜文彪主任对中小学信息技术教育以及计算思维的热情与关注, 因为他的鼓励与支持才使得本人阐述计算思维教育的想法能以书稿形式实现。撰写本书时,本人正逢化疗赋闲在家,从而得以有时间静心思考,同时也使写作成为对抗病魔的一种手段。本书能够完成,离不开家人的理解、支持以及无微不至的照顾,也离不开许多朋友们的关心与帮助,在此一并致谢。

本书仅是从计算原理的视角阐述计算思维以及计算思维教育, 加之本人水平有限,书中不足与错误之处在所难免,望读者不吝赐教。

希望本书能对有兴趣从事计算思维教育的教育工作者提供帮助。普及计算思维教育,让更多的学生知道什么是计算,比学会简单的操作计算机更有意义。

作者
2014年 3 月

Contents 目录

Contents

Contents

第一章　计算思维起源

计算轶事

“深蓝”与卡斯帕罗夫

“深蓝”(Deep Blue)是美国IBM公司研制的一台高性能并行计算机，它由256个专门为国际象棋比赛设计的微处理器组成，它的下棋程序用C语言编写，存储了近100年来的60万盘高手的棋谱。据估计，该系统每秒计算2亿次棋。依据其高速的运算能力和大容量的棋谱，“深蓝”可搜寻及估计随后的12步棋，相比较，通常一名国际象棋大师只能估计随后的10步棋。1997年6月，“深蓝”在世界超级电脑中排名第259位，计算能力为113.8亿次浮点运算。

卡斯帕罗夫，国际象棋特级大师，在1985年至2006年间曾23次获得世界排名第一，11次获得国际象棋奥斯卡奖。他是国际象棋史上的奇才，被誉为“棋坛巨无霸”。2005年，卡斯帕罗夫退役。

“深蓝”与卡斯帕罗夫之间发生的联系，是他们之间的人机交战。1997年5月，在美国纽约的公平大厦，“深蓝”与卡斯帕罗夫交战(见图1.1)。结果，“深蓝”以两胜一负三平战胜卡斯帕罗夫，从而名扬世界。

事实上，这已不是“深蓝”与卡斯帕罗夫的第一次交锋。1996年2月，“深蓝”与卡斯帕罗夫第一次交手，结果前者以2:4失利。显然，“深蓝”不服气，经过了计算机专家和国际象棋顾问组成的“深蓝”团队对“深蓝”计算机软件进行了改进，然后有了第二次的交手。

图1.1　卡斯帕罗夫与“深蓝”在交锋

“深蓝”获胜以后，“深蓝”团队获得70万美元的奖金，卡斯帕罗夫获得40万美元的奖金。其实，最大的赢家还是 IBM 公司，据说公司获得 5000 万美元的广告收益，且公司股票大涨。

“深蓝”的前身是“深思Ⅱ”(Deep Thought Ⅱ)。“深思Ⅱ”是 1991 年计算机国际象棋锦标赛的冠军，计算机国际象棋锦标赛是由 ACM 组织的，每年举办一次。

第一节　无处不在的计算

早晨，一阵熟悉的铃声把我从睡梦中唤醒，电子钟告诉我已经是早上 6 点 30 分。担心上课迟到，我赶紧起床，经历必须的洗漱和早餐，就出门了。此时，浏览一下手机，一条气象预报短信已经推送到手机上，提醒我今天该怎样穿着以及是否要准备雨具。出门乘坐地铁，掏出公交卡，过闸机口，地铁站台的显示屏显示着下一趟地铁的到站时间(见图 1.2)。跟随人流上地铁，下地铁，出站。赶到教室，离上课时间已经不多了。教室里的多媒体设备照例已经打开，我赶紧在计算机上寻找自己的存储空间，点击鼠标，打开所需讲授的内容。上课开始了……

图 1.2　地铁到站时刻显示

下课后，我来到办公室，打开书桌上的计算机，习惯性地查看今天学校的工作安排和自己的电子邮件。好消息，杂志社回信，2 周前投送的一篇论文被录用了。还发现几封垃圾邮件，删！顺便浏览一下新闻……

以上描述的是大多数教师所经历的生活片断。我们可以感受到，这中间发生的几乎每一件事，都与我们计划在本书所叙述的计算紧密相关。电子钟静悄悄地计算着电子脉冲的跳动数，并把结果明白无误地显示出来，且根据预先设定的闹铃时间，播放叫早的音乐。手机设置了气象信息自动推送服务，7 点一到，气象预报短信就会送达到手机。交通卡中记录着每次乘坐交通工具的数据及人民币余额，进出地铁站，交通卡即刻便完成了它该做的信息操作。地铁站台上的显示屏也时刻计算并显示着后续列车的到站时间。至于多媒体教学设备中所发生的过程，也就是读取信息、处理信息、显示信息，一切都是有条不紊地进行着。

进一步分析，电子钟在执行计算，它是不断地对电子脉冲进行计数，以确定时、分、秒。地铁站台的显示屏也在执行计算，因为它要获取后续列车的数据，并计算到达本站的时间。在这过程中，获取后续列车的数据、计算时间操作都属于计算范畴。我们可以把计算理解为信息处理或操作，我们同样也可以理解气象预报短信的推送是计算，我们通过计算机查找自己存储空间中的上课资料也是计算。尽管实现这些信息处理都是由诸如计算机、电子钟、交通卡等人造物完成的,但具有实质意义的无疑是其中的计算过程或信息处理过程,这也是本书所关注的焦点。

所有这些事例,把我们引向一种共识:在当今世界上,计算几乎无处不在,这是我们这个时代的基本特征。随着计算机和网络技术的普及与广泛应用,计算渗透进了人类社会的方方面面,改变着人们的学习、工作和生活方式。可以这样说:我们人类赖以生存的世界是建立在各种各样的计算之上, 计算已融入我们的整个文化之中。可能我们中的许多人并没有意识到这一点,这是因为许多计算过程是非常隐蔽地隐藏在现象的背后。在日常生活中,我们无需知道或弄懂我们所使用的各种人工制品中体现的计算规则或程序,以及它们是如何工作的。也就是说,我们通常是把它们当作一个"黑盒子"来看待和使用的。当我在收邮件时,我们知道计算机一定执行了一系列的操作,这些操作不仅涉及到当前使用的计算机,还有可能涉及远方的计算机,但我们确实不清楚也不需要清楚其具体做了什么,又是如何做的。事实上,大到航天飞机、小到纳米级机器人,确实物化着各种各样的计算。

面对如此众多的计算,作为非计算机技术或信息技术专业人员,应该了解多少计算,应该掌握多少计算技术,应该涉猎多少计算理论,这是一个问题。

第二节　机器计算的发展历程

让机械装置从事数学运算,从而制造计算机,并不是 20 世纪才开始的。按机械装置参与计算的程度分类,我们可以把机器计算划分为四个阶段:机械表达计算、机械自动计算、机电计算、电子计算。

一、机械表达计算

人类社会最早使用数手指、结绳、算筹等方式进行计算,随着生产的发展和交流的增加,又发明了算盘,这是一种最早的计算工具。

一般算盘是在矩形木框内排列一串串等数目的算珠, 中间有一道横梁把算珠统分为上下两部分,梁上有 2 粒算珠,梁下有 5 粒算珠(见图 1.3)。算珠由直柱固定,俗称"档",常用的算盘有 9 档、11 档或 13 档。档与档的关系,是 10 进制的进位关系,低位档内的值满 10,则向高位(左档)进一。而每档中以横隔为梁,梁下的每 1 粒算珠为数值 1,梁上每 1 粒算珠为数值 5, 梁下满 5 粒算珠,则梁上加 1 粒算珠。

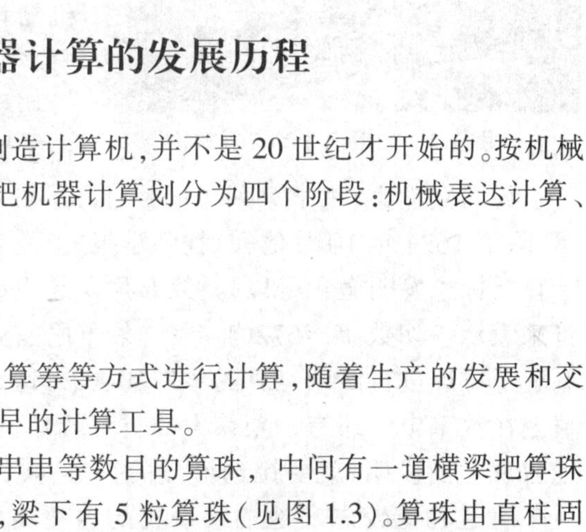

图 1.3　算盘

从计算的本质来说, 算盘的作用主要是用于记录数值运算的过程。其运算规则是使用算盘的口诀,如加法中的加一口诀:“一上一,一下五去四,一去九进一”,反映的就是梁上梁下的逢5进1关系和左右档的逢10进1关系。这句口诀,用三个动作代替人们加一计算的思考和记忆,当然具体的计算还是由操作算盘的人来完成的。也就是说,本质上算盘的计算是由人脑实施的,算盘很便捷地表达了参加运算的数值和运算结果,包括运算的中间结果,为人脑运算提供了极大的方便。

二、机械自动计算

钟表业的产生和发展，特别是齿轮传动装置技术的发展为机器计算提供了重要的技术支持。17世纪，法国数学家、物理学家、哲学家帕斯卡(Pascal,1623—1662)曾造出一台手动计算机(见图1.4),能进行8位十进制加减法运算。这台计算机的基本原理是采用齿轮来表示各个十进位制数位上的数字，通过齿轮比来解决进位问题。8组齿轮代表8位十进制数,低位的齿轮每转动10圈,高位上的齿轮只转动1圈。通过采用一组水平齿轮和一组垂直齿轮相互啮合转动，解决计算和自动进位,组成了一台计算机。帕斯卡已经意识到机器计算的深远意义,在《思想录》中写道:“数学机器得出的结果，要比动物所做出的一切更接近于思想。”他提出利用纯粹的机械装置来模拟人的思想的愿望令人敬佩。

图1.4　帕斯卡手动计算机

德国数学家、哲学家莱布尼兹(Leibniz,1646—1716)也是计算机研制的重要先驱。除了1684年10月他在《教师学报》上发表论文“一种求极大极小的奇妙类型的计算”,标志发明微积分以外,莱布尼茨还发明了二进制算术,通过“0”与“1”两个数符来表示一切数字。1672年1月,莱布尼兹对帕斯卡的加减法计算机进行了改造,制造了可以进行四则运算的步进加法器,这为以后的手摇计算器奠定了基础。莱布尼兹在数字史上还有一项伟大的贡献就是引入了大量的数学符号,堪称符号大师。他曾说:“要发明,就要挑选恰当的符号,要做到这一点,就要用含义简明的少量符号来表达和比较忠实地描绘事物的内在本质，从而最大限度地减少人的思维劳动”。阅读本书后面的内容,我们也会感受到符号在计算中的作用。

19世纪出现了一股研制计算机热,但所造出的都不是自动计算机,而是用机械的方法代替人脑计算的计算器。第一个提出自动计算机设计思想的是英国数学家巴比奇(Babbage,1791—1871)。1822年,他设计制造了一台差分机模型。这台机器不但每次能完成一个算术运算,而且可以自动完成一套运算。

以后,巴比奇又开始研制能完成更复杂运算的分析机。在分析机的设计中,巴比奇受到了当时一种称为雅卡尔提花机的启发。因为在当时,法国人发明了利用预先打孔的卡片来控制织物的编织式样的自动织布机,生产速度大幅提高。1834年,他借用提花机中穿孔卡片的自动控制功能,设计出了一台分析机模型。他把机器设计成三个部分,一是用来储存数据信息的“仓库”,二是进行数据运算处理的“工场”,三是在“仓库”和“工场”中设置了一个称之为“控制桶”的调度,好让“生产”能够持续有序地进行。别小看巴比奇的这个设计,正是它奠定了当今计算机的基本构架:“仓库”就是现在的内存,“工场”就是运算器,而“工场”和“控制桶”则是控制计算的中央处理单元,俗称 CPU。

由于当时技术条件的限制,巴比奇的模型最终没有实现,但他关于自动计算机的设计思想却呈现出了现代计算机设计的雏形。

19 世纪末期,由于电动技术的发展,计算机的动力方式得以改进。在美国统计局工作的工程师霍勒里思(Hollerith,1860—1929)为了应付繁重的人口统计工作,对手摇机械计算器进行了改进,在 1884 年制造出了第一台电动计算机。在 19 世纪的最后几十年里, 美国的人口出现了爆炸性的增长, 人口普查变得越来越难以操作,要想对一次人口普查的数据进行加工和处理,至少要花上十年的时间。这部被霍勒里思称为“制表机”的机器大大提高了人口数据处理的速度。其中,制表机的原理与雅卡尔提花机很接近,它在卡片上打出一系列的小孔,代表每一个家庭的每一位公民,不同的孔包含不同的信息。只要运用得当,制表机每小时可以处理几万张卡片。1890 年,霍勒里思又用电磁继电器部分替代机械元件控制穿孔卡片,造出了第一台机电式自动计算机。大名鼎鼎的 IBM 公司 1924 年就是靠销售这种机器起家的。

再说一下雅卡尔提花机(见图 1.5),它在机器计算的发展历程中贡献独特。19 世纪早期的法国里昂是世界闻名的丝织之都。里昂的丝织工人们织出的丝绸锦缎图案绚丽,精美绝伦,被人们视为珍品,然而他们使用的工具却是质量低劣、效率低

图 1.5 英国曼切斯特自然与工业博物馆里陈列的雅卡尔提花机

下的老式手工提花机。这种机器需要有人站在上面，每织一根丝线（纬线）都要费力地一根一根地将丝线（经线）提起、放下，才能织出精细复杂的丝绸，就好像演员在操纵牵线木偶。这种繁琐的劳动随着1804年雅卡尔提花机的发明发生了改变。法国人约瑟夫·玛丽·雅卡尔（Joseph Marie Jacquard，1752—1834）发明了利用一系列预先打孔的卡片来控制经线的提起和放下的自动织布机，速度比老式手工提花机快了25倍，而且改变织物的式样只需改变卡片。为此，热衷于科技和工业的法国皇帝拿破仑特别嘉奖了发明者雅卡尔，并且允许他从每一台投入生产的雅卡尔提花机利润中抽取专利税。

雅卡尔的打孔卡片不只为丝织业带来革命，还将控制与存储的思想引入计算领域，为人类从此打开了一扇控制机器计算的大门。卡片上有孔和无孔，恰好对应二进制的"0"和"1"，穿孔卡片实现了控制指令的存储。当出现更有效的存储和控制装置，计算机的性能明显得到提升。

三、机电计算

1941年，德国工程师苏泽（Zuse，1910—1995）全部使用继电器，造出了一台完全程序控制的机电式计算机。美国科学家艾根（Aiken，1900—1973）也于1944年和1946年造出了两台全继电器操作的计算机Mark Ⅰ和Mark Ⅱ，通过穿孔卡片进行输入和输出，两个23位数的加减法只需0.3秒，相乘也只需要6秒。

电能的应用是人类工业革命的伟大发明。电对人类生活的影响有两方面：能量的获取、转化和传输，电子信息技术的基础。对于前者，电改变了机器计算的动力，可以用电能部分替代手摇计算器所需要的部分机械能；对于后者，则是根本改变了机器计算的形式。

继电器是一种电控制器件，当输入量的变化达到规定要求时，能在电气输出电路中使被控量发生预定的阶跃变化。它使控制系统和被控制系统之间形成互动关系。具体地说，电磁式继电器一般由铁芯、线圈、衔铁、触点簧片等组成（见图1.6）。只要在线圈两端（1端和2端）加上一定的电压，线圈中就会流过一定的电流，从而产生电磁效应，衔铁就会在电磁力吸引的作用下克服返回弹簧的拉力吸向铁芯，从而带动衔铁的两个触点（3端和5端）吸合。当线圈断电后，电磁吸力随之消失，衔铁就会在弹簧力的作用下返回原来的位置，使原来两个吸合的触点释放。这样吸合、释放，从而达到了在电路中的导通、切断的目的。继电器的吸合和释放恰好对应二进制的"0"和"1"，电信号可以用继电器来实现开关状态的表达与转换。

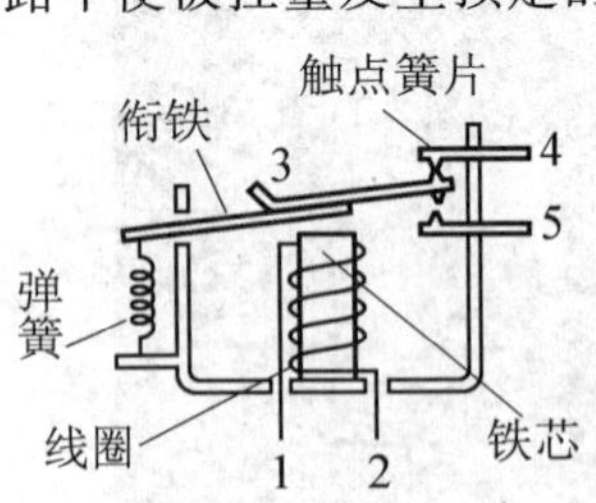

图1.6 继电器

由继电器构造的计算机仍属于机电计算机。机电计算机在程序自动控制和数据存储方面，为计算机的进一步发展奠定了基础。但它的速度还是不够快，也容易出错。到了第二次世界大战后期,有许多新式武器为了提高命中率需要进行大量的运算,而且需要在很短的时间内得出结果。这时,原有的计算机速度就不能令人满意了,研制更高速的计算机迫在眉睫。电子计算机就是在这种情况下诞生的。

四、电子计算

1883年,美国大发明家爱迪生(Edison,1847—1944)在研制灯泡时无意中发现一个有趣的现象:把一块金属板与灯丝一起密封在灯泡内,给灯泡通电后,如给金属板加正电压,则发热的灯丝与金属板之间就会有电流通过,相反则没有电流流过。这一现象后来被称为爱迪生效应,但当时爱迪生并没有更多地对此加以研究。到了1904年,英国发明家弗莱明(Fleming John Ambrose,1849—1945)打算利用爱迪生效应制造一种高性能的电磁波检波器,以提高无线电通信效果,结果研制成了真空二极管。1906年,美国物理学家德福雷斯特(de Forest Lee,1873—1961)把弗莱明的二极管发展为三极管,实现了信号调制与放大功能。

实际上,电子管一问世,有些目光敏锐的发明家和科学家就意识到它可以被用来制造计算机,因为它的开闭速度比继电器快一万倍,性能也可靠得多,从而便于控制,易于实现复杂的运算。因此,制造电子计算机几乎是与制造机电计算机同步进行的。只是由于电子技术本身还不成熟,加上找不到资助,一开始它的发展速度相对慢一些。

大部分教科书认可第一台电子计算机是由美国宾夕法尼亚大学莫尔学院的莫克莱(Mauchly,1907—1980)负责研制成功的。第二次世界大战期间,他受命于美国的阿伯丁试炮场制定火力表,每天用计算机不停地计算各种弹道,深感改进计算机性能的必要。1942年8月,他提出了制造电子计算机ENIAC(Electronic Numerical Intergrator and Computer,意即电子数值积分计算机)的方案,次年得到了空军方面的支持,成立了由莫克莱和埃克特(Ecker,1919—1995)领导的莫尔研制小组。经过三年的努力,花费了48万美元,终于在1945年底制成了世界上第一台电子计算机。这台计算机在1946年2月15日举行了公开表演,1947年运往阿伯丁做科学计算。1955年10月2日,ENIAC在运行整整10年后正式退休。据说,这期间它的运算量比人类有史以来的全部大脑的运算量还多。

ENIAC计算机有一个最大的问题就是计算程序是外插式的,需要花很多时间先将程序准备好,这样大大影响了运算速度。这一弱点也正是机电计算机的弱点。1946年,美国数学家冯·诺依曼(von Neumann,1903—1957)提出了一个新的改进方案。这个被称为EDVAC(Electronic Discrete Variable Auto Computer,即离散变量自动电子计算机)的方案主要有两大改进,一是用二进制运算直接代替十进制运算,进一步发挥了电子元件的速度潜力,二是将程序本身当作数据存储起来,使运算的全过程均由电子自动控制,进一步提高了速度。这两大改进是划时代的天才发明,构成了迄今为止一切电子计算机的原型,即冯·诺依曼计算机。

五、机器计算发展历程回顾

至此,我们可以用图 1.7 来展现机器计算的大致发展历程。

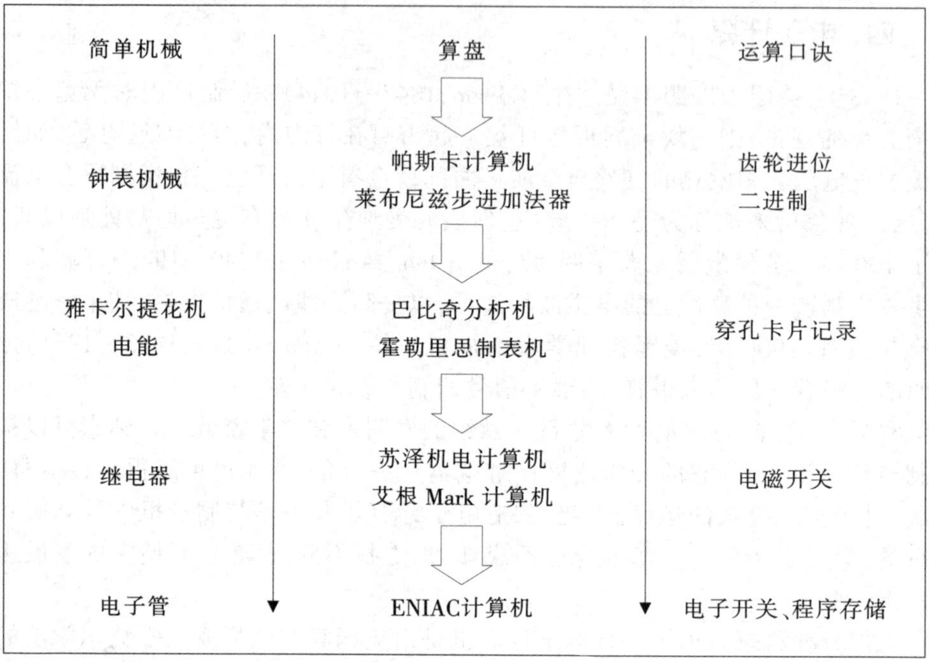

图 1.7　机器计算发展历程

从机器计算的发展历程我们可以发现,导致 20 世纪中叶现代计算机的诞生有两条技术发展线索，分别是控制物理机理的机器的发展和实现抽象操作的机器的发展。

第一条主线包括控制内部和外部物理过程的机器的发明和生产，经过几个世纪的努力,出现了如钟表、印刷机、蒸汽机和织布机等具有重大意义的装置,其中,出于控制织布的需要,尤其是需要一台机器能够在不同时间用不同的样式来织布,是产生普适机器思想和发明雅卡尔提花机的主要驱动力。

第二条主线开始于生产机械装置的计数装置，帕斯卡的加法机器和莱布尼茨的乘法机器是这条主线上早期取得的重要发明。这类机器所实现的是对抽象实体的操作，而这样的操作依赖于系统地把抽象实体和运算映射到物理机器的实体和过程的可能性。在这两类机器中,能量对于实现操作是必要的,它可以由人或其他的动力装置来提供;而为了完成设定的任务,对该做什么的控制显得更为重要,因此,需要由人或机器本身来提供这样的控制信息。由此可见,计算机的发明是人类技术和计算思想发展的结晶。

第三节 思维科学的兴起

思维是人所特有的认识能力，是人的意识掌握客观事物的高级形式。思维在社会实践的基础上，对感性材料进行分析和综合，通过概念、判断、推理的形式，形成合乎逻辑的理论体系，反映客观事物的本质属性和运动规律。思维过程是一个从具体到抽象，再从抽象到具体的过程，其目的是在思维中再现客观事物的本质，达到对客观事物的具体认识。思维规律由外部世界的规律所决定，是外部世界规律在人的思维过程中的反映。

具体地说，思维就是人依据自己已有的知识或理论通过对外部世界的判断，以语言或行为来表达，产生结果，并通过对结果的认识，形成新的知识和理论。这一反复循环的过程，就是从感性到理性，从具体到抽象的过程，也是思维的过程(见图 1.8)。

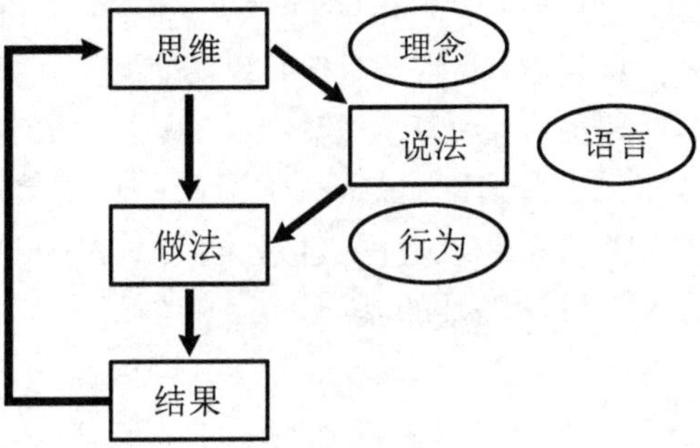

图 1.8 思维过程

20 世纪初，从物质运动形式上对思维过程作出了重大研究成果的巴甫洛夫高级神经活动学说，初步揭示了思维的神经生理机制。从对事物本质、整体反映上研究思维的突出成就是辩证思维学产生。它是由马克思、恩格斯在德国古典哲学与近代科学的基础上创立的，这在《资本论》的创作中，显示出它的巨大价值。

20世纪 50 年代以后，脑科学有了新的重大进展，斯佩里等人对左脑和右脑的功能、大脑机能区的定位、神经回路，以及脑物理和脑化学的研究等，都进一步揭示了思维的物质运动性质。与此同时，皮亚杰等人对儿童思维和成人思维的研究，以及新近兴起的认知科学对人脑信息加工机理的研究，则又丰富了人脑反映事物本质之机制的知识。这些研究成果为思维科学积累了新的资料。当代各学科的多层次和横向渗透发展，尤其是信息论和计算机科学的诞生，为深入地研究人的思维开辟了新的途径。

另一方面，思维方式是人类认识论研究的重要内容，已有无数的哲学家、思想家和科学家对人类思维方式进行过各具特色的研究，并提出过不少深刻的见解。在思维的纵向历史性方面，恩格斯曾有精辟的论述："每一时代的理论思维，包括我们时代的理论思维，都是一种历史的产物，在不同的时代具有非常不同的形式，并因而具有非常不同的内容。因此，关于思维的科学，和其他任何科学一样，是一种历史的科学，关于人的思维的历史发展的科学。"而在思维方式横向分类方面，也有不少普遍认可的成果：抽象思维与形象思维、辩证思维与机械思维、创造性思维与非创造性思维、社会思维与个体思维、艺术思维与科学思维、原始思维与现代思维、灵感思维与顿悟思维,等等。但是,此时的思维方式仅仅是认识论的一个分支,没有提升到学科的高度,缺少完整的学科体系。

思维科学(noetic science)是研究人的意识与大脑、精神与物质、主观与客观的综合性科学。思维是人脑对客观事物的反映。人们从某些特定角度对思维及其有关问题进行探讨,已有很久的历史。20 世纪 50 年代以后,各学科的多层次和横向渗透发展,尤其是计算机科学的诞生,为全面、系统地研究思维现象开辟了新途径。

中国科学家钱学森于 20 世纪 80 年代初提出创建思维科学技术部门, 并把思维科学划分为思维科学的基础、思维科学的技术科学和思维科学的工程技术三个层次。思维科学的相邻科学有人体科学、自然科学、社会科学、系统科学等。思维科学是从哲学、心理学、人工智能、语言学、人类学、神经科学等方面来研究人思维过程规律的科学,其应用领域涉及科学语言学、计算机科学、教育学、管理学等学科(见图 1.9)。因此,思维科学对新一代智能计算机的发展具有重要的作用。思维科学在人类认识和改造主、客观世界过程中发挥作用,同时也成为启迪新一代科学技术的人类科学思维的基石。

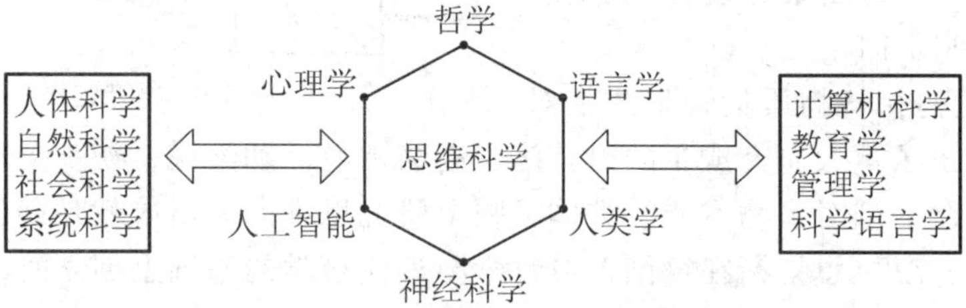

图 1.9　思维科学与相关领域

经过 20 余年的实践证明,在钱学森思维科学的倡导和影响下,各种学科思维逐步开始形成和发展,如数学思维、物理思维等。这一理论体系的建立和发展也为人们从思维的视角认识计算奠定了基础。

第四节　计算思维的提出

自 20 世纪电子计算机问世以来,信息时代的发展突飞猛进。如今,互联网技术已经把人们的各类信息编织成一个庞大的系统, 现代人生活领域的各个方面已经离不开计算机了。计算机从一个几十吨重的庞然大物到今天的掌上电脑、平板电脑,也只有经历了短短的 70 年不到。事实上,还有大量的计算机,以你不可见的形式存在着,它们可能是远端的服务器,也可能隐身于各种家用电器之中,计算机已经融入人们的生活之中,以计算机为载体的计算,也与我们的生活紧密相关。

早期的计算机,主要的功能是科学计算。随着应用的拓展,科学计算、工业控制、信息管理曾是计算机的三大应用。如今,计算机依据使用性质可以分为三大类:第一类为高端应用,使用对象是科技工作者和计算机专业研究人员,他们以计算机为工具,通过不懈的研究创新,推出更新的科技成果产品,包括研发新型计算机;第二类是普通应用,人们把它作为一种高效率的工具,在工作和生活的各种应用环境中大量使用;第三类是休闲娱乐社交类应用,把计算机当作一个高级的智能玩具,这类应用可以成为全地球人参与的、最为壮观的应用。

在不同的应用需求背景下,使用者对计算机的了解程度要求也会不同。研究高端科学技术的人们,特别是从事计算机专业研究的人士,不仅需要会用计算机,还需要懂得计算机是如何工作的,甚至于知道它是如何制造出来的。大部分的人们只要会使用计算机就可以了。把计算机当作玩具者,则只要知道计算机的操作命令或操作方法就行了。计算机作为科技产品、工具、玩具只是人们在各自使用范围内对计算机的不同理解,但它显现出来的本质仍然是一台不折不扣的电子计算机。

事实上,计算机的发展过程就是给用户提供更多方便的过程。随着计算机智能化程度的不断提高,与人们的操作习惯越来越吻合,使得使用计算机的入门门槛越来越低。目前,新购买一台计算机,早已过了需要参加专业培训,或需要查阅相关的操作说明书才能使用的年代。那么,普通人士需要了解多少计算机知识?有没有必要了解电子计算机的基础知识,有没有必要学习编制程序以及编程序的方法,有没有必要去过问计算机是怎样造出来的, 甚至于有没有必要了解它是如何从一个几十吨重的庞然大物演变成今天的平板电脑呢?

鉴于计算机与人们是如此亲密无间, 有关计算机的知识也就必然从高端科技知识演变成为人们的基础知识。2006 年 3 月, 曾任美国卡内基梅隆大学 (Carnegie Mellon University, CMU)计算机科学系主任的周以真(Jeannette M. Wing)教授(见图 1.10),在美国计算机权威刊物《*Communications of the ACM*》上,首次提出了计算思维(Computational Thinking)这一概念,以期回答计算机相关知识与人们的关系。

图 1.10　周以真教授

根据维基百科介绍,周以真是美国计算机科学家,美国卡内基梅隆大学教授,美国计算机协会(Association for Computing Machinery,ACM)会员,美国电气和电子工程师协会(Institute of Electrical and Electronics Engineers,IEEE)会员。

周以真教授 1979 年获得麻省理工学院 (Massachusetts Institute of Technology, MIT)的电子工程和计算机科学学士和硕士学位,导师中有图灵奖得主罗纳德·李维斯特(Ronald Rivest)。1983 年获得 MIT 计算机科学的博士学位。周以真教授的主要研究领域是形式方法、可信计算、分布式系统、编程语言等,目前主要研究提升软件系统安全性技术的设计和评价方法。周以真教授编写或参与编写了11本书，并发表了85篇期刊、会议或其他形式的论文，1993年她与图灵奖得主芭芭拉·利斯科夫(Barbara Liskov)合作，提出了著名的Liskov代换原则，这是面向对象基本原则之一。

周以真1983年至1985年在南加州大学任助理教授。1985年起，任教于卡内基梅隆大学，2004年至2007年间，曾担任该校计算机系主任。周以真教授还曾担任美国国家科学院计算机科学与通讯部门主席、美国国防部高级研究计划署(Defense Advanced Research Projects Agency, DARPA)信息科学与技术委员会、美国国家科学基金科学顾问委员会以及斯隆研究基金程序委员会的成员。2007年她出任美国国家科学基金会(National Science Foundation, NSF)计算机与信息科学与工程部副部长，负责管理NSF在信息科学和计算机研究领域的基金。2012年11月21日，微软公司宣布正式聘请周以真教授担任微软国际研究部门副总裁。

周以真教授认为：计算思维是运用计算机科学的基础概念进行问题求解、系统设计以及人类行为理解等涵盖计算机科学之广度的一系列思维活动。

为了理解什么是计算思维，可从周以真教授给出的计算思维定义中，引申出以下三方面的问题。

其一，什么是计算机科学的基础概念？这就有必要对年轻的计算机学科进行梳理、归纳形成其基础概念。实际上，对计算机而言，更为本质的是计算。本书将对计算及相关内容作专门阐述，这是正确理解计算思维的基础。

其二，问题求解、系统设计与计算机科学相关，但在非计算机科学领域，也有问题求解和系统设计，那么，在计算机科学的框架下，问题求解、系统设计过程中该如何体现其独特的思维？我们知道，问题求解、系统设计针对的不仅仅是计算机的设计与制造，而计算思维却是一种能应用于更广泛领域的问题求解和系统设计的方法论。

其三，计算思维究竟是人的思维还是机器的思维？运用计算机科学的基础概念可以实现人类行为理解，其思维的价值肯定不只局限于计算机本身，而是具有普遍意义的思维方式。本文一开始所叙述的人机大战的故事，看似比较计算机和人谁更聪明，或者讨论计算机和人的思维方式，实质上是人的思维以及人如何让计算机有效执行的思维。“深蓝”计算机只会按人编制的程序一步一步执行。卡斯帕罗夫与其说输给了“深蓝”计算机，还不如说输给了“深蓝”计算机研发团队，因为“深蓝”计算机研发团队把卡斯帕罗夫所有下过的棋谱都输入了计算机，而卡斯帕罗夫却没有研究过“深蓝”计算机的棋谱。

周以真教授提出计算思维，也是希望用计算思维来吸引更多有智慧的青年人学习计算机科学。因为当时许多人，甚至政府的项目资助部门，认为计算机科学及其基础研究已经完成，剩下的只是工程部分而已。美国学习计算机科学的人数急剧下降，引发了美国计算机教育的危机。因此，周以真教授认为，计算思维代表着一种普遍的态度和一类普适的技能，不仅仅是计算机科学家，每一个人都应热心于它的学习和运用。她倡导一个人可以主修计算机科学并且干什么都行，类似我们过去的一句话：学会数理化，走遍天下都不怕。一个人可以主修英语或者数学，接着从事各种各样的职业。计算机科学也一样，一个人可以主修计算机科学，接着从事法律、商业、政治以及任何类型的科学和工程，甚至艺术工作。

计算思维不仅是计算机科学家的思维，它已经不局限于计算机领域，计算机科学家对各种学科都产生了兴趣。例如，他们坚信生物学家能够从计算思维中获益，计算机科学也确实对生物科学作出了极大贡献，它不仅具有能够从海量的序列数据中搜索寻找模式规律的本领，最终还能用体现数据结构和算法自身的功能方式来表示蛋白质的结构，计算生物学正改变着生物学家的思考方式。类似的，计算博弈理论正在改变着经济学家的思考方式；纳米计算正在改变着化学家的思考方式；量子计算正在改变着物理学家的思考方式。

第五节　计算思维诞生的前与后

计算是人类文明最古老而又最时新的成就之一。从远古的用手指计数，经结绳计数，到中国古代的算筹计算、算盘计算，到近代西方的耐普尔骨牌计算及巴斯卡计算机等机械计算，直至现代的电子计算机的计算，计算方法及计算工具的无限发展与巨大作用，使计算创新在人类科技史上占有异常重要的地位。与之对应的计算思维，不是今天才有的，它早就存在于古代数学之中，只不过周以真教授使之更清晰化和系统化。

一、计算思维的发展阶段

四川师范大学牟琴女士在其论文《计算思维的研究及其进展》中，对计算思维的发展过程进行了分析，以时间为线索，提出了计算思维的萌芽时期、奠基时期和混沌时期的阶段划分方法(见图 1.11)。

她认为，以 1986 年钱学森提出创建思维科学部门为界，之前属于计算思维萌芽时期。在萌芽期，古老的计算行为在电子计算机发明之后发生了质的飞跃，这种变化从表面上来看，只是计算速度的变化，而本质上是机器计算代替人脑计算，这里涉及到了计算的形式化表达、计算的程序化实现过程，以及机器计算的思想迁移到其他学科、其他领域的应用。

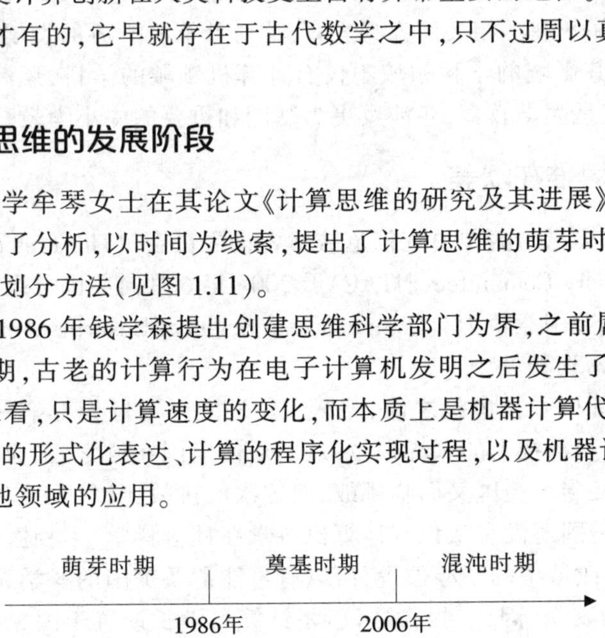

图 1.11　计算思维发展阶段

计算思维奠基时期是从1986年至2006年周以真教授系统地提出计算思维概念这段时期。这20年间，计算机技术获得了飞速的发展，其发展不能只是简单地用CPU速度提高、内存容量增大等技术性能指标来衡量，实际上，计算机技术应用之广、与人类关系之密切是与以往时期无法比拟的。20年间，随着个人计算机(Personal Computer，即PC机)概念的普及，计算机从神秘的机房中走出，来到了普通家庭的书桌上，来到了市民的手掌中。20年间，在钱学森思维科学的倡导和影响下，各种学科思维逐步开始形成和发展，如数学思维、物理思维等，同样也为计算思维的产生和发展奠定了基础。

自从钱学森提出创建思维科学部门之后，在各种学科思维产生的影响下，尽管也曾出现了“计算思维”的提法，但并没有引起国内外计算机学者的广泛关注。直到2006年，周以真教授对计算思维进行详细分析，阐明其原理，并将其以“Computational Thinking”命名发表在ACM的期刊上，从而使这一概念得到了各国专家学者的关注，为国内外计算思维发展起到了奠基和参考的作用。因此，将这一时期称为计算思维的奠基时期。

2006年以后，国内外计算机教育界、社会学界以及哲学界的广大学者围绕周以真教授提出的“计算思维”进行了积极的探讨和争论。学者们依据自己的知识背景，从不同的视角提出了一些新的观点。伴随着计算思维定义的争论，学术界还对计算的本质等一系列问题进行了研讨，这些问题都从不同的视角对计算思维进行了系统的思考，从而形成计算思维的混沌时期。

然而，尽管处于混沌时期，但计算机界、教育界乃至哲学界人士都一致认可计算思维的提出，并开展了相关研究与教育，这对计算机学科的发展和人才培养起到了积极的作用，其影响的学科领域不仅有计算机领域的学科，还涉及其他学科；其影响的范围不仅是大学教育，还涉及更为基础和重要的中小学教育。

二、计算思维在欧美

计算思维的提出与美国总统信息技术咨询委员会（The President's Information Technology Advisory Committee，PITAC）于2005年6月向美国总统提交的一份名为《计算科学：确保美国竞争力》(Computational Science: Ensuring America's Competitiveness)的报告密切相关。

报告认为：如同半个世纪之前，苏联成功地发射了世界上第一颗人造卫星，震动了美国在政治与科技上的领导地位，从而促使美国在科学、工业和技术领域进行全面的改革一样，当今美国又面临挑战，而这次的挑战比以往更广泛、复杂，也更具有长期性。因为美国还没有认识到计算机科学在社会科学、生物医学、工程研究、国家安全以及工业改革中的中心位置，所以有可能危及美国的科学领导地位、经济竞争力以及国家的安全。因此，报告建议：将计算科学长期置于国家科学与技术领域的中心领导地位。

报告给出了两个重要结论：

(1) 虽然计算本身也是一门学科，但是它具有促进其他学科发展的作用。

(2) 21 世纪科学上最重要的、经济上最有前途的研究前沿都有可能通过熟练地掌握先进的计算技术和运用计算科学而得到解决。

与此同时，因美国大学计算机专业学习人数急剧下降而引发了美国计算机教育危机，美国国家科学基金会(NSF)组织了计算机教育与科学领域以及其他相关领域的专家分东北、中西、东南、西北四个大区进行研讨，并在专家的建议下于2007 年启动了 NSF 资助的“大学计算教育振兴的途径”(CISE Pathways to Revitalized Undergraduate Computing Education,CPATH)国家计划。

今天，计算思维成为了当前国际计算机界广为关注的一个重要概念，也成为了当前计算机教育需要重点研究的重要课题。在美国，计算思维得到教育界的广泛支持，不仅有卡内基梅隆大学的专题讨论，更有包括美国计算机协会(ACM)、美国计算机科学教师协会(Computer Science Teacher's Association,CSTA)、美国数学研究所(American Institute of Mathematics,AIM)等组织在内的众多团体的参与。ACM 于2008 年在网上公布对 CS2001 进行的中期审查报告 (CS2001 Interim Review)(草案)中，明确将“计算思维”与“计算机导论”课程绑定在一起，并要求该课程讲授计算思维的本质；美国计算机科学教师协会在网上发布了得到美国微软公司支持的《计算思维：一个所有课堂问题解决的工具》(Computational Thinking: A problem solving tool for every classroom)报告，对什么是计算思维进行了总结；另外，计算思维还直接促成美国国家科学基金会重大基金资助计划 CDI(Cyber-Enabled Discovery and Innovation,Cyber 能够实现的科学发现与技术创新) 的产生，CDI 计划旨在使用计算思维，特别是在该领域产生的新思想、新方法，促进美国自然科学和工程技术领域产生革命性成果。他们认为，CDI 的最终研究成果将使人们的思维模式发生转变，这种以“计算思维”为核心的转变，要反映在美国国家自然科学与工程以及社会经济与技术等各个学科领域。他们还认为，这种转变将进一步保持美国在自然科学与工程等领域所具有的世界领先地位。

计算思维不仅影响着美国，也影响着英国的教育。在英国的爱丁堡大学，人们在一系列的研讨会上探索与计算思维有关的主题。每次研讨会，都有不少专家讨论计算思维对他们学科的影响。研讨会上所涉及的学科已延伸到哲学、物理、生物、医学、建筑、教育等各个不同的领域。另外，英国计算机学会(British Computer Society,BCS)也组织了欧洲的专家学者对计算思维进行研讨，提出了欧洲的行动纲领。

三、计算思维在中国

早在 1992 年，黄崇福就在其所著的《信息扩散与计算思维及其在地震工程中的应用》一书中给出了计算思维的定义：“计算思维就是思维过程或功能的计算模拟方法论，其研究的目的是提供适当的方法，使人们能借助现代和将来的计算机，逐步达到人工智能的较高目标。”2005 年，在桂林电子科技大学本科教学改革的实践与研究论文集中，也有针对计算机专业本科生有关计算思维能力培养的相关论述，将计算思维描述为“形式化描述和抽象思维能力以及逻辑思维方法，它在形式语言与自动机课程中得到集中体现。”

在周以真教授发表关于计算思维的论述以后，国内的全国高等学校计算机教育研究会也开展计算思维的研讨。2008 年 10 月 31 日，全国高等学校计算机教育研究会在桂林电子科技大学召开了“计算思维与计算机导论”专题研讨会，探讨了科学思维与科学方法在计算机学科教学创新中的作用。来自全国 80 多所高校，包括 70 多位计算机学院院长、主管教学的副院长在内的近百名专家出席了会议。会议上，桂林电子科技大学董荣胜教授、武汉大学费定舟教授、著名计算机教育家苏运霖教授、中国人民大学赵总宽教授等分别就有关计算思维与计算机导论、计算思维与计算机学科方法论、哲学思维、计算思维及科技创新、历史上重大科学发现与技术创新中蕴含的计算思维、中国古代科学中蕴含的计算思维、计算思维在各学科领域的应用、计算思维在计算机学科各门课程中讲授的经验和体会等内容作了大会报告，探讨了在教学过程中如何以课程为载体讲授面向学科的思维方法，以及这种讲授对国家科学与教育事业发展的作用。会议的核心宗旨是期望促使我国计算机教育界的同行们要更新思维，尽快适应计算机科学领域发生的根本性变革。

2010 年 7 月 19 日至 20 日，北京大学、清华大学、浙江大学、复旦大学、上海交通大学、南京大学、中国科枝大学、哈尔滨工业大学、西安交通大学九所知名高校在西安交通大学举办了“C9 高校联盟计算机基础课程研讨会”。教育部高等学校计算机基础课程教学指导委员会主任陈国良院士亲临大会，作了“计算思维能力培养研究”的报告，并主持了该专题的讨论，各有关高等学校计算机基础课程教学负责人及骨干教师出席了大会。经大会研究讨论后就增强大学生计算思维能力的培养发表了“C9 高校联盟计算机基础教学发展战略联合声明”。

目前，计算思维教育主要在大学计算机基础课程，尤其是计算机专业本科课程中的《计算机导论》课开展。有关这方面的教材主要有：陈国良教授主编的《计算思维导论》、董荣胜教授主编的《计算机科学导论——思想与方法》。从事计算思维的研究人员主要集中在高校，也有少量的在职业学校。从国内发表的学术论文统计数据来看（见图 1.12，统计数据来源中国知网，截止日期为 2014 年 5 月 10 日），从 2009 年开始出现有关计算思维的研究论文以来，已有 408 篇以“计

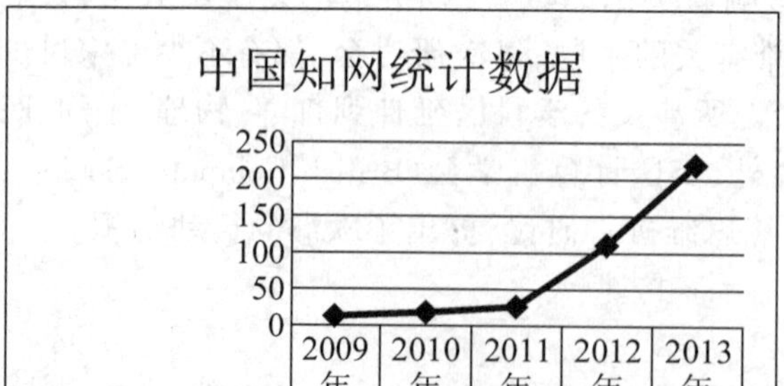

图 1.12 计算思维论文发表示意图

算思维”为关键词的论文,而 2012 年及 2013 年的相关论文就占据了 108 篇和 229 篇。可见,计算思维被关注的程度急剧提升,相关的研究成果也不断涌现。

第六节　计算作为一门学科

几千年以来,算术一直是数学中人们最为关心的内容,算术也是最简单的计算。在人类历史上,很多物理现象用数学方程式表示,即用数学的方法对物理现象进行模型化,并通过计算该方程式对物理现象进行预测。比如,弹道轨迹的计算、天气预测和流体力学。史称第一台电子计算机的 ENICA 就是为了解决弹道轨迹模型的公式计算问题而发明的。随着对计算研究的深入,很多解这些方程式的通用方法也发明出来了,比如,线性方程组、差分方程和积分方程的算法,同时也包括用计算机解这些方程式的方法,即程序设计中的算法。

一、学科与计算学科

学科是学术的分类, 指一定科学领域或一门科学的分支。如自然科学中的化学、生物学、物理学;社会科学中的法学、社会学等。学科是与知识相联系的一个学术概念,是自然科学、社会科学两大知识系统内知识子系统的集合概念,学科是分化的科学领域,是自然科学、社会科学概念的下位概念。

计算能否成为一门学科,是一个复杂的问题。如果计算成为一门学科,它的基础深深植根于数学和工程学,吸收了数学的“分析”和工程学的“设计”。同时,计算学科包含了自己的一套理论、实践方法和工程学;而一般的学科不是这样的,像物理科学,通常会把理论学科与工程学科分开,化学也有对应的化学工程。

计算机科学和计算机工程是对计算过程(algorithmic processes)的系统研究,计算过程包括描述信息以及转换信息的理论、分析、设计、效率、现实和应用,其中的基本问题是什么是能够被有效地自动化的。这一学科起始于上世纪 40 年代初,结合了算法理论、数理逻辑和存储程序式电子计算机的发明。

20 世纪 70—80 年代,计算机得到了飞速的发展,并开始渗透到大多数学科领域,但“计算机科学能否成为一门学科”、“计算机科学是理科还是工科,或只是一门技术”等问题仍然存在很大的争议。这种争议与目前在基础教育领域中对信息技术课程的认识、对计算思维教育的认识有很大的相似性。

在高校, 学科反映了学校讲授或研究的知识, 它是高校教学和科研的细胞组织。最早的计算机科学学位课程是由美国普渡大学于 1962 年开设的,随后,斯坦福大学也开设了同样的学位课程。计算机科学是否能成为一门学科,在当时就存在着争议,因为最早的计算机主要是用于数值计算,因此,大部分科学家都认为计算机领域所研究的仅仅是编程问题,不需要作任何的科学思考。很多人还认为,计算机本质上是一种职业而非学科。

在我国,计算机科学的研究始于20世纪50年代,中国科学院在数学研究所的基础上迅速组建了计算技术研究所,同时开始了培养学科专业人才,那时还没有构成学科。高校中最早开展计算机科学人才培养的是清华大学和哈尔滨工业大学等学校,之后一些学校也相继成立了计算机专业。但早期大多数学科专业人才的培养是附设或结合在其他专业内开展教学的,如不少学校设置了自动控制与计算机专业、导弹与计算机专业、电机制造与计算机专业等,学科专业教学内容还只是相当于一个专业化方向。从70年代初起,一些学校的数学系开始设置计算机专业,人才培养着眼于软件与理论方向发展的需要。从那时起至80年代中期,大多数学校经过调整,逐步将专业更名为计算机科学理论、计算机软件、计算机器件与外部设备专业,以后又调整为计算机科学理论、计算机软件、计算机应用三个专业。在90年代后期又进行了一次调整,目前,涵盖计算这一领域研究工作的一级学科主要是计算机科学与技术,本科专业统一为计算机科学与技术,研究生教育下设计算机软件与理论、计算机体系结构、计算机应用三个二级学科。

二、研究报告“计算作为一门学科”

针对计算是否为一门学科的激烈争论,1985年春,ACM和IEEE-CS联合攻关,开始对“对计算作为一门学科”作存在性证明。经过四年的工作,ACM工作组提交了研究报告“计算作为一门学科”(Computing as a Discipline),该报告的主要内容刊登在1989年1月的《*Communications of the ACM*》杂志上。

报告阐述了三个重要成果:

(1) 第一次给出了计算学科一个透彻的定义。

“计算作为一门学科”对计算学科做了以下的定义:计算学科是对描述和变换信息的算法过程进行的系统研究,包括理论、分析、设计、效率、实现和应用等。计算学科包括对计算过程的分析以及计算机的设计和使用。

计算学科的研究包括从算法与可计算性的研究到根据可计算硬件和软件的实际实现问题的研究。这样,计算学科不但包括从总体上对算法和信息处理过程进行研究的内容,也包括满足给定规格要求的有效而可靠的软硬件设计,涉及理论研究、实验方法和工程设计,反映了该学科的广泛性。

(2) 提出了计算教育中的三个重大问题,引导计算学科的课程以严密的方式将学生引入整个学科各个富有挑战性的领域之中。

第一个重大问题:计算作为一门学科的存在性证明。由于“证明一个学科的存在”是一个从来没有过的问题,因此,仅就“证明方式”而言,要得到学术界的广泛认可是一件非常困难的事。

这个问题的解决,对学科的发展至关重要。因为如果众多分支领域取得重大成果,且这些领域都广泛地应用“计算”,但“计算”还不能作为一门学科的客观存在,那么,它的发展将受到极大的限制。因此,这种为“计算”争取应有的学科地位,对学科发展至关重要。

第二个重大问题的提出并解决是基于第一个问题的。当计算作为一门学科以后,应该如何完成整个学科核心课程详细设计。20 世纪 90 年代以来,各高校在计算学科的课程设计上或多或少存在着一些问题,例如,随意性较强、没有一定的章法可循等。在这种情况下,要让计算机的各种组织(如各类学会、委员会)以及企业界都认可计算机专业学生在本科阶段必须学习的内容,是一件非常困难的事。

第二个问题的解决,将为高校制定计算机教学计划奠定了基础。确定一个公认的本科生必须掌握的核心内容,将避免教学计划中的随意性,从而为我们科学地制定教学计划奠定基础。

第三个重大问题:整个学科综述性导引课程的构建。该问题的实质是寻求一种统一的思想来认识计算学科的本质,并对计算学科进行系统化和科学化的描述。针对这一问题,ACM 项目组提出了“严密性”和“挑战性”要求。严密性用数学的方法来概括学科,同时,课程还需要有提出学科各领域富有挑战性的科学问题。

第三个问题的解决, 将使人们对整个计算学科的认知科学化、系统化和逻辑化。如果人们对计算认知能建立在公理化的基础之上,那么计算学科就可以被认为是严谨的科学,也可以被认为是一门成熟的学科,从而有助于计算学科得到重视、得到发展。

(3) 给出了计算学科二维定义矩阵的定义及相关研究内容。

“计算作为一门学科”报告把计算学科划分为九个子领域:①算法与数据结构(Algorithms and data structures)、②程序设计语言(Programming languages)、③体系结构(Architecture)、④数值符号计算(Numerical and symbolic computation)、⑤操作系统(Operating systems)、⑥软件方法与工程(Software methodology and engineering)、⑦数据库与信息检索 (Databases and information retrieval)、⑧人工智能与机器人(Artificial intelligence and robotics)、⑨人机交互(Human-Computer communication)。

每一个子领域都有自己研究的问题对象、相关理论、抽象模型和设计实现问题。理论是子领域底下的数学模型,包括一些基本的支撑理论,像图论、组合论和形式语言。抽象,或者称为建模,是理论实现的所有潜在模型,这些模型省略掉细节只留下本质的特征,目的为了能对模型的行为进行预测。设计包括分析问题、评估需求和限制、反复测试问题原型和实现系统的过程。

报告遵循了一般科学技术方法论的思想, 给出了计算学科二维定义矩阵的概念并细化了其内容。定义矩阵的一维是九个子领域,另一维是三个过程,即抽象、理论和设计。学科的各分支领域就是通过这三个过程来实现它们的目标。这一成果为最终用“新的思维方法”解决计算教育中的第三个重大问题奠定了一定的基础。

依据九个子领域和三个过程,我们梳理了计算学科的基本内容,用二维矩阵描述计算学科的知识框架,如表 1.1 所示。

表 1.1 计算学科二维定义矩阵

三个过程 学科子领域	抽象	理论	设计
1. 算法与数据结构(AD)	算法分析、算法策略	可计算理论、计算复杂性理论、并行计算理论	算法的选择、实现和测试
2. 程序设计基础(PF)	物理问题的抽象	算法、数据结构	程序设计结构、问题求解
3. 体系结构(AR)	布尔代数模型、电路模型、有限状态自动机	布尔代数、开关理论、编码理论	硬件单元设计、存储程序计算机设计、检测与纠错
4. 数值符号计算(NS)	物理问题的形式化表示,连续问题的离散化技术、有限元模型	数论、线性代数、数值分析	统计、函数库、非线性方程
5. 操作系统(OS)	不考虑物理细节而对同一类资源进行操作的抽象	并发理论、调度理论、程序行为和存储管理理论	分时系统、存储器管理、文件系统
6. 软件方法与工程(SE)	规约方法、程序开发自动化方法、可靠计算方法学、软件工具和程序设计环境	程序验证与证明、时态逻辑、可靠性理论	规约语言、版本管理系统、面向语法编辑器、软件开发方法、质量保证体系
7. 数据库与信息检索(DB)	数据的逻辑结构和数据元素之间关系	关系代数、关系演算、排序与搜索、性能分析	数据库设计技术、信息检索技术、数据安全
8. 人工智能与机器人(AI)	知识表示、知识处理方法、自然语言理解与表示模型、记忆模型、自动学习	逻辑、认知理论、自然语言理解、机器人动作模型	程序设计技巧、定理证明、专家系统、神经网络实现
9. 人机交互(HC)	人的表现模型、交互对象描述、人机通信	认知心理学、社会交互科学	交互设备、交互技术、图形界面

三、报告的局限性及思考

报告“计算作为一门学科”给出了计算学科的定义,并构建了九个子领域、三个过程的二维知识框架,从而形成了专业课程结构。二维知识框架反映了计算领域中人们的认识从感性认识(抽象)到理性认识(理论),再从理性认识(理论)回到实践(设计)中来的科学思维方法。

然而,作为一门独立学科,它的基本要素主要应该包括研究对象、理论体系和方法论三个方面。

(1) 研究对象,或称为研究领域,指的是独特的、不可替代的研究对象。

(2) 理论体系,指的是特有的概念、原理、命题、规律等所构成的严密的逻辑化的知识系统。

(3) 方法论,指的是学科知识的生产方式。

对照以上三点,我们可以发现:

(1) 报告提出的九个子领域,是随着计算技术的发展而变化的,是不稳定的,而且,这些子领域并没有界定计算与计算机的关系。

(2) ACM 报告工作组希望用数学的方法来概括学科。报告引用数学和逻辑来构建计算学科的理论体系,达到数学意义上的严密性。事实上,用数学方法可以整理和总结学科,但最好是用公理化方法,然而用公理化方法概括计算学科又是一件非常困难的事情,目前对计算学科的描述还做不到这一点。

(3) 抽象、理论和设计是一般科学技术最基本的研究内容,什么是计算学科的方法论,仍然需要进一步研究。

对计算是否能成为一门学科,核心的问题是计算学科有没有自己的“新的思想方法”。这种“新的思想方法”是对计算领域几十年来的概括和总结,目标就是要构建起计算学科自己的方法论,因此,随后学术界的不少研究者都自觉或不自觉地在“新的思想方法”的基础上对计算学科的方法论展开研究。

以围绕大学计算机教育和计算机课程体系架构的主要目标而设置的“计算学科教学计划”对此展开了系列研究,从 1991 年起草报告 Computing Curricula 1991 (简称 CC1991)起不断地在进行完善。

周以真教授以计算思维为起点号召人们重视计算机学科的学习，本质也是希望重视计算机操作、计算机应用的人们更关注计算机的思想和方法，两者殊途同归。

在考察计算是不是一门学科的同时，也有部分学者把计算上升到了学科类的高度。

回顾科学技术的发展史,我们知道历史上一共有两大学科类形态,即理论和实验。不同的学科类形态支持按照自己特有的方式方法和学科发展轨迹开展学科的研究和发展,由此产生了理论科学和实验科学两个学科类。所谓学科形态是指从事该学科领域工作的文化方式，所谓学科类形态是指从事一类学科研究与发展工作且具有共性的文化方式。

随着计算机科学与技术研究和应用的深化，一些学者开始认识到计算已经开始作为理论与实验之外的第三种学科类形态出现，成为第三种从事一类学科研究与发展的文化方式(见图 1.13)。随着信息科学与技术的发展,在图形学与图像处理、数据库系统、人机界面、人工智能、虚拟技术等技术的支持下,人们已经开发了许多计算可视化系统,使计算机可以模拟真实处理问题的实验场景。例如,学习汽

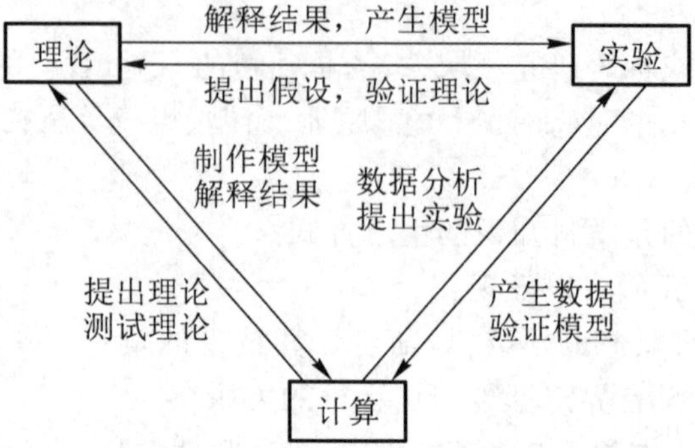

图 1.13 理论、实验与计算

车、飞机驾驶技术这类问题，并不需要学员通过传统的实验环境进行练习，而只需要在一个虚拟现实的模拟环境中练习即可。同样，经历长期的实验数据积累和理论模型的深入研究，现在核武器的研制一般不需要每次都进行实际的核爆炸来收集数据，而可以根据过去积累的数据和核爆炸模型，通过计算机模拟系统的运行获得真实、可靠的实验数据，并对获得的数据进行分析处理，从中发现问题和新的规律。由此可以看到，继理论科学、实验科学以后，计算科学已经成为从事科学研究的第三种学科形态。

基于以上分析，我们认为，计算具有学科和学科类的双重属性。计算作为一门学科，它是以计算理论为基础，知识体系涉及计算机科学、技术和工程。计算作为一门学科类，它包含了自己的一套理论、设计和工程方法，以支持其他学科的应用和发展。在本书后面的论述中，我们约定，计算学科包含了计算机学科，涉及计算机的设计与应用。为了更确切地表达并考虑到符合表述习惯的要求，在涉及具体的计算机技术、涉及高校或中小学计算机课程时，我们会使用“计算机学科”一词。

第二章　计算与计算思维

计算轶事

圆周率 π 的计算

第一个用科学方法寻求圆周率数值的人是阿基米德，他在《圆的度量》(公元前3世纪) 中用圆内接和外切正多边形的周长确定圆周长的上下界，从正六边形开始，逐次加倍计算到正96边形，得到[3 +(10/71)]<π<[3 +(1/7)]，开创了圆周率计算的几何方法，得出精确到小数点后两位的π值。

中国数学家刘徽在注释《九章算术》(263年)时只用圆内接正多边形就求得π的近似值，也得出精确到两位小数的π值，他的方法被后人称为割圆术。他用割圆术一直算到圆内接正192边形。

南北朝时代(约公元5世纪)数学家祖冲之进一步得出精确到小数点后7位的π值，给出不足近似值3.141 592 6和过剩近似值3.141 592 7。直到15世纪初，阿拉伯数学家卡西求得圆周率17位精确小数值，才打破祖冲之保持近千年的纪录。德国鲁道夫·范·科伊伦(Ludolph van Ceulen，1540—1610)于1596年将π值算到20位小数值，之后，科伊伦投入毕生精力，于1610年算到小数点后35位数，该数值被用他的名字命名为鲁道夫数。

据记载，祖冲之使用的计算工具是算筹。古代的算筹实际上是一根根相同长短和粗细的小棍子。在算筹计数法中，是以纵横两种排列方式来表示单位数目的，其中1—5均分别以纵横方式排列相应数目的算筹来表示，6—9则以上面的算筹再加下面相应的算筹数来表示。表示多位数时，个位用纵式，十位用横式，百位用纵式，千位用横式，以此类推，遇零则置空，如图2.1所示。这种计数法遵循的是十进位制，是算盘发明推广之前最重要的计算工具。

电子计算机的出现使π值计算有了突飞猛进的发展。1949年美国弹道研究实验室首次用ENIAC计算机计算π值，一下子就算到2037位小

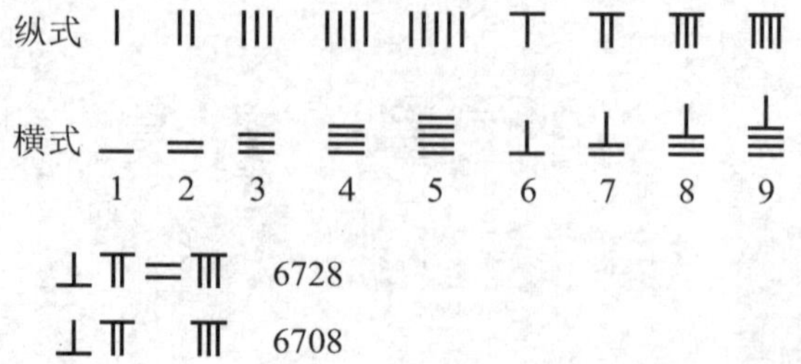

图 2.1 算筹

数，突破了千位数。1989 年美国哥伦比亚大学研究人员用克雷-2 型和 IBM-VF 型巨型电子计算机计算出 π 值小数点后 4.8 亿位数，后又继续算到小数点后 10.1 亿位数，创下新的纪录。2011 年 10 月，日本计算机奇才近藤茂得用家用计算机将圆周率计算到了小数点后 10 万亿位，创造了吉尼斯世界纪录。

第一节　什么是计算

计算的本意最初就是算术，对圆周率 π 值的精确计算也是人类对科学计算的一种追求。随着人类社会生活、生产活动的不断拓展以及计算工具的迅速发展，计算的思想开始渗透到其他领域，计算的概念进一步泛化了。

一、计数与计算

数是“数”(shǔ)出来的。这句话反映了数这个概念产生的缘由。人类早期没有数数的必要，大概是因为当时占有物的贫乏。大约在距今 1 万年以前，随着地球上冰水消融、气候变化，人类中的一部分开始结束散居的游牧，在大河流域定居起来，于是农业社会出现了。农民靠天吃饭，十分关心日月的运行和季节的变化。此外，种植和贮藏、土地划分和粮食分配，以及随之而来的贸易和赋税，都潜在而强烈地促使数数的必要，为数的概念和计数方法的产生提供了坚实的物质基础。

建立物体集合之间的一一对应关系是数数活动的第一步。在这一活动中，不仅可以比较两个集合的元素之间的多和少，也可以发现相等关系，即所谓的等数性。因为它促使人们采取某种特定的方式利用等数性来反映集合元素的多少。

根据考古资料，远古时代，人们用来表示等数性的方法很多，例如，利用小石子、贝壳、果核、树枝等，或用打绳结，或采取在兽骨和泥板上刻痕的方法。有时候，为了不丢失这些计算工具，人们就把贝壳、果核等串在细绳或小棒上。事实上，这样记下来的不是真正的、抽象的数，只是集合的一类性质，是数量特征的形式转移。

除了实物计数，人们还利用自己的身体来计数。例如屈指计数：表示一个物体用一个指头，表示两个物体伸出两个指头，如此往下读计数。

无论是实物计数还是屈指计数都不是理想的计数方法。实物计数演变为算筹、算盘，屈指计数沿着两个方向发展。一个方向是探求手指计数的更理想的发展，例如，用不同的手势表示不同的数。古代市场交易时，商人们常用手势讨价还价。即使在现代，也可以看见手势计数影子，例如在篮球比赛中，裁判就是用手势表示犯规运动员的号码。在证券交易中，一度也是用手势表示交易价格。屈指计数的另一个发展方向就是屈指计数和实物计数相结合，创造出了进位计数制和完整的数的概念(见图 2.2)。

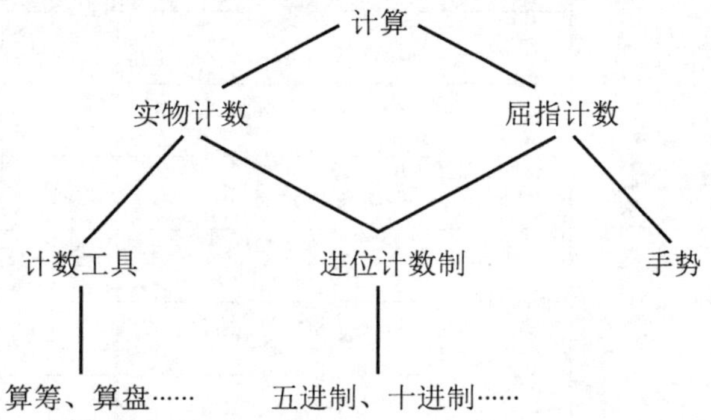

图 2.2 计数的发展

目前，人们广泛使用十进制，但在数的概念形成初期，人类使用过的进位制，除了十进制以外，还有二进制、五进制、十二进制、二十进制、六十进制等。

据说二进制是最古老的记数制，它出现于屈指计数之前。在澳大利亚的一些原始部落里仍使用二进制，只有数 1 和 2。1 称为"乌拉勃"，2 称为"阿柯扎"。部落的人们用"乌拉勃、阿柯扎"表示 3，用"阿柯扎、阿柯扎、阿柯扎"表示 6，6 以上的数字笼统称为"堆"。

五进制也被认为是屈指计数法中最古老的一种，一般情况下，伸出一只手要比伸出一双手方便。当人们手指与脚趾并用时，就产生了二十进制。某些部落不是用手指而是用指关节作为计数的工具，把大拇指作为计数器，这样一只手上除大拇指以外就有 12 个关节，这就形成了十二进制。由于 12 有 4 个约数，而 10 只有 2 个约数，不少数学家认为十二进制比十进制使用方便。目前，大多数度量衡中都有十二进制的痕迹，例如"打"是十二进制，1 英尺=12 英寸，1 先令=12 便士。

在我们日常使用的十进制中，任何一个数 S 都可以用以下公式表示：

$$
\begin{aligned}
S &= k_n k_{n-1} \cdots k_0 \cdots k_{-m} \\
&= k_n \times 10^n + k_{n-1} \times 10^{n-1} + \cdots + k_0 \times 10^0 + \cdots + k_{-m} \times 10^{-m} \\
&= \Sigma k_i \times 10^i
\end{aligned}
$$

其中，10 称为十进制的基数；$k \in \{0,1,2,3,4,5,6,7,8,9\}$；m，n 为正整数。例如，2013.167 可以表示为：

$$2013.167 = 2 \times 10^3 + 0 \times 10^2 + 1 \times 10^1 + 3 \times 10^0 + 1 \times 10^{-1} + 6 \times 10^{-2} + 7 \times 10^{-3}$$

二进制和十进制一样，也是一种数制，用来表示数的符号(数字)由于在数值中的位置不同而具有不同的值。二进制表示数的符号只有两个，即 0 和 1，其数值与十进制中的 0 和 1 相同。与十进制不同的是其进位规则，即逢二进一。

表 2.1 为 10 以内的二进制与二进制的对照。

表 2.1　二—十进制对照

十进制	二进制
0	0
1	1
2	10
3	11
4	100
5	101
6	110
7	111
8	1000
9	1001

通常,任何一个二进制数 S 都可以表示为:

$$S = k_n k_{n-1} \cdots k_0 \cdots k_{-m}$$
$$= k_n \times 2^n + k_{n-1} \times 2^{n-1} + \cdots + k_0 \times 2^0 + \cdots + k_{-m} \times 2^{-m}$$
$$= \Sigma k_i \times 2^i$$

其中,2 称为二进制的基数;$k \in \{0,1\}$;m,n 为正整数。

有了二进制数,就可以发现二进制数的运算规则,也可以寻找到二进制和十进制之间的转换方式,这里不再详细介绍。但是,很多人还会有疑问:计算机的设计为什么要用二进制?归纳起来,主要有以下三方面的原因:

首先,二进制只取用两个数码 0 和 1,因此,二进制数的每一位都可以用任何具有两个不同稳定状态的元器件来表示，而十进制数用元器件表示时就需要用更多的不同的稳定状态 。显然,制造具有两个稳定状态的元器件比制造具有多个稳定状态的元器件要容易得多，这是二进制数应用于计算机或其他数字系统的一个优点。

其次,二进制数的运算规则简单。我们知道,在进行算术运算时,必须记住体现运算规则的整数加法和整数乘法的运算表。对于十进制数的运算，人们必须记住 10(10+1)/2 个加法运算规则以及 10(10+1)/2 个乘法运算规则,才能进行运算。如果采用二进制,则只需要记住 2(2+1)/2 个加法运算规则以及 2(2+1)/2 个乘法运算规则。不难想象,二进制的运算比十进制的运算来得简单。

第三,计算机的理论基础是逻辑和代数。当二进制与同样只使用“真”和“假”两个值的逻辑代数建立了联系,就为计算机的逻辑设计提供了便利的工具。

二进制也有它的缺点,一方面,书写冗长,不易读懂;另一方面,人们生活中仍然习惯使用十进制,在使用计算机进行计算时,输入的十进制数还需要进行转换。不过,一旦建立了转换规则和相应的算法,一切就可以让计算机机械地去做。

当然,计算不只局限于计数,计数只是计算中的最基础部分。随着科技与社会的发展,越来越多的问题需要用计算来解决。计算工具的不断发展,大大提高了人类的计算能力。“数值计算”就是一门与计算机应用紧密相结合的、实用性很强的数学课程。许多计算领域的问题,如计算力学、计算化学以及计算经济学等新学科都可以归结为数值计算问题。数值计算与计算机的发展相辅相成并相互促进。

科学计算是计算机的一类典型应用。用计算机解决科学计算问题的一般过程可概括为“实际问题→数学模型→计算方法→程序设计→上机计算”。科学计算的应用范围十分广泛,一些尖端的国防项目始终是科学计算的最活跃领域。

二、逻辑与计算

逻辑一词,源于希腊词 Logos,原意是指规律、理性、推理等。现代汉语词典对逻辑的解释是思维的规律和客观的规律性。因此,可以这样说,逻辑就是思维的规律,逻辑学就是关于思维规律的学科。

逻辑是探索、阐述和确立有效推理原则的学科,最早由古希腊学者亚里士多德创建。亚里士多德认为逻辑学是一切科学的工具,他力图把思维形式和存在联系起来,按照客观实际来阐明逻辑的范畴。亚里士多德通过对各种推理模式进行分析,提出三段论,即大前提、小前提和结论三个部分。因此,人们可以把推理看成是对符号的操作,即符号演算。

逻辑是研究推理的学科,它分为辩证逻辑和形式逻辑两类。辩证逻辑是以辩证法认识论的世界观为基础的逻辑学, 形式逻辑是对思维的形式结构和规律进行研究的一门学科。思维的形式结构包括概念、判断和推理之间的结构和联系,概念是思维的基本单位, 判断是通过概念对事物是否具有某种属性进行肯定或否定的回答,推理是由一个或几个判断推出另一个判断的思维形式。研究推理的方法很多,利用数学方法来研究推理的规律统称为数理逻辑。

数理逻辑又称符号逻辑、理论逻辑。它既是数学的一个分支,也是逻辑学的一个分支,是用数学方法研究逻辑或形式逻辑的学科。其研究对象是对证明和计算这两个直观概念进行符号化以后的形式系统。数理逻辑是数学基础的一个不可缺少的组成部分。虽然名称中有逻辑两字,但并不属于单纯逻辑学范畴。

利用计算的方法来代替人们思维中的逻辑推理过程,这种想法早在 17 世纪就有人提出过。莱布尼茨就曾经设想过创造一种“通用的科学语言”,可以把推理过程像数学一样利用公式来进行计算,从而得出正确的结论。由于当时的社会条件,他的想法并没有实现。但是这种思想却是现代数理逻辑部分内容的萌芽,从这个意义上讲,莱布尼茨可以说是数理逻辑的先驱。

1847年,英国数学家乔治·布尔(George Boole,1815—1864)发表了"逻辑的数学分析",建立了"布尔代数",并创造了一套符号系统,利用符号来表示逻辑中的各种概念。他建立了一系列的运算法则,利用代数的方法研究逻辑问题,初步奠定了数理逻辑的基础。

数理逻辑由"命题演算"和"谓词演算"这两个最基本的也是最重要的部分组成。其中,命题演算是研究关于命题如何通过一些逻辑连接词构成更复杂的命题以及逻辑推理的方法。命题是指具有具体意义的又能判断它是真还是假的句子,例如,"北京是中国的首都"是真命题;"黄山在山东省"是假命题。

如果我们把命题看作运算的对象,如同代数中的数字、字母或代数式,而把逻辑连接词看作运算符号,就像代数中的"加、减、乘、除",那么由简单命题组成复合命题的过程,就可以当作逻辑运算的过程,也就是命题的演算。

这样的逻辑运算也同代数运算一样具有一定的性质,满足一定的运算规律,如满足交换律、结合律、分配律等。利用这些定律,我们可以进行逻辑推理,可以简化复合命题,可以推证两个复合命题是不是等价,也就是它们的真值表是不是完全相同等。

命题演算的一个具体模型就是逻辑代数,也就是布尔代数。逻辑代数的基本运算是逻辑加、逻辑乘和逻辑非,即命题演算中的"或"、"与"、"非",运算对象只有两个数"0"和"1",相当于命题演算中的"真"和"假"。

逻辑代数的运算特点同电路分析中的开和关、高电位和低电位、导通和截止等现象完全一样,都只有两种不同的状态,因此,它在电路分析中得到广泛的应用。利用电子元件可以组成相当于逻辑加、逻辑乘和逻辑非的门电路,就是逻辑元件,还能把简单的逻辑元件组成各种逻辑网络。这样任何复杂的逻辑关系都可以由逻辑元件经过适当的组合来实现,从而使电子元件具有逻辑判断的功能,这在计算机技术和自动控制方面有重要的作用。

亚里士多德有一个著名的三段论——"苏格拉底论证":"所有的人都是要死的,苏格拉底是人,所以苏格拉底是要死的。"这个三段论在命题演算中无法推理,就需要细分为更小的单位,即个体和谓词,然后进行谓词演算。

谓词演算是把命题的内部结构分析成具有主词和谓词的逻辑形式, 原子命题经个体、谓词和量词构成新命题,然后研究这些新命题之间的逻辑推理关系。

在上述三段论的描述中,"所有的人都是要死的"是大前提,"苏格拉底是人"是小前提。用它的基本形式来分解,很容易看出结果来:

所有的 P 都是 Q——这是大前提

S 是 P——这是小前提

因此S是Q——演绎结论

简而言之,数理逻辑就是精确化、数学化的形式逻辑。它是现代计算机技术的基础。

逻辑推理和计算是相通的。数理逻辑的许多研究成果都可用于计算科学。计算科学是研究有关描述与变换信息的算法以及其理论、分析、设计、实现、应用等问题。原则上,数理逻辑给出的思维过程可以借助于计算机来实现,计算科学的深入研究又推动了数理逻辑的发展。数理逻辑倡导的形式化方法已经广泛渗入到计算科学的各个领域之中,如软件规格说明、形式语义学、程序正确性证明等。因此,数理逻辑与计算科学关系密切,直接为计算科学的产生和发展提供了重要的思维方法和研究工作。

三、计算定义的探讨

计算究竟是什么?从词源上看,它无疑是一个数学用语。英语中的计算(Compute)一词来源于拉丁文com+pulare,意思为用数学的手段确定或得出某些东西。我国现代汉语词典则把“计算”规定为“根据已知数通过数学方法求得未知数”。由此可见,计算的本义是用数学的方法求值。然而,由词典所规定的含义既模糊又狭窄,显然不能囊括计算机科学与技术中所使用的计算概念的内涵,更不说它在其他自然科学、社会科学和哲学领域或日常生活中的种种用法了。事实上,我们知道计算概念的内涵已经发生了根本的变化,而外延则极大地扩展了。产生这种变化固然与20世纪30年代计算理论的出现密切相关,但更重要的原因是电子计算机的问世与广泛使用。

随着计算机的迅速发展和普及,计算的思想开始渗透到其他领域,结果导致计算的概念进一步泛化了。由于计算概念已经运用到各种不同的学科领域之中,并在抽象程度不同的层次上使用,而它的含义一般又依赖于所处的语境和层次,也就没有单一、明确的意义。根据加拿大计算机科学家和哲学家施密斯(B. C. Smith)的分析,目前对计算概念存在着七种不同的诠释:

(1) 形式符号操作。只需对表达的符号进行操作,而不考虑符号的解释或语义内容。

(2) 能行可计算。由一台抽象的模拟机以机械的方式完成规定的操作。

(3) 算法的执行或规则系列。由一相继的规则或指令组成的集合按规定进行。

(4) 函数的运算。以一个数学函数的自变量作为输入并产生的函数值作为输出的行为。

(5) 数值态机器。由有限的状态集所构成的自动机的观念。

(6) 信息加工。对信息进行存储、操作和显示。

(7) 物理符号系统。计算的机器由符号构成并彼此相互作用,而符号以某种方式依赖于物理实现。

仔细分析施密斯对计算的七种诠释，我们可以发现，这些界定表现上有所不同，使用场合也会不同，但本质上是一样的。其中，能行可计算是从计算模型上探讨什么是计算，随后我们要介绍的图灵机就是能行可计算的具体表达。信息的加工就是对计算的广义认识。

广义的计算就是对信息的加工和处理，这一观点很容易被大众所接受，这可以从经验科学的角度来理解。但是这种广义的解释存在两个问题。第一个问题是，既然规定计算为信息处理，那么就要明确什么是信息。鉴于在人们的认识与实践活动中，“信息”已成为最基本的用语之一，结果在不同的语境中，它被赋予了不同的含义：当你的手机铃声响了，接收到的可能是一条提醒你资费快要用完的日常信息；当一位通信工程师在考虑某条光缆可传输多少比特信息时，他是在信息论创始人劳德·艾尔伍德·香农(Claude Elwood Shannon，1916—2001)所规定的技术意义上认识信息的；如果我明天要参加户外活动，而气象预报告诉我“明天要下雨”所传递的是认识论意义上的信息；而我们说“自然是一个丰富的信息宝库”，则是在本体论上使用信息。

第二个问题更为关键，这种广义的诠释没有反映计算的过程、计算的本质以及是否可计算。许多问题的计算，既可以用类似于计算函数的方法来进行，也可以用查表的方法来进行，当然，还可以用逻辑公式演绎推导的方式来进行。长期以来，由于数学研究中分析技术发达，人们常常习惯于采用演算的方法而忽视算法的思想。计算机科学之父阿兰·麦席森·图灵(Alan Mathison Turing，1912—1954)之所以取得的成功，很重要一点就是采用算法的思想来研究计算的过程，并由此揭示可计算的概念。所以，我们有必要认识计算的本质和可计算性问题。

在认识计算的本质之前，先简单了解一下递归的概念。在计算机技术中，程序调用自身的编程技巧称为递归，一个过程或函数在其定义或说明中有直接或间接调用自身的一种方法，它通常把一个大型复杂的问题层层转化为一个与原问题相似的规模较小的问题来求解，递归策略只需少量的程序就可描述出解题过程所需要的多次重复计算，大大地减少了程序的代码量。

用数学语言描述，递归指由一种或多种简单的基本情况定义的一类对象或方法，并规定其他所有情况都能被还原为其基本情况，也就是实体自己和自己建立关系。例如：

$Fib(0)=0$ [基本情况]

$Fib(1)=1$ [基本情况]

对所有 $n>1$ 的整数：$Fib(n)=[Fib(n-1)+Fib(n-2)]$ [递归定义]

不难看出，这是一个斐波纳契数列的典型递归描述。

生活中，当我们在两面相对的镜子之间放一根正在燃烧的蜡烛，我们会从其中一面镜子里看到一根蜡烛，蜡烛后面又有一面镜子，镜子里又有一根蜡烛……这也是递归的表现。大家熟知的俄罗斯套娃(见图 2.3)是一种递归，如图 2.4 所示的德

图 2.3　俄罗斯套娃

图 2.4　德罗特斯效应

罗斯特效应也是一种递归。

了解递归以后,就可以更方便地认识计算的本质。应该说,人类对计算已经有的一个基本的、清晰的认识,就是递归论或可计算理论中所揭示的基本内容,即计算是依据一定的法则对有关符号串的变换过程。抽象地说,计算的本质就是递归。直观的描述是:计算是从已有的符号开始,一步一步地改变符号串,经过有限步骤,最终得到一个满足预定条件的符号串的过程。这样一种有限的符号串变换过程与递归过程是等价的。

另一个问题就是可计算性问题,或者说,怎样判断一类数学问题是机械可解的。这就需要找到一种计算模型,并进行机械可解的判断。当一个问题的描述及其求解方法或求解过程可以用构造性数学来描述,而且该问题所涉及的论域为有穷,或虽为无穷但存在有穷表示的时候,那么,这个问题就一定能用计算机来求解;反过来,凡是能用计算机求解的问题,也一定能对该问题的求解过程数学化,而这种数学是构造性的。这是由于构造性数学的构造特征保证了计算方法的可行性,两者之间是相通的。

需要说明的是,构造性数学是现代数学研究的一个重要领域。它的根本特征就是对可构造性的强调。所谓可构造性是指能具体地给出某一对象或者能给出某一对象的计算方法。递归就是一种最具代表性的构造性数学方法。

所谓可计算性其实是一个哲学定义。通俗地讲,如果存在一个机械的过程,对给定的一个人,能够在有限步内给出答案,那么这个问题就是可计算性的。在计算机领域,给出的可计算性定义很简单:凡是可用某种程序设计语言描述的问题都是可计算性问题。

可计算性的特征主要有:

(1) 确定性。确定性表现在计算的每一步骤都是确定的,对相同的初始条件,将得到相同的结果。

(2) 能在有限的时间内,在有限的设备上执行。可计算性指这一类问题可以用计算机解决,并且是可以在有限步骤内解决问题的。

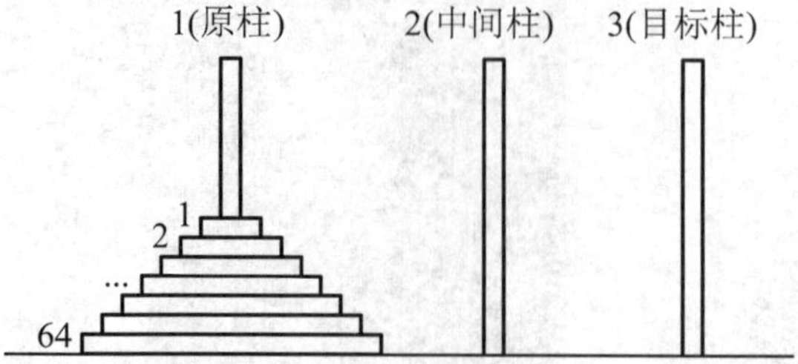

图 2.5 梵天塔问题

著名的梵天塔（也称汉诺塔）问题，就是要求将印度神庙里安放在柱子(1 原柱)上的 64 个直径大小不一的金盘子在保证从小到大的顺序不变且只能使用一根临时柱子(2 中间柱)过渡的前提下，全部搬到另一根柱子(3 目标柱)上，如图 2.5 所示。我们知道，梵天塔问题是一个典型的需要用递归的方法来解决的问题。我们可以估算，完成梵天塔的搬迁，需要移动金盘子的次数是：$2^{64}-1=1\ 844\ 674\ 407\ 370\ 955\ 615$，如果每秒移动一次，即僧侣们一刻不停地来回搬动，需要花费约 5849 亿年的时间，假定计算机以每秒 1 亿个盘子的速度搬迁，则大约需要 5849 年。显然，这个问题非常复杂，理论上显示能够计算，但生活实际中并不具备可操作性。

(3) 每一个计算过程的执行都是“机械的”或“构造性的”，且可以被精确地描述，使得一个设备能够接受这种描述，并用它实施该计算过程而得出相同的结果。这是机器计算的典型特点，现实生活中，人的思维是不能全部被机械地表达与执行的，人类的灵感是没有办法用数理逻辑来演绎的。

(4) 这些计算过程可以用数学术语描述，所得到的数值结果就是在应用中可能采取的值，进一步说，这些计算过程的语句甚至也是有限的。

计算机本身的优势在于数值计算，因此，很多非数值问题，如文字识别、图像处理等都可以通过转化成为数值问题来交给计算机处理。但是，并不是所有问题都可以这样，例如，“为我烹制一份西湖醋鱼”这样的问题至少在目前是无法用计算机来解决的，因为醋鱼本身没办法用数学来表述，没有办法输入原料，经过一系列数字变换以后输出醋鱼。而能描述的只是菜谱，因为菜谱可以用数学符号来表达。

分析某个问题的可计算性意义重大，它使得人们不必浪费时间在不可能解决的问题上或者将这类问题尽早转为使用除计算机以外更加有效的手段来解决，从而将有效资源集中在可以解决的问题上。图灵用图灵机描述了“可计算性”，他提出一类直观而合理的抽象机，这种抽象机就是现在的图灵机。所谓可计算性就是能够称作算法的过程，恰好是可以在图灵机上执行的过程。计算思维与当今在计算机上运行的程序之间有着密切的关系，对图灵机及其可计算性问题进行研究，可以更好地理解计算以及计算思维。

四、计算模型

数学不等于计算，但数学确实起源于计算的研究。在数学发展的初期，针对实际问题研究计算方法和技术是当时的一大特点。之后，从古希腊的数学家开始，出现了对计算的根本问题，即可计算性的研究。不过，当时的可计算性研究主要集中于某些问题的不可计算性上。例如，直角三角形的直角边与斜边之长是不可通约的，一元五次方程不存在通解公式等。随着许多计算问题得到解决，不可计算问题类却也在不断积累，由于问题种类繁多，互不相同，不仅从认识上难以统一已有的成果，还使几百年来几何数学家渴望造出计算机器的梦想因缺乏科学理论而破灭。无数次的失败使科学家认识到发展计算模型，研究最一般的问题类的可计算是非常重要的。

20世纪30年代是计算模型研究取得突破性进展的时期。由于受到数理逻辑发展中判定问题而引起的计算模型研究和构造性数学学派的影响，哥德尔、丘奇、图灵、波斯特等人在研究中陆续提出了一批计算模型，如递归函数、图灵机、波斯特系统等，并称这些模型是用算法方法解决问题的极限。即凡是能用算法方法解决的问题，也一定能用这些计算模型解决；反之，这些计算模型解决不了的问题，任何算法也解决不了。进一步的研究发现，这些计算模型之间在计算能力上是等价的。其中，以图灵机的特点和性质更接近普通人计算的思维方法，又因其构造性的特点而被现代计算机系统的研究者、开发者所采纳。

1936年，图灵在发表的论文“论可计算数及其在判定问题中的应用”一文中，就计算及判定的问题进行了探索。这篇论文被认为是现代计算机原理的开山之作，图灵在论文中提出了一种十分简单但运算能力又很强的理想计算装置，并描述了一种假想的可实现通用计算的机器，这就是计算机史上著名的图灵机。

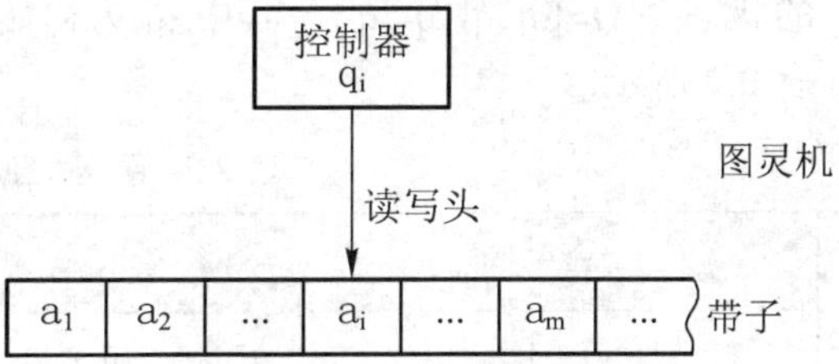

图2.6　图灵机

图灵机由一条两端可以无限延长的带子，一个读写头和一组控制读写头工作的命令所组成，如图2.6所示。

图灵机的带子上均匀划分了无穷多个小方格，每个方格记录了一个符号，通过读写头可以对记录的状态擦除或改写，带子可以想象为计算机上的存储器。读写头可以沿着带子方向左右移动并在带子上读写，读写头的读写操作和左右移动操作是按照控制读写头工作的一组命令来执行，读写头可以看作是计算机中的控制器。

图灵机是通过状态的迁移来控制执行流程的。状态的迁移与汽车的挂档相似。当汽车从1档起动以后，随着加速操作的执行，1档依次转变为2档、3档、4档至5档，减速则减档，需要倒车挂R档。每一档对应一个状态，汽车行驶过程中，就是在不同档位间不断转换。每个图灵机有一个状态集$Q=\{q_1, q_2, \cdots, q_m\}$，其中，至少有一个开始状态$q_1$和一个结束状态$q_m$。每个图灵机还有一个符号集$S=\{S_0, S_1, \cdots, S_p\}$，通常可以认为只有两个符号0和1，也包括空白符号b。图灵机工作时，首先从开始状态启动，每次动作都由控制器根据图灵机所处的当前状态和读写头所对准的符号决定下一步的操作。其中，每一步的操作包含三件事：

第一，把某个符号写到读写头当前对准的那个小格内，取代原来的那个符号。

第二,读写头向左或向右移一格,或者也可以不移。

第三,根据控制器的命令用某个状态取代当前状态,使图灵机进入一个新的状态。当然,也可以保持原状态不变。

图灵机控制器的命令可表示为一个五元组[q_i,S_j,S_k,(R,L,N),q_l]形式,五元组定义了机器在一个特定状态下读取一个特定符号时所采取的动作,五个元素的含义如下:

(1) q_i 表示机器当前所处的状态。

(2) S_j 表示机器从方格中读入的符号。

(3) S_k 表示机器用来代替 S_j 写入方格的符号。

(4) R,L,N 分别表示向右移一格、向左移一格、不移动,每次做一个动作。

(5) q_l 表示机器的下一步状态。

控制器的命令状态变化如下:

(q_i,S_j)→[S_k,(R,L,N),q_l]

一旦图灵机在运行中进入一个状态,而且这个状态是一个结束状态,那么,图灵机就停机,计算任务完成,此时带子上的内容就是计算的输出结果。

现把一个图灵机 M 作如下定义:M 的符号表 S={0,1,b},其中 b 表示空格;M 的状态集 Q={q_1,q_2,q_3,q_4},其中 q_1 为初始状态,q_4 为结束状态;M 的控制器命令如表 2.2 所示。

表 2.2 图灵机 M 的控制器命令

命令	解释
q_1 0 1 L q_2	读入 0,状态 $q_1 \rightarrow q_2$,写入 1,读写头左移一格
q_1 1 0 L q_3	读入 1,状态 $q_1 \rightarrow q_3$,写入 0,读写头左移一格
q_1 b b N q_4	读入 b,状态 $q_1 \rightarrow q_4$,写入 b,读写头不动
q_2 0 0 L q_2	读入 0,状态 $q_2 \rightarrow q_2$,写入 0,读写头左移一格
q_2 1 1 L q_2	读入 1,状态 $q_2 \rightarrow q_2$,写入 1,读写头左移一格
q_2 b b N q_4	读入 b,状态 $q_2 \rightarrow q_4$,写入 b,读写头不动
q_3 01 L q_2	读入 0,状态 $q_3 \rightarrow q_2$,写入 1,读写头左移一格
q_3 1 0 L q_3	读入 1,状态 $q_3 \rightarrow q_3$,写入 0,读写头左移一格
q_3 b b N q_4	读入 b,状态 $q_3 \rightarrow q_4$,写入 b,读写头不动

从上述命令描述,我们可以归纳图灵机 M 的计算规律:

(1) 在开始状态 q_1 时,读入 0,则写 1,转状态 q_2;读入 1,则写 0,转状态 q_3。

(2) 在状态 q_2 时，读入 0，则写 0；读入 1，则写 1。下一状态都是 q_2。

(3) 在状态 q_3 时，读入 0，则写 1，转状态 q_2；读入 1，则写 0，转状态 q_3。

(4) 若读入 b，则不管当前状态，均转入结束状态 q_4。

如果带子上的符号为 10100010，图灵机 M 的计算过程如图 2.7 如示。

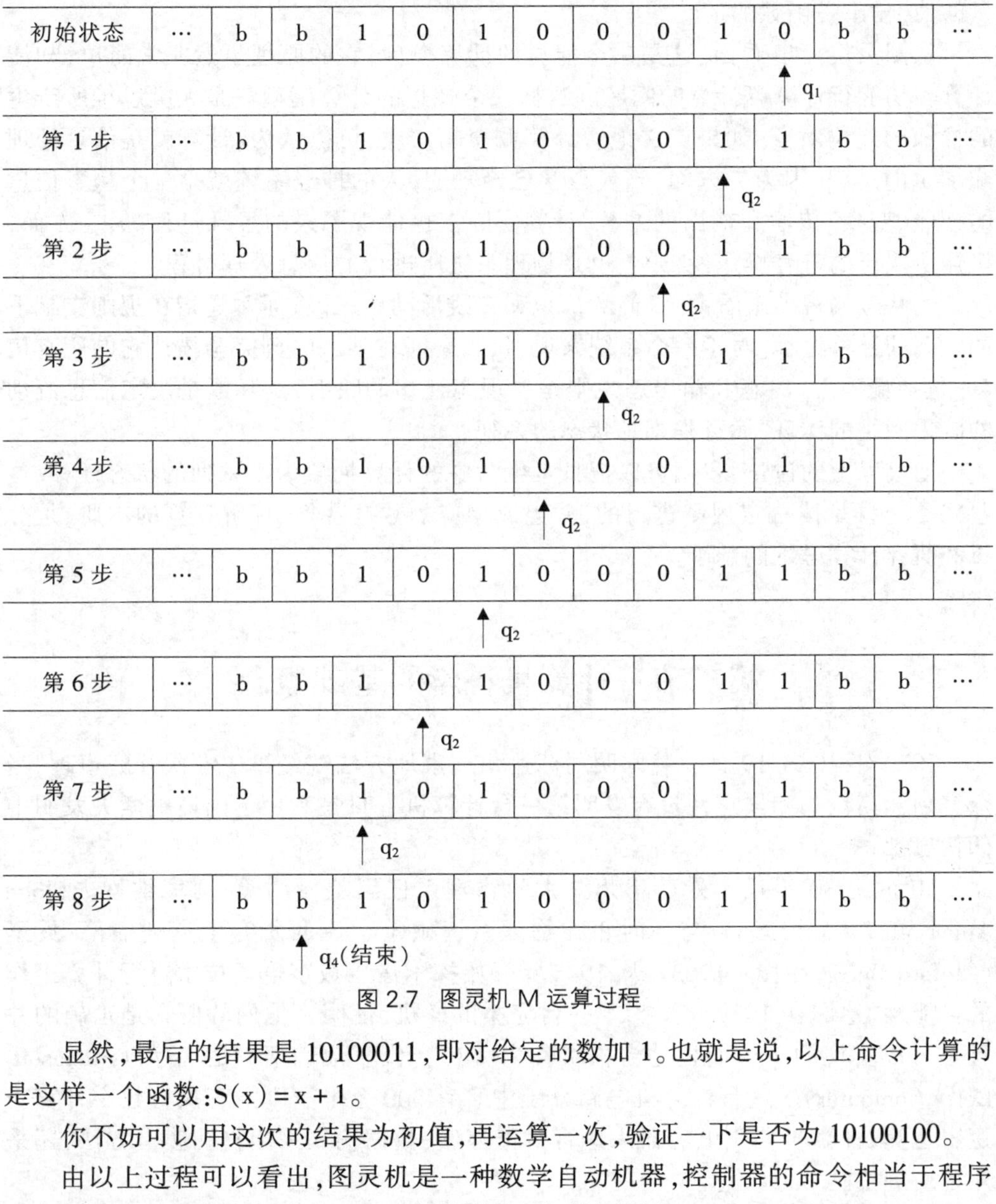

图 2.7　图灵机 M 运算过程

显然，最后的结果是 10100011，即对给定的数加 1。也就是说，以上命令计算的是这样一个函数：$S(x)=x+1$。

你不妨可以用这次的结果为初值，再运算一次，验证一下是否为 10100100。

由以上过程可以看出，图灵机是一种数学自动机器，控制器的命令相当于程序指令。从不同的角度，我们还可以看到不同意义的图灵机：

(1) 可以把图灵机看作为识别器，即判断带子上最初的内容是否被图灵机所接受，假定图灵机从左至右扫描完带子上的全部内容后停机则表示为接受，否则为不接受。

(2) 把图灵机看作生成器,对于给定的输入集合,考察输出集合,并研究输入输出集合之间的关系。

(3) 把图灵机看作是一个计算器,相当于一个函数,图灵机的输入是函数自变量的值,输出是函数的值。

从图灵机可以看出,这是一个能行的计算模型,它的原理虽然非常简单,却能计算一切能行计算可计算的问题。这样一个理想的计算模型只是人类思维所产生的抽象的建构对象。如果广义地看计算概念的实质,可以认为,计算就是信息处理或加工的过程。因为一方面,当代科学已经表明,人的神经系统就是一个从事信息的接收、变换、传输和输出的系统,计算实际上也体现了人的思维过程。另一方面,机器所执行的符号操作,实质上也是物理系统所进行的信息处理过程。

用状态的观点来看,在人们的认识和实践活动中,计算通常是指在规则支配下的状态的迁移过程。对于一个系统来说,状态表征在某一时刻完全描述它的所有信息,包括输入态、内态和输出态规则是实现态迁移的映射,实际上是决定信息流动的因果网络的体现,而过程则是状态的系列。

通过以上的讨论,我们可以把日常生活中的计算抽象为一系列的状态迁移,这些状态迁移是按一定规则进行的,并完成相应的数据变换。理解计算的本质,是分析和研究计算思维的基础。

第二节　计算机科学的基础概念

1973 年 10 月 19 日,美国明尼苏达州一家地方法院经过 135 次开庭审理,当众宣判:“莫克莱和埃克特没有发明第一台计算机,只是利用了阿塔纳索夫发明中的构思。”

20 世纪 30 年代,爱荷华州立大学物理系任副教授约翰·阿塔纳索夫(John Atanasoff,1903—1995)与当时正在物理系读硕士学位的研究生克利福德·贝里(Clifford Berry,1918—1963),从 1935 年开始探索运用数字电子技术进行计算工作的可能性。他们在 1939 年造出了一台完整的样机,证明了他们的概念是正确的并且是可以实现的。人们把这台样机称为 ABC,代表他们两人的名字(Atanasoff-Berry Computer)。这台计算机电路系统中装有 300 个电子真空管执行数字计算与逻辑运算,计算机使用电容器来进行数值存储,数据输入采用打孔读卡方法,还采用了二进位制。

因第二次世界大战,这项工作被终止了。1946 年“埃尼阿克”(ENIAC)诞生了。但阿塔纳索夫一直不承认 ENIAC 是第一台计算机,并起诉至法院。最终,法院判决莫克莱和埃克特的专利无效,理由是阿塔纳索夫早在 1941 年,就把计算机 ABC 的关键技术告诉了莫克莱。

ABC的设计中已经包含了现代计算机中四个最重要的基本概念:第一,采用电能与电子元件,即使用了电子真空管;第二,采用二进位制,而非通常的十进位制;第三,采用电容器作为存储器,可再生而且避免错误;第四,进行直接的逻辑运算,而非通常的数字算术。从这个角度来说它是一台真正现代意义上的电子计算机。

究竟谁发明了世界上第一台计算机,至今依然争论不休。对我们目前的讨论而言,重要的不是谁发明了它,而是它确实已经被人类成功地制造出来了。事实上,像这样的伟大而又复杂的发明,是不可能由单独一个人所完成的,甚至也不可能靠一代、二代人就能够成功的。我们讨论的重点是:面对这样一个复杂的学科和系统,明白其核心技术和基础概念是十分必要的。

周以真教授认为:计算思维是运用计算机科学的基础概念进行问题求解、系统设计、以及人类行为理解等涵盖计算机科学之广度的一系列思维活动。要理解计算思维,有必要先清晰什么是计算机科学的基础概念。

一、计算机学科的知识结构

在介绍计算机学科的知识结构之前，先了解计算学科的一些核心概念以及学科框架下各专业的组成是很有必要的。

计算学科是一个庞大的学科,无论是专业人员,或是学生和家长,都希望有一份权威报告来了解学科的相关情况。为此,美国 IEEE-CS 和 ACM 组织联合攻关组在 1990 至 2012 年间开展研究,形成了一系列的课程计划。

"计算课程 1991"(Computing Curricula 1991,简称 CC1991)是联合攻关组提供的第一份课程报告。CC1991 报告首次提出了学科的核心概念,即具有普遍性、持久性的重要思想、原则和方法。列举核心概念的基本特征是:

(1) 在学科中多处出现。

(2) 在各分支领域及抽象、理论和设计的各个层面上都有很多示例。

(3) 在技术上有高度的独立性。

(4) 一般都在数学、科学和工程中出现。

CC1991 报告提取了计算学科中具有方法论性质的 12 个反复出现的核心概念,这是 CC1991 报告的重要贡献之一。这 12 个核心概念如下:

(1) 绑定(Binding):通过将一个对象(或事物)与其某种属性相联系,从而使抽象的概念具体化的过程。这种联系的建立,实际上就是建立了某种约束。

(2) 大问题的复杂性(Complexity of Large Problems):指随着问题规模的增长而使问题的复杂性呈现非线性增长的效应。这种非线性增长的效应是区分和选择各种现有方法和技术的重要因素。

(3) 概念和形式模型(Conceptual and Format Models):对一个想法或问题进行形式化、特征化、可视化思维的方法。抽象数据类型、语义数据类型以及指定的图形语言，都属于概念模型，而逻辑、开关理论和计算理论中的模型大多属于形式模型。

(4) 一致性和完备性(Consistency and Completeness)：一致性包括用于形式说明的一组公理的一致性、事实和理论的一致性，以及一种语言或接口设计的内部一致性。完备性包括给出的一组公理，使其能获得预期行为的充分性软件和硬件系统功能的充分性，以及系统处于出错和非预期情况下保持正常行为的能力。

(5) 效率(Efficiency)：关于空间、时间、人力、财力等资源消耗的度量。在计算机软硬件的设计中，要充分考虑某种预期结果所达到的效率，以及一个给定的实现过程较之替代的实现过程的效率。

(6) 演化(Evolution)：系统的结构、状态、特征、行为和功能等随着时间的推移而发生的更改。这里主要是指了解系统更改的事实和意义及应采取的对策。

(7) 抽象层次(Levels of Abstraction)：通过对不同的细节和指标的抽象对一个系统或实体进行表述。在复杂系统的设计中，隐藏细节，对系统各层次进行描述(抽象)，从而控制系统的复杂程序。

(8) 按空间排序(Ordering in Space)：指的是各种定位的方式，如物理上的定位，组织上的定位以及概念上的定位。按空间排序是计算机技术中一个局部性和相邻性的概念。

(9) 按时间排序(Ordering in Time)：指的是事件的执行对时间的依赖性。例如，在具体时态逻辑的系统中，要考虑与时间有关的时序问题；在分布式系统中，要考虑进程同步的时间问题；在依赖于时间的算法执行中，要考虑基本的组织要素。

(10) 重用(Reuse)：指的是在新的环境下，系统中各类实体、技术、概念等可被再次使用的能力，如软件库和硬件部件的重用等。

(11) 安全性(Security)：指的是计算机软硬件系统对合法用户的响应及对非法请求的抗拒，以保护自己不受外部影响和攻击的能力。

(12) 折中和结论(Tradeoff and Consequences)：折中指的是为了满足系统的可实施性而对系统设计中的技术、方案所作出的一种合理的取舍。结论是折中的结论，即选择一种方案代替另一种方案所产生的技术、经济、文化及其他方面的影响。折中是存在于计算学科领域各层次上的基本事实，如在算法的研究中，要考虑空间和时间的折中；对矛盾的设计目标，要考虑诸如易用性和完备性、灵活性和简单性、低成本和高可靠性等方面的折衷。

联合工作组将计算学科分为计算机科学、软件工程、计算机工程、信息技术和信息系统五个分支学科，先后递交了 IS2002，SE2004，CE2004，CC2005，IT2008，CS2008，IS2012 和 CS2013 等报告，其中 CC2005 是总报告(见图 2.8)。

(1) 计算机科学(Computer Science，CS)：有关计算的理论、算法和实现，及机器人技术、计算机视觉、智能系统、生物信息学和其他新兴的有发展前途领域的学科。

(2) 软件工程(Software Engineering，SE)：以系统、规范、定量的方法把工程应用于软件的开发、运行和维护，同时对上述过程中各种方法和途径展开研究的学科。

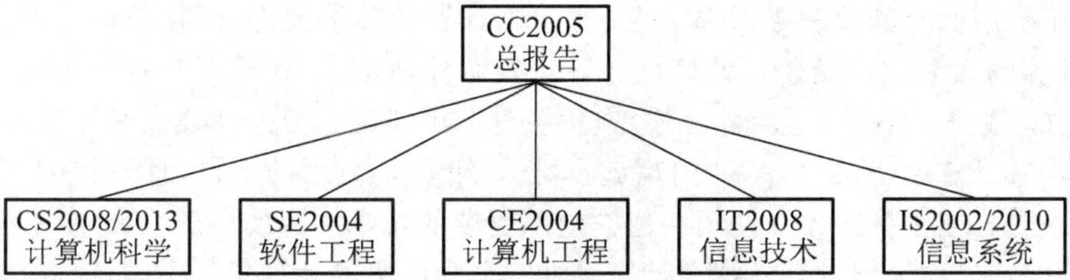

图 2.8 CC2005 定义的计算学科框架

(3) 计算机工程(Computer Engineering,CE):对现代计算系统和由计算机控制的有关设备上的软件与硬件的设计、构造、实施和维护进行研究的学科。

(4) 信息技术(Information Technology,IT):是一门针对社会和各企事业单位信息化需求提供与实施解决方案的学科。它侧重于在一定的组织及社会环境下,通过选择、创造、应用、集成和管理的计算技术来满足用户的需求。

(5) 信息系统(Information System,IS):是指如何将信息技术的方法与企业生产和商业流通结合起来,以满足这些行业需求的学科。

根据我国高等院校的情况, 教育部高等学校计算机科学与技术教学指导委员会制定了《高等学校计算机科学与技术专业发展战略研究报告暨专业规范(试行)》采纳了 CC2005 报告中的四个分支学科:计算机科学、计算机工程、软件工程、信息技术,并以专业方向的形式进行了规范。有兴趣的读者可进一步了解这些分支学科和规范,以加深理解计算机学科及基础概念。

赵致琢教授在《计算科学导论》一书中将计算科学按照基础理论、基本技术开发、应用以及它们与硬件设备的紧密程度分成了三个层面。

第一层面是计算科学的应用层,它包括人工智能应用与系统,信息、管理与决策系统,移动计算,计算可视化,科学计算等计算机应用的各个方向。其中,人工智能应用与系统涵盖人工智能、机器人、神经元计算、知识工程、自然语言处理与机器翻译、自动推理等方向;信息、管理与决策系统涵盖数据库设计与数据管理技术、数据表示与存储、数据与信息检索、管理信息系统、计算机辅助系统、决策系统等方向;计算可视化涵盖计算机图形学、计算几何、模式识别与图像处理等方向。

第二层面是计算机的专业基础层, 它是为应用层提供技术和环境的支持,包括软件开发方法学、计算机网络与通信技术、程序设计学、计算机体系结构、电子计算机系统基础。其中软件开发方法学涵盖顺序、并行与分布式软件开发方法学,如软件工程技术、软件开发工具和环境等方向;计算机网络与通信技术涵盖计算机网络互联技术、数据通信技术、网格计算以及信息安全技术等方向;程序设计学涵盖数据结构、数值与符号计算、算法设计与分析、程序设计语言、程序设计方法学、程序理论等方向;电子计算机系统基础涵盖了数字逻辑技术、计算机组成原理、故障诊断与器件测试技术、操作系统、编译技术、数据库系统实现、容错技术等方向。

第三层面是计算科学的基础层,它包括计算的数学理论、高等逻辑等内容。其中,计算的数学理论涵盖可计算性与计算复杂性理论、形式语言与自动机理论、形式语义学等方向;高等逻辑涵盖模型论、各种非经典逻辑与公理集合论等方向。

再看计算机学科,它是一门高起点准入、低门槛应用的学科。计算机的广泛普及要求它方便于普通大众使用,但它内部复杂的技术构成使一般人士难以掌握其原理和技术。作为周以真教授在计算思维定义中提出的计算机科学的基础概念,应该能反映及涵盖计算机学科中最核心的原理和方法。在本书第一章和第二章第一节中已经描述了支持计算学科的最基础的理论:二进制、数理逻辑、布尔代数、图灵机计算模型,以及在电能支持下的电子管、晶体管、集成电路制作技术,这些成为了构成计算机学科最基础的理论和技术。受赵致琢教授从计算理论到应用的维度对计算机知识体系的分类和CC1991对计算学科核心概念梳理的启发,根据计算机学科知识分布的特征、应用实践的现状以及学科方法的渗透,本书从计算机专业基础层面提炼出支持计算机系统功能实现的四项基础概念(见图2.9),从计算装置、计算载体、计算过程、计算资源四个维度来描述计算机的最基础知识和最基本的方法。

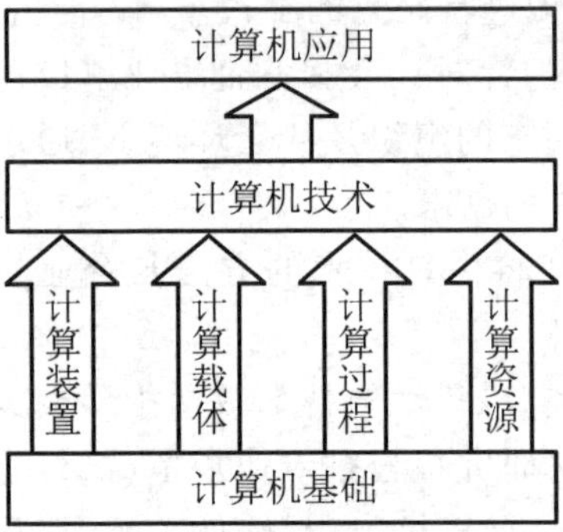

图2.9 计算机学科知识结构

二、计算装置

计算是对信息的加工和转换。可以想象,人脑进行信息的加工和转换,需要类似于眼睛等器官的信息输入装置,也需要嘴、手之类的信息输出器官,更需要大脑完成具体的计算。要完成机器计算,则需要相应的机械装置,包括具体的物理部件以及协调各部分有机工作的计算思想。

图灵机的出现为现代计算机的发明提供了重要的思想。图灵机的带子可以看作是计算机存储设备,数据可以存储在上面,也可以根据需要擦除。图灵机的命令相当于一组事先设计、存储好了的程序,它们在控制器的安排下,决定读写头的每一步操作。这样一部数学机器,如果不考虑它的实用性和物理实现,就思想和原理而言,包含了存储程序的重要思想。

现代存储程序式电子数字计算机的工作原理可以概括为:存储程序,顺序执行。其基本结构由五大部分组成:存储器、运算器、控制器、输入设备和输出设备,见图2.10。

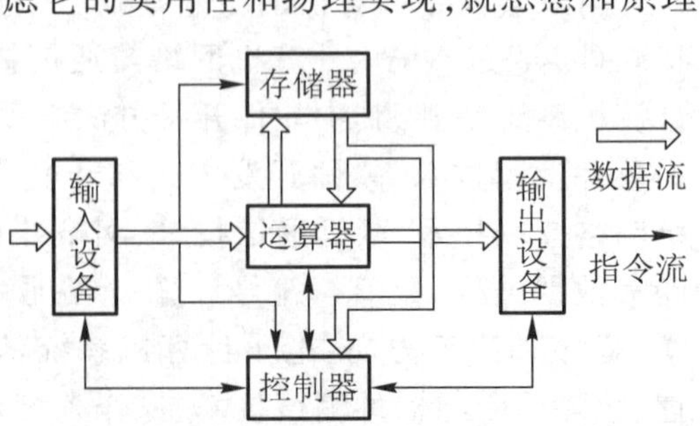

图2.10 计算机五大部件

其中,输入设备是人或外部与计算机进行交互的一种部件,用于数据的输入。目前,无论哪一种输入设备,最终都是以二进制数或代码形式向计算机输入信息。输出设备同样也是人与计算机交互的一种部件,用于数据的输出,它可以把各种计算结果以数字、字符、图形、图像、声音等形式表示出来。存储器是一种数据或信息的存储部件,相当于计算机的仓库。它分成很多存储单元,按照一定的方式排列。在目前的计算机中,执行的程序和计算的数据以及计算结果都存放在存储器中。运算器是由加法器、寄存器等逻辑电路组成的,用于对各种数据进行算术运算和逻辑运算。在运算器中,最基本的是加法运算,其他运算都可以通过加法运算演变。控制器是计算机的中枢,它由逻辑电路和时序电路组成,控制着整个计算机自动工作。

计算机工作时,控制器从存储器“依次”读取程序的一条指令,分析指令,从存储器中读取数据,执行相应的运算,然后将结果存储到存储器或寄存器中。这就是存储程序式计算机的基本工作过程,因存储程序的思想是由冯·诺依曼教授在一次访问 ENICA 研究小组时提出的,故也被称为冯·诺依曼计算机。

让计算机解决问题的过程,就是执行存储在计算机中的程序的过程。程序是由一系列的指令组成的。每台计算机都设计规定了一组指令集合,称之为机器指令系统。机器指令的格式一般分为两部分:操作码部分和操作数地址部分,如图 2.11 所示 。

操作码	操作数地址

图 2.11　指令格式

其中,操作码指出运算的类型,如加、减、转移等;操作数地址用来指示参与运行的数据保存在什么地方。操作码和操作数地址都用二进制代码表示。

计算机每执行一条指令,就由控制器分析指令的操作码,以确定这条指令的操作要求,然后根据随后获得的操作数地址,读取相应的操作数,按要求完成相关操作后,将结果保存。接着,计算机会依次读取下一条指令,执行下一条指令规定的操作,最终完成程序规定的所有指令。

计算机的指令系统丰富与否,也反映了计算机的性能。所谓指令系统丰富,就是指该计算机系统的指令集有较多的指令,表现出丰富的指令功能和格式,为程序员的工作提供了方便。例如,指令系统提供了乘法指令,在需要执行乘法运算时,程序员就可以直接引用,而不需要用若干条指令的组合来实现。当然,当指令集变大以后,机器指令的二进制代码格式就会变得复杂,而要认识这种指令格式并且完成相应控制任务的计算机控制器的设计、制造和运行就会变得复杂,而且,其复杂性有时候是随着指令数目的增加而呈指数增加的。因此,选择哪些功能的指令,设计怎样规模的指令系统,是计算机设计人员权衡多方的因素后才作出的选择。

三、计算载体

以图灵机为计算模型的计算装置构造出来以后,被计算的对象,还需要以二进制的形式表达,才能由计算机完成计算。二进制是被计算数据的载体,字节是反映了承载数据的容量大小的计量单位,1 个字节由 8 个二进制位组成。一般而言,在计算机内部,每次存储或加工的数据量都是字节的整数倍。

1. 数值

在计算机中,只能存储二进制数,因此,要保存一个十进制数,就要保存其对应的二进制数,这个容易做到。但是,在存储与计算数值方面,与人脑相比不同的是,计算机只能采用固定的宽度来表示一个数, 这是因为计算机很难在内存中确定一个值的结束位置和另一个值的起始位置。固定长度,可以统一规划与处理。这样的方法,会带来两方面的问题:第一,对于小数值,有效位数少,固定长度的存储格式就会“浪费”;第二,固定长度的存储空间要求表达的数值不能过大,否则就会“溢出”。但是,相对于采用非定长格式的数据存储方式给计算机系统带来的复杂性,目前的数值表达方式还是最合理的。例如,用 8 位二进制数表示正整数,则能表达的十进制数范围是:0—255(见图 2.12)。

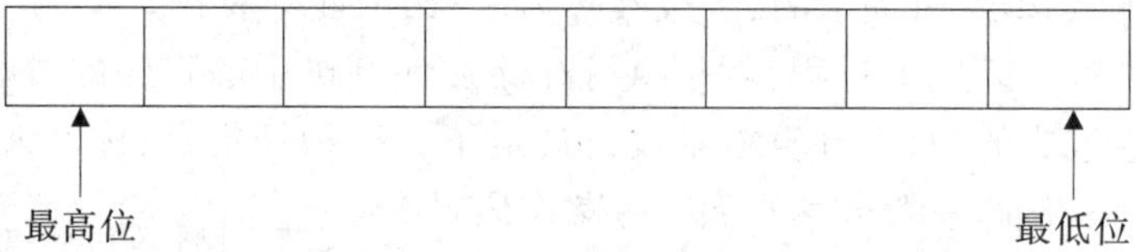

图 2.12　8 位二进制正整数格式

数值不仅有大小,还有正负。显然,计算机内部的正负号也只能用 0 或 1 来表示。很自然,我们会想到,用 0 表示正号,用 1 表示负号,这样的表示方法称为原码表示法。仍以 8 位定长格式,如图 2.13 所示,第 1 位是符号位,后七位是数值位。这样能表达的最小负数是-127,最大正数是+127。

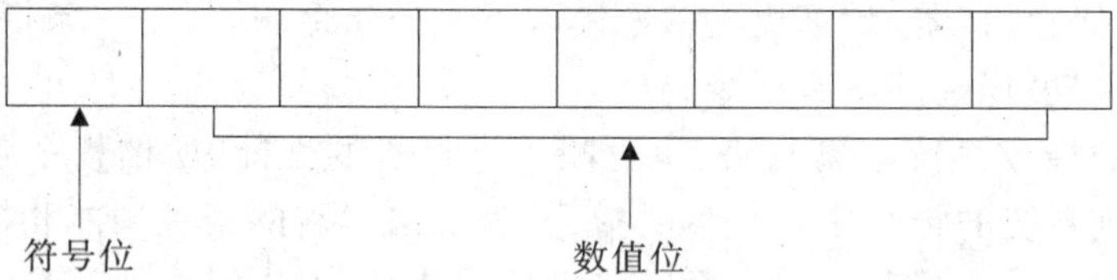

图 2.13　8 位二进制原码格式

仔细考虑一下便会发现,原码表示有两个零,正零和负零。其实这还不是主要的麻烦,更大的麻烦是不方便运算。计算机最希望的是规则简单,将负数和减法的操作一致起来,这样,减法操作就是加上一个负数;有了取负操作,计算机就可以用加法操作完成加减运算了。

补码就是为了解决这一问题而引入的。在生活中,与补码相关的经典例子是调整时钟。如果现在时钟的时间是 9 点,要把时钟调整到 2 点,我们很容易想到有两种方法 :方法一是从 9 点开始逆时针拨回 7 小时到 2 点,即减 7;方法二是从 9 点开始顺时针往前拨 5 小时到 2 点,即加 5。这两种方法的本质是:相对于模 12,减 7

和加 5 是一样的。

为方便起见，我们以 2^4 即 16 为模举例。-1 与+15 是相同的，-2 与+14 是相同的，-3 与+13 是相同的，以此类推……

用 4 位二进制数也恰好表示 16 为模的数。图 2.14 所示演化过程：从第一列 0 至 15 这 16 个数值中，用-8—-1 依次代替 8—15，由形成第二列中从-8 至+7 的 16 个数，第一列和第二列数是相等的；再将第一列的十进制数转换成二进制数演变为第三列，可以从以上关系中推导出第二列和第三列也是对等的，实际上，第三列就是第二列的二进制补码表示。

第一列	第二列	第三列
0	0	0000
1	1	0001
2	2	0010
3	3	0011
4	4	0100
5	5	0101
6	6	0110
7	7	0111
8	-8	1000
9	-7	1001
10	-6	1010
11	-5	1011
12	-4	1100
13	-3	1101
14	-2	1110
15	-1	1111

图 2.14　4 位二进制补码的转换

所以，补码的运用，反映了计算机中的一种操作转换的思想。

2. 字符

在计算机中，除了处理数值数据以外，还要处理大量的字符数据。字符信息也需要用二进制代码来表示。ASCII 码是最经典的西文字符编码。ASCII 码用 7 位二制码来表示英文中的大小写字母、标点符号、数字 0 至 9 以及一些控制符。目前，通常用一个字节表示 ASCII 码，且最高位设为 0。若将最高位设为 1，还可以将标准的 ASCII 码进行适当的扩展。

尽管 7 位 ASCII 码可以表示任何的英文字符，但对于中文来说，用一个字节是远远不能表示所有汉字的。汉字的机内表示可以采用 ASCII 码的扩展方式，用两个字节表示一个汉字，每个字节的最高位设为 1，以区别 ASCII 码。这就是汉字的机内码。

同样，日文、韩文、阿拉伯文等都使用类似的方式扩展ASCII码定义本地字符。但这种方法有缺陷，在上网时，会遇到这样的问题，在访问日文、韩文或繁体字网站时，出现乱码。这是因为一个系统只能有一种机内码，因此，必须进行相应的字符转换。

为了支持不同国家的语言字符集，ASCII码正在被Unicode码所取代，Unicode是一个16位的编码系统，它用16位二进制数表示每一个符号，这样Unicode就有了65 536种不同的二进制编码，足以将日文、韩文和中文等常用字统一编码。为了简化ASCII与Unicode之间的转换，Unicode的设计者还使用向后兼容ASCII码。原来用ASCII码能表示的字符，其Unicode码只是在原来的ASCII码前加上8个0。

3. 图像

在计算机中，表示图像的方法有两种：位图和矢量图。

位图是将每幅图像看作点的集合，每个点称为一个像素。对黑白图像来说，每个像素用1位表示就足够了。但在彩色图像表示中，每个像素用1位就不够了。最常见的系统是用24位表示一个像素。因为颜色常可以用红色(Red)、绿色(Green)、蓝色(Blue)三基色根据不同强度叠加而成，称为RGB。24位像素，就是将每种基色用8位二进制数表示强度(0—255)，那么一个像素就用24位表示了。

与位图不同，矢量图是以指令来描述图像的。它用指令来描述直线、曲线、矩形、圆形的形状、大小、材质等。它不需要像位图那样记录每个像素的信息，只需要记录描述图形的几个关键信息，然后用指令描述这几个关键信息传送给最终的图形产生装置。例如，表示一个圆，计算机只需记录两个数据：圆心坐标和半径。

由于矢量技术不需要存储每一个像素量化的值，所以存储空间大大减少。但是由于矢量技术是用指令来描述图像的，如果涉及图像十分复杂，那么指令数目将会很大，调用函数的次数也增多。因此，对复杂的图像，矢量技术比位图技术的时间消耗多。

4. 声音

在计算机中，表示声音的方法有两种：声波和乐曲(MIDI音乐)。

声源体发生振荡，引起四周空气振动，就形成了声波。声波借助空气传播，就可以听到声音。声波的振荡是连续的，听到的声音也是连续的。这种连续的信号称为模拟信号。计算机要处理声音信号，仍然需要采用转换的方法，即将连续的模拟信号转换成离散的数字值，最终以二进制形式表示。

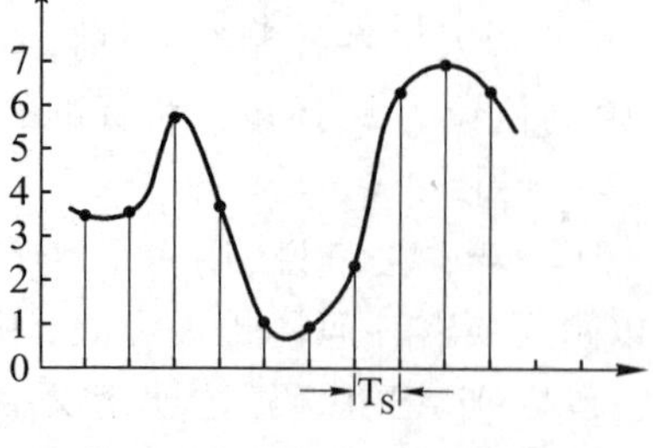

图2.15 声音的采样与量化

转换过程包括“采样”和“量化”，采样就是等时间间隔地读取波形的幅值，量化就是将读取的声波幅值表示为数字值，如图2.15所示。

采样的时间间隔Ts取多少是一个技术问题。时间间隔指标一般用采样频率来表示，即每秒钟采样的次数。采样频率取值大,转换后的数据量大,信号精细。取值小了,同样的信号,数据量小,但信号还原时,失真也厉害。

现在我们所使用的 CD,为了得到高质量声音,通常采用的采样频率是 44.1kHz,如果每次采样用 32 位二进制数表示幅值的话,1 分钟的 CD 文件大小就需要 10MB 以上。

与声波不同,乐曲是以指令来描述声音的。它用指令来描述音调、音高、节拍、强弱、乐器等信息。它不需要像声波那样记录每个采样点的信息,只需要记录描述乐曲的乐谱,然后用指令描述这几个关键信息并传送给最终的声音产生装置。

由于 MIDI 技术不需要存储每一个音素的量化值,所以存储空间大大减少。但是由于 MIDI 技术是用指令来描述乐曲的,如果涉及高质量的交响乐那样乐谱十分复杂的情况时指令数目也将会很大,调用函数的次数也会增多。因此,对复杂的音乐,MIDI 技术比声波技术的时间消耗多,效果也不太理想。

四、计算过程

有一个关于算法的传说故事。

很久以前,有一个年轻的国王,他非常喜欢数学。邻国有一位聪明美丽的公主。国王爱上了这位公主,亲自登门求婚。

公主说:“你能在一天内算出 98504187775060901 的一个真因子,我就答应你求婚。”国王窃喜,因为计算是他的强项。他想:我从 2 开始,一个一个试,看看能不能除尽,这样还怕找不到真因子。

可是国王从早到晚算了整整一天,以每秒 1 次运算的速度计算,也只算了 3 万多个数,国王只能找公主求情。公主说:“你既然找不到,就验证一下吧,223092871 是不是一个真因子。”国王在 1 分钟内做了一次除法,很快验证了其整除关系。公主于是就说:“再给你一次机会,明天再让你找一个 17 位数的真因子。”

国王急忙回国,召见大臣。有位数学家大臣提出了提议:“公主给的数不超过 17 位,如果这个数可以分成两个真因子的乘积,那么,较小的因子肯定不超过 9 位。你把全国的老百姓按自然数的顺序编上号,让大家记住自己的编号。等公主给出一个数目之后,你把这个数通报全国,让每个老百姓用自己的编号去除这个数,谁除尽赶快报上来,赏金 300 两。”

结果,用这个方法,国王再度求婚获得了成功。

从上述的传说故事中可以看到,国王为达到求婚的目标,执行了一系列蕴含解决问题方法的操作步骤。这一系列的操作步骤就构成了算法。

算法是对特定问题求解步骤的一种描述。例如,当计算机用于数值计算时,如解线性方程等具体的数值计算方法就是算法。而在诸如信息管理、文字处理中的类似排序、分类、查找,就是非数值计算的算法。尽管算法并不给出问题的精确解,而只是说明了怎样才能获得解,但根据给定的算法,经历了有限步的操作,就一定能得到问题的解。

在上述故事中,用除法通过除尽与否判别是否是真因子,是一种算法。从 2 开始一个数一个数试着整除,找其中的真因子也是一种算法。当然,解决问题要求不同,国王采取的算法也不同。

有关算法的定义不少，其内涵基本一致，其中最著名的是计算机科学家唐纳德·克努特(Donald Ervin Knuth)在其经典著作《计算机程序艺术》(The Art of Computer Programming)中对算法的定义的特征描述。

一个算法就是一个有穷规则的集合，其中的规则规定了一个解决某一特定类型问题的运算序列。

算法具有如下重要特征:

(1) 有穷性:一个算法在执行有穷步之后必须结束。

(2) 确定性:算法的每一个步骤必须确切地定义,即算法中所有有待执行的动作必须严格地进行规定,不能有歧义性。

(3) 输入:算法有零个输入或多个输入,即在算法开始之初,对算法最初给出的量。

(4) 输出 :算法有一个或多个输出,即与输入有某一特定关系的量,简单地说就是算法的最终结果。

(5) 能行性:算法中有待执行的运算和操作必须是相当基本的,即能够精确地执行，算法执行者甚至不需要掌握算法的含义即可根据该算法的每一步骤要求进行操作,最终得出正确的结果。

算法是为解决一个特定的问题所采取的确定的有限步骤，它告诉计算机如何一步一步地进行计算,直至问题解决。对于一个问题,可能有多个算法,但它们的质量不会完全相同。衡量算法质量的主要因素是执行时间的长短和占用存储空间的多少。也就是说,任何一种算法,都面临着某种付出,这涉及到算法性能的复杂性,即时间复杂性和空间复杂性。

在前面的传说故事中,国王最终求婚的成功,得益于他掌握着国家的资源,得益于臣民的帮助。国王最先使用的是一种顺序算法,后来大臣提出的是一种并行算法。如果我们用一块黑板来计算除法,那么,第一个算法只需要一块黑板就行了,第二个算法,每人就需要一块黑板,以便大家可以同时计算,因此需要很多块黑板。这里使用的黑板相当于计算所需要存储空间,相当于计算机的存储器。显然,第一个算法的复杂性在于时间方面,因为国王一个人在计算,需要花费很多的时间,甚至到了难以忍受的地步。第二个算法复杂性在于空间方面,是以空间换取时间。

一般而言,对任何一个问题,如果有了解决问题的算法,就可以编制相应的程序。所谓程序,就是一种事先编制好的、具有特殊功能的指令序列。其实,程序的编制,与我们的日常生活是紧密相关的,我们在日常生活中已经潜移默化地形成了程序编制的思想。我们平时每做一件比较复杂的事,都会依据各自的经验,设计相应的事件处理过程,或者调用大脑中过去使用过的有效的处理流程。这些操作流程确定处理事情的第一步、第二步……第 n 步所需要执行的操作,直到处理结束。这说明,人脑具有思维、存储、学习和创造的功能。如果我们把人脑比作计算机的存储器和运行器,则我们每一个具有正常行为能力的人都相当于是程序员。

当然, 我们在人脑中形成的处理事情的操作流程并没有使用一种具体的语言来描述,有时候可能是用自然语言来描述的,但还有一些时候是只可意会,不可言传的。人脑中的控制流程到底是如何存储和控制的,至今仍是谜。但是,在计算机中运行的程序,就需要由规范的、预先约定的程序设计语言来编制。

总之,问题的求解是计算,求解算法的每一步操作也是计算,在计算机系统中,算法的求解过程就是程序的执行过程。计算的过程是算法,算法又由计算步骤构成,算法的每一步都落实到组成程序的指令之中。计算的目的由算法实现,算法的执行由计算完成。算法是计算机科学中最重要的内容,程序是算法的具体执行者。

五、计算资源

艾兹赫尔·戴克斯彻(Edsgar Wybe Dijkstra)是在算法领域有着杰出贡献的计算机科学家, 有一种最短路径算法就是以他的名字命名的, 称为戴克斯彻算法。1965 年,他提出了一个著名的“五人晚餐问题”,即被后人称为“哲学家进餐问题”。

假设有 5 位哲学家围坐在一张圆桌周围, 每人面前有一碗米饭,碗的两边各有一根筷子。每位哲学家右手边的那根筷子同时也是相邻人左手边的筷子,如图 2.16 所示。现在,进餐的规则如下:

图 2.16 哲学家进餐问题

(1) 每位哲学家先思考一段时间,再进餐一段时间,然后等待一段时间。

(2) 哲学家要想进餐,必须同时使用他左手和右手边的筷子。

(3) 哲学家之间只能依靠拿起或放下筷子进行交流,即不得用言语或文字交谈。

假设每位哲学家为了能吃上饭,都运用了如下的算法:

(1) 在可能的时候拿起右手边的筷子,如果筷子在右边的人手中,则等待。

(2) 在可能的时候拿起左手边的筷子,如果筷子在左边的人手中,则等待。

(3) 进餐。

那么,可能会发生以下情况:

如果所有的哲学家同时决定开始进餐,他们就都完成步骤(1),但在步骤(2)一直等下去。这种情况被称为“死锁”(Deadlock)。

在看到其他伙伴都只能拿到一根筷子时,某位等待在(2)的哲学家也许会放下他右手边的筷子，沉默地坐一会儿，看着他右边的家伙大吃。如果是这种做法，有些无私的哲学家就可能永远也吃不上。这种情况被称为“饥饿”(Starvation)。

就算是所有的哲学家都吃上了饭，有些人吃的次数可能会比其他人要多。这种情况被称为“缺乏公平”(Lack of fairness)。

这是一个很有趣的问题，在我们的生活中也会出现。在计算机领域，多进程的管理会出现这样的问题。在计算机网络中，也常会频繁出现这样的哲学家进餐问题，例如，局域网中的计算机共享一条网线，如果所有的计算机同时发送信息，就会出现全部失败，再同时重发，从而发生死锁。

这里的问题症结就是资源的占有。在哲学家进餐问题中，筷子就是资源。如果有一套合理的筷子管理手段，就可以解决哲学家的进餐问题。那么，在计算机系统中，资源是什么？计算机又是如何管理资源呢？

计算机系统的资源可分为设备资源和信息资源两大类。设备资源指的是组成计算机的硬件设备，如中央处理器、主存储器、磁盘存储器、打印机、磁带存储器、显示器、键盘输入设备和鼠标等。信息资源指的是存放于计算机内的各种数据，如文件、程序库、知识库、系统软件和应用软件等。

操作系统是管理软硬件资源、控制程序运行、改善人机界面以及为应用软件提供支持的一种软件系统。操作系统通常是最靠近计算机硬件的一层软件，它把硬件裸机改造成为一台更加完善的虚拟机，使得计算机系统的使用和管理更加方便，计算机资源的利用效率更高，上层的应用程序可以获得比硬件所能提供的更多功能支持。

从资源视角，操作系统就是对处理器资源、存储器资源、设备资源和文件资源进行管理。

1. 处理器管理

处理器管理的主要任务是对处理器进行分配，并对其运行进行有效的控制和管理。早期的计算机是单任务的，处理器管理比较简单，当前执行的任务可以独占处理器资源。在多道程序环境下，处理器的分配和运行都是以进程为基本单位的，因此把处理器的管理可以归结为进程的管理。处理器管理程序的主要任务就是合理地管理和控制进程对处理器的要求，对处理器的分配、调度进行有效的管理，使处理器资源得到充分的利用。

所谓进程，是指程序的一次执行过程，是系统进行资源分配和调度的一个独立单位。进程随着程序的运行而创建，随着程序执行结束而消亡。在典型的分时/多任务计算机系统中，许多进程通常会竞争计算机资源，操作系统的任务就是管理这些进程，使得每个进程都能分配到相应的资源。进程在执行过程中有三种状态：运行状态、挂起状态和就绪状态，见图 2.17。运行状态指进程占有处理器且正在运行，挂起状态是指进程正在等待系统为其分配资源而暂未运行，就绪状态是指进程已调入内存，获得所需资源，等待处理器资源。运行期间，各进程在操作系统的协调下，在满足各进程和基本要求前提下，不断地转换状态，以发挥处理器和其他资源最大的效率。

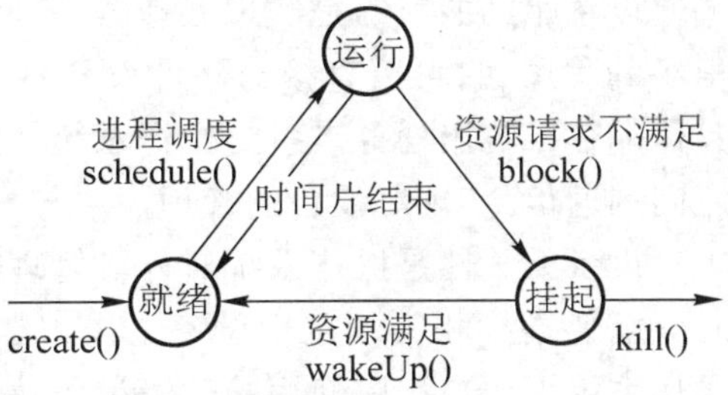

图 2.17 进程状态

2. 存储管理

存储器资源是计算机系统中重要的资源之一。存储器的容量是有限的，存储器管理的主要目的就是合理、高效地使用存储空间，为程序的运行提供安全、可靠的运行环境，使存储空间，特别是内存空间的有限资源能满足作业的需求。

存储器管理在对计算机内存的分配、保护和扩充进行协调和管理过程中，随时掌握内存的使用情况，根据用户的不同请求，按照一定的策略进行存储资源的分配和回收，同时保证内存中不同程序和数据之间彼此隔离，互不干扰，并保证数据不被破坏和丢失。

在计算机系统中，主要的存储空间包括寄存器、缓冲器、主存、外存，各存储器的访问时间和存储容量依次递增(见图 2.18)。在处理器访问过程中，通常把最需要访问的内容尽可能保存在最快被访问到的位置，由于价格等方面的原因，速度快的存储器往往空间有限，操作系统中使用的缓冲和虚拟存储机制很好地解决了空间和速度的冲突问题。

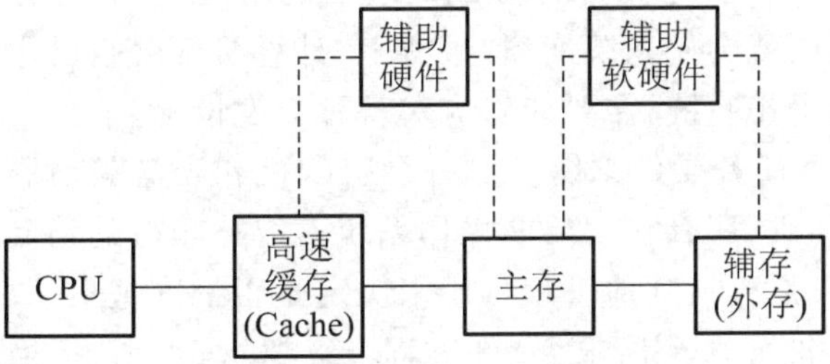

图 2.18 计算机三级存储体系

3. 设备管理

计算机系统配置了很多外部设备，如键盘、显示器、鼠标、打印机等。这些外部设备的性能、工作原理和操作方式都不一样，因此对它们的使用也有很大差异，这就需要操作系统提供良好的设备管理功能。操作系统的设备管理主要分三方面来完成：缓冲区管理、设备驱动和设备无关性。

操作系统的缓冲区管理是为了解决处理器与外设之间的速度不匹配的矛盾。因为在计算机系统中，处理器的速度最快，而外设的速度相对缓慢，就会降低处理器的使用效率。使用了缓冲区，外设所需处理的数据直接与缓冲区发生关系，而不必时刻要求处理器的服务，从而提高了外设与处理器之间的工作并行性，也就提高了整个系统的性能。

设备驱动的目的是实现处理器与外设之间的通信。一般设备驱动程序是一个很小的程序,它可以直接与硬件设备打交道,告诉系统如何与设备进行通信,完成具体的输入输出任务。这样,操作系统就可以依据设备驱动程序与计算机中各设备之间的通信,实现对设备的管理。

设备无关性是操作系统对外设管理的重要思想。有了操作系统,用户编写程序时只需要指挥相关的逻辑设备工作,与实际使用的物理设备无关。程序执行时,由操作系统把用户程序使用的逻辑设备映射到物理设备上。

4. 文件管理

对普通计算机使用者而言,最熟悉的操作系统资源管理功能就是文件管理。文件是按一定的格式建立在存储设备上的一组相关信息的有序集合。在计算机系统中,所有的程序和数据都是以文件形式存放在计算机的外存储器中,供所有的或指定的用户使用。为此,在操作系统中必须配置文件管理机构。操作系统中文件管理模块的主要任务是对用户文件和系统文件进行管理,以方便用户使用,并保证文件的安全性。通常,文件管理应具有文件存储空间管理、文件目录管理、文件读写管理以及文件的共享与保护等功能。

总之, 操作系统的重要任务就是将计算机的各种资源分配给系统中的各个进程,使得系统中的各种资源能够协调、高效地工作。文件管理程序分配文件的访问权和新建文件需要的磁盘空间;内存管理程序分配内存空间;调度程序在进程表中为进程分配空间;分派程序为进程分配处理器的时间片。资源分配看似简单,实际很复杂,一个小错误就会使系统崩溃。事实上,计算机不会自己思考,它是按指令办事的,一个可靠的操作系统,需要能够应对各种突发情况。

以一个分时/多任务操作系统控制一台打印机和光盘驱动器的工作为例。一个进程要求使用打印机,那么它就要向操作系统索取打印机的访问权限。此时操作系统必须根据打印机是否被其他进程占用来决定是否批准这个请求。如果没有被占用,则操作系统会批准这个请求,允许进程继续执行;否则,拒绝请求,将这个进程归为等待进程。对光盘驱动器的请求流程也一样。假设现在进程 A 已经获得了打印机的访问权,同时还在等待光盘驱动器的访问权,以便将光盘上的文件内容打印输出。此时,若恰好有进程 B 也已获得光盘驱动器的访问权,正在等待打印机设备。这样的资源竞争就会造成一种僵局,即死锁。这也是需要操作系统通过技术手段来加以解决的。

在戴克斯彻教授提出哲学家进餐问题的数年后,他惊奇地发现,当时最成熟的计算机系统之一、麻省理工学院的 MULTIX(Multiplexed Information and Computing System,多路复用信息与计算系统)计算机的设计者们居然没有想到死锁问题,导致系统偶尔会突发死机。从死锁的预防与解决策略可以看出,无论是计算机还是日常生活,或者其他领域,资源管理十分重要。

第三节　思维与思维方式方法

1950年，图灵在英国《*Mind*》杂志上发表了论文“计算机器和智能”（Computing Machinery and Intelligence），文中提出了被后人称为“图灵测试”（Turing Test）的游戏，以此来探讨“机器能思维吗”这样一个命题。

图灵在这个游戏中提出这样一个假想：即一个人在不面对面接触对方的情况下，通过一种特殊的方式，和对方进行一系列的问答，如果在相当长时间内，他无法根据这些问题判断对方是人还是计算机，那么，就可以认为这个计算机具有同人相当的智力，即这台计算机是能思维的（见图2.19）。因此，图灵采用“问”与“答”模式，即观察者通过打字机向两个测试对象通话，其中一个是人，另一个是机器。要求观察者不断提出各种问题，从而辨别回答者是人还是机器。用打字机的目的是为了避免观察者可以通过测试对象的声音、语调轻易作出判别。

图 2.19　图灵测试

在这篇论文里，图灵第一次提出“机器思维”的概念，认为机器能够思维。他还设计了一些问题，如“请给我写出有关‘第四号桥’主题的十四行诗”、“34 957 加 70 764 等于多少”、“你会下国际象棋吗”等。图灵指出：“如果机器在某些现实的条件下，能够非常好地模仿人回答问题，以至提问者在相当长时间里误认它不是机器，那么机器就可以被认为是能够思维的。”在当时，全世界几乎没有一台计算机能通过这一测试。但图灵预言，在 20 世纪末，一定会有计算机通过“图灵测试”。

2012 年 6 月底，在英国著名的布莱切利庄园举行了一场国际人工智能机器测试竞赛。由俄罗斯专家设计的“叶甫根尼”计算机程序脱颖而出，其 29.2%的回答均成功“骗过”了测试人。取得了离图灵预设的 30%合格线仅差 0.8%的最好成绩，虽然没有通过图灵测试，但也使其成为目前世界上最接近人工智能的机器。

图灵测试和计算思维都是有关思维的讨论。当然，两者讨论的基点是不一样的，图灵测试关注的是机器是否有智能，是否能思维，而计算思维则主要集中于人的思维。所以，认识人的思维是认识计算思维的基础，也是认识机器智能的基础。

一、什么是思维

思维是一种心理现象，也是一种反映，它是认识世界的一种高级的反映形式。具体地说，思维是人脑对客观事物的一种概括的、间接的反映，它反映客观事物的本质和规律；思维是在人的实践活动中，在感性认识，特别是表象的基础上，借助于语言，以知识为中介而实现的。实践活动是思维的基础，表象是从对客观事物的直接感知过渡到抽象思维的一个中间环节，语言是思维活动的工具。

许多其他学科也从各自的角度考察或涉及思维问题。在哲学中，是考察物质和思维的相互关系，借助于思维认识世界。形式逻辑是采用了诸如概念、判断、推理等基本形式来分析和研究思维。社会学是通过联系各种不同社会结构，来分析思维的历史发展过程。生理学则研究思维动作是如何得以实现的机制。控制论涉及的思维，是把它作为一种信息过程，确定计算机的工作和人的思维的异同之点。在心理学中，则是把思维作为个体的一种认识活动过程进行研究。

思维和语言有着密切的联系。语言是人们进行思想交流的手段，也是人类进行思维的工具。概念是思维得以进行的基本因素，概念是借助逻辑思维来表示的。词以符号的形式存在，它具有概括性。借助于词的这些特性，人们才能够以间接的、概括的方式反映客观现实。当然，也有的学者认为，思维不一定要与语言相联系，因为人们的有些思维是无法用语言来表达的。但是，总的来说，人是借助于语言来进行思维活动这一论点，即便是研究聋哑人、裂脑人所提供的资料也是不能加以否定的。因为逻辑思维的抽象和概括特性、语法规则等确能使语言适合于充当人类进行思维的工具，从而使人的思维活动得以更为有效地进行。

1. 思维的基本要素

思维的三项基本要素，就是思维原料、思维主体和思维工具。自然界提供思维的原料，人脑成为思维的主体，认识的反映形式形成了思维的工具，三者齐备才有了思维活动。

思维原料是被感知的具体事物的形象。客观事物在未被感知的时候，作为自在之物在客观上存在着，而作为现实的思维对应，应该是被感知的事物。未被感知的事物，对思维来说，还是不存在的事物，还不能成为思维的根据。更准确地说，未被感知的客观世界，是可能的思维对象；已被感知的客观世界，是现实的思维对象。思维原料是现实的思维对象。

思维工具就是逻辑，即关于思维形式和思维规律的学说。到现在为止，人类创造的基本思维工具有形式逻辑、归纳逻辑、数理逻辑和辩证逻辑。

思维主体是人脑及存在于其中的意识，人脑物质是意识的载体，思维是人脑意识的作用。

2. 思维的特征

思维的主要特征有以下四方面。

(1) 概括性。

思维是在人的感性材料基础上，把一类事物的共同本质特征的规律抽取出来，加以概括，这就是思维的概括性。例如，“笔”有铅笔、钢笔、毛笔等，具有不同的形状、颜色、材质和构造等外部特征，但“笔是人类创造的专门用来书写的工具”才是本质特征的概括。

概括性是思维最显著的特点。感觉、知觉只能反映事物的个别属性或个别事物,而思维则能反映一类事物的本质和事物之间的规律性的联系。例如,通过感觉和知觉,我们只能感知到太阳每天从东方升起,又从西方落下。通过思维,我们能揭示这种现象是由于地球自转的结果。

思维之所以能揭露事物的本质和内在规律性的联系,主要是由于抽象和概括的结果,通过抽象过程,在思想上区分出事物的本质属性和非本质属性,从而舍去非本质属性,抽出本质属性,通过概括过程,在思想上把已区分出来的某种事物的一般的、共同的属性或特征结合起来,并把区分某事物的本质属性或特征推广为同类事物的本质属性和特征。

(2) 间接性。

所谓思维的间接性,是指非直接地、以其他事物作媒介来反映客观事物。思维是凭借知识经验对客观事物进行的间接反映。

首先,思维凭借着知识经验,能对没有直接作用于感觉器官的客观事物加以反映。例如,医生根据医学知识和临床经验,通过病史询问以及一定手段的体检和辅助检查,就能判断直接观察所不能达到的病人内部器官的病变情况,并确定其病因、病情和提出治疗方案。

其次,思维凭借着知识经验,能对根本不能感知的事物进行反映。例如,人们不能感知恐龙的生活情景,但是考古学家通过化石可以推测远古时代的情况,复现恐龙灭绝前的形象和它们的生活情景。

(3) 问题性。

思维总是指向于解决某个任务或问题。当人们在实践活动中,接触到某种新的、不理解的事物时,就会因为好奇心驱动而主动地认识它,或者因其他客观原因迫使人们去揭示和理解它,从而达到解决问题的目的。所以,思维过程主要是体现在解决问题的过程中,在因果关系上,它受人认识未知事物的需要所制约。

只有具有解决任务的倾向,才能赋予思维以问题和探索的性质,这也是思维过程的一个很重要的特征。如果一个人对别人问他的东西都很熟悉,就用不着思维,只要运用他保持在记忆中的知识就可以了。所以,思维总是产生于问题和任务存在之时,它是一个从不知到熟知,从现象到本质的运动过程。

(4) 能动性。

思维是客观世界在人脑中的主观反映。但是,思维不是被动的,它具有能动性,这是思维的一个重要特征。思维能动性表现在以下几个方面:

首先,思维能认识和反映世界。这种反映和认识是有选择性的。以人为例,解剖学家反映的是人的解剖结构;美学家注意的是人的形体和精神美感;社会学家注重人的相互关系;伦理学家注意的是道德规范。他们注意的角度各不相同,反映的也多半是事物的某个方面或侧面。思维对世界的反映和认识不局限于事物的现象,重要的是能深入到事物的本质。人类通过分析、综合、归纳、演绎等思维过程,通过现象认识本质。

其次,思维能动性的最主要表现是思维对客观世界的改造。思维能动性不仅在于主动地、有选择地认识世界,也不仅在于认识事物的内在本质和固有规律,而且在于通过实践把对世界的认识变为对世界的改造,把思想化为行动,使世界符合人的目的,使世界打上人类意志的印记。例如,人类不仅认识了物体离开地球所需的宇宙速度,还制造了人造地球卫星。

第三,思维的能动性表现在思维对人的大脑和生理的作用。经常思维的大脑,有较高的潜能,不容易衰老。科学家、艺术家的主要劳动是思维,许多科学家和艺术家到了老年,大脑还有很强的功能。

3. 思维活动形式和过程

思维活动离不开思维要素,凡是思维原料起主要作用的思维活动,就是形象思维;凡是思维工具起主要作用的思维活动,就是逻辑思维;凡是思维主体起主要作用的思维活动,就是灵感思维。

思维作为一种认识的活动,它是以动态、过程的形式存在的。思维是通过各种智力运演来实现的。思维实现的基本智力运演是分析与综合、抽象与概括。

分析是在思想上把整体事物分解为各个组成部分,把事物的各种属性、方面、联系等区分开来。不对所认识事物进行分析,就不能深入认识事物的本质,而只能停留在事物的表面。综合则是在思想上把事物的各个部分联合为整体,把事物的各种属性、方面、联系等结合起来。不对所认识的事物的各部分、属性、方面、联系等进行综合,就不能把握事物的整体和对事物有完整的认识。分析和综合是相对立的,同时又是彼此统一的。

抽象是在思想上把事物的共同属性、方面等抽取出来,概括则是在思想上将所有抽取出来的各事物的共同属性、方面等联合起来。借助于抽象和概括,就可以从具体中把握一般,从个别性中把握共同性,透过现象把握本质。借助于抽象和概括,就能形成概念,把握事物的规律。抽象和概括是相辅相成的。没有抽象,概括无法进行;没有概括,也就无法认识所抽象出来的东西。抽象和概括依赖于分析和综合,没有后者,前者也就难以进行。也就是说,抽象和概括是一种高级形式的分析和综合。抽象是把事物的本质属性和非本质属性区分开来,概括则是将共同属性联合起来。在思维过程中,分析、综合、抽象和概括等相互联系着发生作用。

思维作为人脑的机能,当然有其自然过程的方面。同时,思维又和人类的实践活动密切联系。从发生上说,思维起源于劳动。劳动创造了人类,也创造了人的思维。正是在劳动中,人的抽象和推理能力才得以发展起来。每一个体的思维活动,都是在实践的基础上进行的。实践为思维提供了感性材料,事物的本质也是在实践中逐步显露出来,从而被人类所认识。就是说人的思维所服从的规律和规则,也是从实践中产生出来的。这些规律和规则是实践活动中所显示出来的客观现实关系的概括化反映。

二、思维方式

从人类理性认识活动看,思维方式本质上是一种理性的认识或反映方式,是一个信息的加工、处理的转换过程或方式。在思想活动中,思维主体形成某种固定的转换程序、运行方向以及固定的思维结构和逻辑形式,而所有这些成为人们普遍接受、采用及遵循的转换方式时,就形成了特定的思维方式。某种思维方式可以看作是思维加工中的流水线,类似于计算机中的"程序流程"或"模块结构"。所以,思维方式就是被人们普遍接受的对信息的反映、加工和改造的思维转换方式。

1. 思维方式的构成

思维活动是一个动态的过程,而思维方式在一定的阶段具有相对的稳定性。思维方式的相对稳定性是因为构成思维方式的主要因素有着相对稳定性。了解思维方式的主要因素,可以更好地理解思维方式。

(1) 价值标准。

价值标准是思维主体在思维过程中对作为思维对象的外界事物的评价。价值标准不同,思维方式也就不同。价值标准影响思维方式是通过思维取向进行的。人们的价值标准不同,就会对事物作出不同的评价,形成不同的思维目标。思维注意的是与价值标准相一致的方面,并用这种价值标准思考达到目标的方法。可以说,价值标准促使思维趋利避害,它为思维确定了一定的目标,目标不同,思维的内容乃至方式也就不同。

在以计算作为思维对象的思维活动中,计算的价值目标应该成为计算思维方式的价值标准。以机器计算为例,其计算装置在实施计算过程中的价值标准应该是准确、有效率、便捷。人们在设计与制作计算装置时,就要通过各种方法与技术手段来实现这一价值标准。对方法和技术的抽象,思维主体在其设计与制作计算装置过程中所依据的特定的思维方式就一定遵循这样的价值标准。

(2) 思维空间。

思维空间是思维结构所决定的思维视野,是某种思维方式所能接受、理解和处理信息的容量框架,它限定着思维的视野、思维的范围,以一定的"思维圈"制约着思维的容量。思维空间表征着人们的思维向四面八方的伸展性和开阔性,表征着人们思维所能达到的广阔程度。思维空间大、思维视野也就广阔、深远;反之,思维空间小,思维视野也就狭窄、短浅。所以,思维空间的大小决定着思维的容量。思维容量的不同,决定着思维方式的不同。

一般来说,我们可以从外在空间和内在空间两方面来分析思维空间。

外在的思维空间是思维角度、思维层次和思维因子的综合。它们相互作用,构成不同的思维框架,体现不同思维方式,并表现为思维的广度和深度,以及思维的容量及可变化程度。

思维角度是指思维主体从哪个方面、哪种关系去认识思维对象。主体的思维角度是多样化的,可以用不同的参照系去认识世界的不同方面。在认识过程中,参照系不同,就会显现出认识对象的不同方面。思维主体可以从现象和本质、主体和客体、纵向和横向、结构和功能等不同的方面去认识对象,多方面开拓思路,扩大思维空间。

思维层次是客观世界的层次在人脑中的内化。人们的思维总是在一定的层次上,要扩大视野,开拓思维空间,就要不断揭示客体和主体世界的更深层次。思维空间的开拓依赖于人们对事物层次认识的深化。人们在揭示出客观世界的新层次后,也就内化为思维本身的层次空间。

思维因子是思维的基本单位,思维逻辑的运算因子。概念、公式、原则以及它们的综合形式,都是思维运算的不可或缺的因子。

从思维的内在发展角度来看,思维空间表现为思维的概念、方法和结构的不断增生过程。在思维的发展过程中,思维的概念、方法和结构不断增生、演化和相互交叉,从低级到高级发展,从而形成思维空间的内在网络。因此,要开拓思维空间,就需要用新的概念、方法和结构去建构世界。

(3) 思维传统。

思维传统是在历史上由各种复杂社会因素积淀而成的。从根本上说,思维传统是指人们的思维方式在某种概念结构之中,形成封闭的思维圈。传统思维对提高思维效率以及民族文化特色等方面有积极意义,但往往也会影响思维方式,使其成为固定的思维定势、固定的思维线路,甚至容易形成偏见、成见。思维方式要不断打破思维传统,形成动态的开放模式。

2. 辩证思维方式

辩证思维方式是把事物看成是互相联系、互相制约、互相影响的。自然界从宏观世界的星系到微观世界的基本粒子,从无机界到有机界,无处不存在于普遍的联系之中。现代科学证明,世界不仅存在着纵向联系,还存在着横向联系。纵向联系和横向联系交织在一起,构成了普遍联系的整体性。

计算是一个非常庞大而又复杂的学科,或者说是一个学科类。用辩证思维方式从纵向去认识计算,我们可以从计算沿革历程研究发展规律,形成学科思维,并指导学科的发展。用辩证思维方式从横向去认识计算,我们可以梳理计算学科下的不同领域之间的复杂关系和内在联系,并在这种思维方式指导下与其他学科相结合,形成新的研究或应用领域。

3. 系统思维方式

随着 20 世纪新兴科学群的产生和发展,系统科学也随之诞生。系统科学是探索系统的存在方式和运动变化规律的学问, 是对系统本质的正确反映和真理性认识,是一个知识体系。系统科学的理论和方法,本身就是认识世界和改造世界的手段。系统科学的发展也促使思维方式的变革,即系统思维方式的出现。

系统思维方式是把对象放在一定的系统中加以考察,从系统的观点出发,从整体与部分之间、整体与外部环境之间的相互联系、相互作用、相互制约的关系中综合地、精细地考察对象,系统思维被认为是现代科学发展的主要特征之一。

系统思维方式是一种将整体与部分辩证地统一起来的思维方式。它不仅研究事物的各个部分,而且研究事物的总体。它研究的部分是系统中的部分,它研究的整体是各部分有机统一的整体。这种思维方式改变了以前把思维对象切割成各个部分再加以综合的思维方式,从而把研究部分和整体有机地结合起来。

系统思维方式也把分析与综合有机地结合起来。研究对象时,既分析构成对象的各个部分,又研究各成分组成的总体结构;既研究各因子各自的功能,又研究整个系统的功能;既把对象本身作为系统来研究,又把对象作为另一个更大系统中的一个成分来研究。这样,把分析与综合密切结合起来,在分析中综合,在综合的同时也进行分析。

系统思维方式还把定性研究与定量研究相结合。它可以用模型模拟系统的实际情况,根据模型用数学语言定量地、精确地描述对象的运动状态和规律,或者用计算机寻找协调整体和部分的最佳关系,使各部分的功能与总体的功能协调一致,使系统达到最佳状态,实现最佳的总体功能,使系统实现优化处理。

三、思维的逻辑方法

思维的逻辑方法是在感性认识的基础上,运用概念、判断、推理等形式对客观世界间接的、概括的反映过程。以下是几种最基本的逻辑方法。

1. 归纳与演绎

归纳推理是从个别的事实中推演出一般的逻辑思维方法。它由推理的前提和结论两部分组成。前提是若干已知的个别事实,是个别或特殊的判断和陈述。结论是从前提中通过逻辑推理而获得的一般原理,是普遍性的陈述和判断。归纳法的客观基础是个性和共性的对立统一,个性中包含共性,通过个性可以认识共性。

归纳法有各种不同的类型。根据归纳前提是否完全,可以分为完全归纳法和不完全归纳法。完全归纳法是考察了一类中的每个事物都具有某一种属性,从而推出该类全体都具有此属性的一般性结论的推理方法。

在不完全归纳法中,可以根据是否运用了因果规律,区分为简单枚举归纳法和科学归纳法。其中,简单枚举归纳法是根据某一属性在一类事物的部分对象中不断重复出现,从而对该类事物作出一般性结论的推理方法。科学归纳推理是根据某类事物部分对象中的内在本质联系,推出该类事物的一般性结论的推理方法。显然,简单枚举归纳推理有一定的局限性, 因为部分对象中概括的一般性结论不一定都能反映事物的共性,因此,运用简单枚举归纳法进行推理时,必须尽可能地占有丰富的事实材料。而科学归纳法推理虽然是不完全归纳,但它引进了因果关系作为逻辑推理的重要根据,得到的结论应该是可靠的。在科学推理中,判明因果联系归纳推理是一种重要的推理形式。

演绎是从一般原理推演出个别结论的思维方法。其主要形式是三段论,即由大前提、小前提和结论组成。大前提是已知的一般原理,小前提是已知的个别事实与大前提中的全体事实的关系,结论是由大、小前提中通过逻辑推理获得的关于个别事实的认识。

根据演绎法的特点和它所反映的思维进程,可以概括出演绎法在科学思维中的作用:第一,演绎法是进行逻辑证明的一种重要工具;第二,演绎法是在理论上解释和预言科学事实的手段;第三,演绎法是发展科学假说和科学理论的一个必要环节。

归纳和演绎反映了人们认识事物的两个方向相反的思维途径, 前者是从个别到一般的思维运动,后者是从一般到个别的思维运动。归纳和演绎是形式逻辑和辩证思维共有的思维方式,是辩证思维的起点。归纳和演绎相互联系,互为条件,同时两者又相互补充,相互转化。两种思维方法缺一不可。

2. 分析与综合

分析是把一个复杂的事物分解为各个部分、各个要素,然后分别加以考察的一种思维方式。其中包括分析事物在空间整体分布上的各个组成部分,也包括事物在时间发展整个过程中的各个阶段。分析方法多种多样,且不同的研究领域、不同的研究目的其分析方法也显现多样性。

分析方法在科学思维中的主要作用有:第一,把复杂事物简单化,为下一步研究提供便利条件;第二,使人们对事物的认识易于深化、易于揭示事物的本质规律。分析方法的局限性在于:第一,由于它割裂了事物的联系,着眼于局部的研究,容易使人的思维限制在狭小的范围内,形成片面看待问题的思维习惯;第二,分析的结果,只能得到关于事物各部分的局部知识,容易缺乏对事物的整体认识。因此,我们的认识不能只停留在分析阶段,必须发展到综合阶段。

综合就是把分析中得到的关于客观对象各个部分的认识按照其内在联系在思维中联系起来,形成整体认识的思维方法。综合方法在于从整体上把握事物,注意事物各个部分和因素是如何相互联系而表现出整体特性的。由于复杂的事物是各方面的、多样的、本质的统一体,所以只有把事物的各个方面的本质、属性加以综合,才能对它得出一个全面、正确的认识。

分析和综合是对立的,两者思维的出发点和思维运动方向是不同的,一个是从对象的整体走向各个局部,一个则是从对象的局部走向整体。但是,两者又是统一的,分析和综合的统一表现为两者的相互依赖、相互渗透和相互转化。

分析和综合的对立统一关系,要求我们在思维活动中,善于把分析和综合结合起来,既要善于分析事物各因素和各部分,又要考虑到各因素、各部分之间的内在联系,从整体和部分的结合上把握事物,才能更全面、更深刻地了解事物的本质和规律。

3. 抽象与具体

抽象方法是从客观对象的各种属性中抽取出本质属性的认识方法或者抽象得

到认识成果。当把对象的某种属性抽取出来加以考察时,不仅使它脱离了对象的其他属性,而且抛开这一属性在该对象中的特殊形式,抽取出它在不同对象中的共性,经过加工,便得到了一些抽象的规定性。具体则是对客观事物对象的外部多样性的反映,或者是指通过某一对象的各种抽象规定的综合而形成的完整映象。

抽象的过程是从感性认识中的具体上升到抽象规定性的过程。将感性认识中的具体上升到抽象,需要经过以下两个步骤:第一,将对象的某种属性同对象的其他属性分离,孤立地进行考察;第二,将这一属性同其他对象的同一属性加以比较,经过舍异取同后,便得到了这一属性的一般形式。

随着认识的深化,人们关于对象的抽象规定性的认识还需要进一步转化为思维中的具体,这就是从抽象到具体的方法。这一方法的基本要求就是将各种抽象的规定在思维中重新联系起来,重现客体的多样性的统一。从抽象到具体同样需要经历两个步骤:第一,在对象的各种抽象规定中找出那些最本质的、决定其他属性的规定,以此为基础和逻辑起点;第二,按照客观对象本身固有的联系,将对象的各种抽象规定联结起来,在思维中重新形成一个关于对象的完整的认识和一个多样化的统一整体。

从具体到抽象,再从抽象到具体,这两段行程构成了一个完整的认识过程。抽象和认识的转化还表现为另一种形式:对某一事物层次的抽象的认识,对更高事物层次就成为了具体的认识。反过来,高一级层次的具体的认识,就是低一级层次的抽象认识。抽象和具体是对立统一体,抽象和具体的不断转化,可以促进思维的更深层次的发展。

第四节 计算思维概念辨析

一个邻家的小女孩,刚就读小学一年级,在家玩一辆玩具小车,把它推来推去,嘴里模仿着喇叭声。她知道不能在餐桌上玩,也不能用它去打弟弟的头。去学校之前,她会把小车放到弟弟够不到的地方。放学回家后,她也知道在原来的地方可以找到自己的玩具车。

引导她行为的推理很简单,任何一个同龄小孩都能理解。但是对于大多数计算机却不能理解,尽管这些计算机能够快速完成很复杂的运算。这是因为一方面计算机缺少一般小孩能从父母那里学到的日常社会知识,例如,不能损坏家具,不能伤到自己的弟弟;另一方面在于计算机没有我们日常的生活推理能力。

尽管我们大多数人都在学校里学过演绎推理,却很少在实际生活中用到。5 岁的小女孩相信自己的玩具车还在原来的位置,是因为她把它放在了弟弟够不着的地方。但如果某天她出门时看到弟弟学会了使用爬凳子,就肯定会有新的担心。所以,小女孩掌握的常识推理主要依靠基于生活经验的推测。

从以上小女孩和计算机的思维推理的比较，我们可以感受到机器推理和人脑思维的不同。当然，此问题继续往下深入，则是人工智能领域的研究范畴。而在这里，我们还关心的是计算机为什么是这样推理的。这可以询问程序员或其他计算机设计制造专家，使得我们对计算机相关知识有所了解，也能得出正确的答案。

人类使用的是一种基于经验的常识推测体系，它与常规逻辑不同，因此也与一般的计算机程序员的思维不同。程序员知道如何让计算机进行演绎推理，因为计算机能够理解其中涉及的数学原理。但如果想让计算机进行人类赖以生存的这种推测性的常识推理，就得发明一种全新的数理逻辑。而现有的计算机的推理演绎，都是以本书前面所叙述的基本知识与概念为基础的。计算机所实施的解决问题的规则也蕴含着独特的思维方式。

一、周以真教授论述计算思维

根据我们对思维的理解：思维是一种心理现象，也是一种反映，它是认识世界的一种高级的反映形式。具体地说，思维是人脑对客观事物的一种概括的、间接的反映，它反映客观事物的本质和规律；思维是在人的实践活动中，在感性认识、特别是表象的基础上，借助于语言，以知识为中介而实现的。

再一次回顾周以真教授对计算思维(Computational Thinking)的界定："计算思维是运用计算机科学的基础概念去求解问题、设计系统和理解人类的行为。它包括了涵盖计算机科学之广度的一系列思维活动。"我们的理解是：周以真教授从思维的视角阐述计算机科学，通过人脑对计算及其计算机的实现等机理的认识，反映其中客观规律，并用以指导人们的社会生活。

周以真教授期望人们学习计算机相关知识，培养学生"像计算机科学家一样思维"。那么，什么是像计算机科学家一样的思维呢？其实也很简单，因为计算机科学家具备了丰富的计算机科学理论与知识，总是以自己扎实的学科知识从事计算机相关研究工作，同时，在日常的生活中，也会自觉或不自觉地运用计算机学科知识解释身边的现象，解决身边的问题。

周以真教授指出，计算思维主要体现在三个方面：用计算机科学的基础概念求解问题，用计算机科学的基础概念设计系统，用计算机科学的基础概念理解人类的行为。其中，求解问题包括使用计算机技术或设备解决问题以及用计算机科学的思想解决问题，计算思维应该更偏向于后者；设计系统包括设计计算机系统以及用计算机科学的思想设计一般系统，计算思维应该更偏向于后者。

1. 计算机科学家的思维

当我们必须求解一个特定的问题时，首先会问：解决这个问题有多么困难？怎样才是最佳的解决方法？当我们以计算机解决问题的视角来看待这个问题，我们需要根据计算机科学坚实的理论基础来准确地回答这些问题。同时，我们还要考虑工具的基本能力，考虑机器的指令系统、资源约束和操作环境等问题。

不妨我们来看一下计算机操作系统是如何解决程序和进程问题的。在单用户单任务的操作系统中,程序的执行管理比较简单。而现代操作系统所要面对的是,一台计算机要执行多道程序,需要共享系统资源,中央处理单元CPU要按时间片轮流执行不同的用户程序,可能导致各程序在执行过程中出现相互制约的状况,程序的执行表现出间断性的特征。这些特征都是在程序的执行过程中发生的,是动态的过程,而传统的程序本身是一组指令的集合,是一个静态的概念,无法描述程序在内存中的执行情况,即我们无法从程序的字面上看出它何时执行,何时停顿,也无法看出它与其他执行程序的关系,因此,程序这个静态概念已不能如实反映程序并发执行过程的特征。为了深刻描述程序动态执行过程的性质,人们引入了"进程"(Process)概念。

进程是一个具有独立功能的程序,是关于某个数据集合的一次运行活动。它可以申请和拥有系统资源,是一个动态的概念,是一个活动的实体。它不只是程序的代码,还包括当前的活动,通过程序计数器的值和处理寄存器的内容来表示。

现在我们整理一下从程序到进程的发展过程:

(1) 从单任务到多道程序是计算机发展的必然。计算机利用快速的CPU轮流执行不同的任务,对CPU来说,是串行工作,对多道程序来说,是并行工作。这就像一位象棋大师同时与许多棋手对弈一样,象棋大师相当于CPU。这就是利用不同资源的特性设计解决问题的方法,既提高了CPU资源的效率,又满足了用户多任务的需求。

(2) 多道程序同时执行,使管理复杂化。程序是指令的有序集合,是静态的,而每次程序执行是动态的,其处理的数据和执行的流程可能都不相同。引入进程,是对正在运行的程序过程的一种抽象,是为了刻画系统内部出现的动态情况,描述系统内部各道程序的活动规律引进的一个概念。一个程序可以包含多个进程,进程可以描述并发活动。进程的引入,把原来复杂的问题简单化了。

计算思维就是通过约简、嵌入、转化和仿真等方法,把一个看来困难的问题重新阐释成一个我们知道怎样解决的问题。

计算思维是一种多维分析推广的类型检查方法。例如,对于别名或赋予人与物多个名字的做法,它既知道其益处又了解其害处;对于间接寻址和程序调用的方法,它既知道其威力又了解其代价;它评价一个程序时,不仅仅根据其准确性和效率,还有美学的考量;而对于系统的设计,还考虑简洁和优雅。

计算思维是一种递归思维,是一种优雅的数学表达。它可以把代码译成数据又把数据译成代码;它可以用递归描述简洁地表达一个繁琐的、复杂的事件。

计算思维是一种称为基于关注点分离的方法。关注点分离是面向对象的程序设计的核心概念。分离关注点使得解决特定领域问题的代码从业务逻辑中独立出来,如通过对象封装,使原本分散在整个应用程序中的操作可以很好地管理起来。

计算思维采用了抽象和分解来迎接庞杂的任务或者设计巨大复杂的系统。例如,它选择合适的方式去陈述一个问题,或者选择合适的方式对一个问题的相关方面建模使其易于处理;它是利用不变量简明扼要且表述性地刻画系统的行为;它是我们在不必理解每一个细节的情况下就能够安全地使用、调整和影响一个大型复杂系统的信息;它是为预期的未来应用而进行数据的预取和缓存的设计。

计算思维是一种系统可靠性思维。计算思维考虑预防、保护及通过冗余、容错、纠错等要求,并从最坏情况进行系统恢复。如对于"死锁",计算思维就是学习探讨在同步相互会合时如何避免"竞争条件"的情形。

计算思维利用启发式的推理来寻求解答,它可以在不确定的情况下规划、学习和调度,例如,它采用各种搜索策略来解决实际问题。

计算思维是一种资源与效益平衡的思维。它会利用海量数据来加快计算,在时间和空间之间,在处理能力和存储容量之间进行权衡。它在内存和外存的使用上进行了巧妙的设计;它在数据压缩与解压缩过程中平衡时间和空间的消耗。

计算思维是一种与生活密切相关的思维。当你早晨上学时,把当天所需要的东西放进背包,这就是"预置和缓存";当有人丢失自己的物品,你建议他沿着走过的路线去寻找,这就叫"回推";在对自己租房还是买房作出决策时,这就是"在线算法";在超市付费时,决定排哪个队,这就是"多服务器系统"的性能模型;为什么停电时你的电话还可以使用,这就是"失败无关性"和"设计冗余性"。由此可见,计算思维与人们的工作与生活密切相关, 计算思维应当成为人类不可或缺的一种生存能力。

2. 计算思维的特征

本节一开始,我们比较了小女孩的思维推理和计算机的推理,从中可以发现,尽管计算机具有很强的计算能力,但并不能说明能够思维。计算机科学是计算的学问,它研究什么是可计算的,怎样去计算。计算思维描述的不仅是计算,能计算不等于有思维;计算思维是人的思维,不是程序,也不是机器的思维。计算思维具有以下特性:

(1) 概念化,不是程序化。

计算机科学不是计算机编程。像计算机科学家那样去思维意味着远不止能为计算机编程,还要求能够在抽象的多个层次上思维。

(2) 根本的,不是刻板的技能。

根本技能是每一个人为了在现代社会中发挥职能所必须掌握的。刻板技能意味着机械的重复。目前的计算机是按人的预设机械地执行,如果这样的计算机能思维,那思维可就变成机械的了。

(3) 是人的,不是计算机的思维方式。

计算思维是人类求解问题的一条途径,但决非要使人类像计算机那样地思考。计算机枯燥且沉闷,人类聪颖且富有想象力,是人类赋予计算机激情。配置了计算设备,我们就能用自己的智慧去解决那些在计算机时代之前不敢尝试的问题。计算机赋予人类强大的计算能力，人类应该好好地用这种力量去解决各种需要大量计算的问题。

(4) 数学和工程思维的互补与融合。

计算机科学在本质上源自数学思维，因为像所有的科学一样，其形式化基础建筑于数学之上。计算机科学又从本质上源自工程思维，因为我们建造的是能够与实际世界互动的系统，基本计算设备的限制迫使计算机科学家必须计算性地思考，不能只是数学性地思考。构建虚拟世界的自由使我们能够设计超越物理世界的各种系统。

(5) 是思想，不是人造物。

计算思维不只是表示我们生产的软件硬件等人造物将以物理形式到处呈现并时时刻刻触及我们的生活，更重要的是计算概念，这种概念被人们用于求解问题、管理日常生活、与他人交流和互动。

(6) 面向所有的人、所有的地方。

当计算思维真正融入人类活动的整体的时候，它就将成为一种现实。就教学而言，计算思维作为一个问题解决的有效工具，应当在所有地方得到应用，当然也包括在所有学校的课堂教学中得到应用。

二、从计算机学科方法论看计算思维

计算机学科方法论遵循一般科学方法论的普遍原理，同时又不同于一般科学方法论。计算机学科方法论直接面对和服务于计算机学科的认识过程，使人们对计算机学科的认识逻辑化、程序化、理性化和具体化，它成为人们认识计算机学科的工具。研究计算机学科的方法论，有助于我们正确理解计算机学科中所蕴含的科学思维方法，有助于总结和提升计算机学科所积累的各种方法经验，有助于促进计算机学科的发展，有助于计算机学科的建设和人才培养。

计算思维与计算机学科方法论的研究有很大的相似性，国内很多学者都在同时研究。计算思维和计算机学科方法论都是试图通过可计算性原理、形理算一体原理和机算设计原理，从思维和方法的高度来进行抽象，以寻求具有一定普适意义的学科价值。

所谓可计算性原理亦即计算的可行性原理。可计算理论的中心问题就是将算法这一直观概念精确化，建立计算的数学模型，研究哪些是可计算的，哪些是不可计算的，以此揭示计算的本质。

所谓可计算，通俗地说，如果存在一个机械的过程，对给定的一个输入，能在有限步骤内给出答案，那么这个问题就是可计算的。图灵用抽象的图灵机描述了可计算模型。图灵曾于 1936 年提出了“停机问题”(Halting Program)：对于任意的图灵机和输入，是否存在一个算法，用于判定图灵机在接收初始输入后，可以达到停机状态。若能找到这样的算法，停机问题可解；否则不可解。

图灵用形式化的方法给予了不可计算的证明。其通俗的描述是:图灵机不能自己判断自己是否停机。

所谓形理算一体原理,是针对具体问题应用相关理论进行计算发现规律的原理。例如,从物理图像和物理模型出发,寻找相应的数学工具与计算方法进行问题求解。无论是计算机学科方法论,还是计算思维,都是以可计算模型为基础的。

事实上,从物理现象和数据出发,寻找相应的数学工具与计算方法,在人类科学史早有成熟的经验。近代开普勒以第谷的火星观测资料为基础,找到古希腊阿罗尼乌斯的椭圆曲线,从而发现开普勒定律。20 世纪的爱因斯坦也为广义相对论物理思想找到黎曼几何这一数学形式而创立广义相对论。著名数学家、有限元法的创立者冯康科学地总结了从物理机制出发的四步计算程序:"按常规来做,处理数学物理的离散计算方法要分四步来进行:第一步明确物理机制,第二步写出相应的微分方程,第三步采用离散模型,第四步设计算法"。这四个步骤基本刻画了现代计算机解决问题的过程。

所谓机算设计原理,就是利用物理器件和运行规则(算法)相结合完成某个任务的原理。在计算机学科领域,最显著的成果就是计算机的创造,反映在计算机的设计原理。其中,电子计算机构成就是五个外部设备(计算器、运算器、存储器、输入设备、输出设备)以及运用二进制和存储程序的概念来达到解决问题的目的。

尽管计算思维的学科体系尚未成熟,但在教学和培训中的应用和推广已逐步开展。一些从事计算机教育的学者在教学过程中推进计算思维能力的培养,标志性的事情包括 2008 年美国计算机科学教师协会(CSTA)在网上发布了得到美国微软公司支持的《计算思维:一个所有课堂问题解决的工具》(Computational Thinking: A problem solving tool for every classroom) 报告。2008 年,ACM 开始将周以真教授倡导的"计算思维"与"计算机导论"课程绑定在一起,并明确要求该课程讲授计算思维的本质。美国计算机科学教师协会认为,计算思维应当是所有学校所有课堂教学都应当采用的一个工具。采用这个工具,教师自然会问以下几个问题:

(1) 人所固有的能力与局限性如何?计算机的计算能力与局限性如何?

(2) 问题到底有多复杂?即问题解决的时间复杂性如何?空间复杂性如何?

(3) 问题解决的判定条件是什么?

(4) 什么样的技术(各种建模技术)能被应用于当前的问题求解或讨论之中?

(5) 什么样的计算策略更有利于当前问题的解决?

这些问题,其实也是计算机学科方法论要解决的问题。

在国内,董荣胜教授早在 2002 年就提出并构建了计算机科学与技术方法论(Methodology of Computer Science and Technology),阐述计算领域认识和实践过程中一般方法及其性质、特点、内在联系和变化发展,并将计算机科学与技术方法论的思想应用于教学实践。

董荣胜教授认为,为便于理解和应用,可以将周以真教授有关计算思维定义中的基础概念更换为更为具体的思想与方法,这样,计算思维又可以定义为:运用计算机科学的思想与方法进行问题求解、系统设计,以及人类行为理解等涵盖计算机科学之广度的一系列思维活动。

计算机学科方法论是认知计算机学科的方法和工具，也是计算机学科认知领域的理论体系。在计算机学科教育领域,引入计算机学科方法论也进一步推进了计算思维的培养。在大学计算机学科教学中,引入计算思维关注点分离的方法解决软件工程课程中的问题求解、算法设计、软件设计等设计方法以及软件开发过程、软件项目管理和软件开发方法学等诸多方面的问题，因为作为最重要的计算思维原则之一，关注点分离是计算机科学和软件工程在长期实践中确立的一项方法论原则。离散数学课堂教学中可以引导学生利用计算思维去解决离散数学中的模型与数理逻辑、递归与等价关系数目的求解、模块化与群、等价关系证明等问题。

计算思维吸取了问题解决所采用的一般数学思维方法，现实世界中巨大复杂系统的设计与评估的一般工程思维方法, 以及复杂性、智能、心理、人类行为的理解等一般科学思维方法。

计算思维建立在计算过程的能力和限制之上， 可以指导人或机器执行具体的计算。计算方法和模型使我们敢于去处理那些原本无法由个人独立完成的问题求解和系统设计。

尽管计算思维与计算机学科方法论有着各自的研究内容与特色,但显而易见,它们的互补性很强,可以相互促进。比如,计算机学科方法论可以对计算思维研究方面取得的成果进行再研究和吸收,最终丰富计算机学科方法论的内容;反过来,计算思维能力的培养也可以通过计算机学科方法论的学习得到更好的提高。

三、计算思维与计算机思维

在中文里,计算思维不是一个新的名词,常被蒙蒙眬眬地使用,却一直没有被提高到周以真教授所描述的高度、广度、新颖、明确而系统。就“计算”一词,尽管本书已经花费了很多笔墨进行描述,相信不同文化和学术背景的人,对“计算”一词的理解仍会有差异。

同样,在英语中,计算也有不同的表述。周以真教授在对计算思维中的计算是 computation 而不是 computing,ACM/IEEE CS 在 CC2005 中描述计算学科使用的是 computing 而不是 computation。在中文中,将 computation 和 computing 都译为计算,而且普通人把计算放入数学领域,这样,计算就失去了它的本质意义。

computer 一词在计算机没有发明之前,指的是专业从事计算工作的人员。当图灵提出计算模型并以 computer 作为从事计算的工具以后,computer 就成了现代电子计算机的专用名词,computing 应该是指与计算机技术相关的计算。

computation 也是计算,特别是可用数学表示的任何形式的信息处理的概念,它包括简单的计算和人的思维(human thinking)。相对而言,computing 是处理 computation和符号操作的科学与技术。ACM/IEEE 在 CC2005 对 computing 的定义为：一般来讲，computing 意味着任何面向目标的需要、受益于和创造计算机的活动。因此，computing 包括用于广泛目的的软件和硬件系统的设计、建造，各种信息的处理、规范和管理，用计算机开展的科研活动，使计算机系统具有智能行为，创建和使用通信和娱乐媒体，寻找和收集与任何目的有关的信息等。

如此看来，computation 更侧重数学在 computing 学科中的应用，而 computing 是发展和使用计算机和有关技术的人类知识和活动的总和，它不仅需要数学，而且需要一切人类的知识和经验来发展和使用计算机。

因此，有学者建议用计算机思维对应 computing thinking，以区别周以真教授的计算思维。这样，用计算机思维对应于计算机专业，严格地讲是计算机科学与技术专业。2005 年 ACM 和 IEEE-CS 任务组提交的 CC2005 报告更进一步指出 computing 主要由计算机科学、计算机工程、软件工程、信息技术和信息系统组成。计算机思维不仅是对计算理论的抽象和提升，还涉及计算机技术、计算机工程。理论和技术是学科两个互为依托的侧面，由于能行性性质的作用，学科理论与技术之间的高度一致透射出学科的理论绝大多数属于技术理论。学科的基本问题和本质属性决定了学科理论、技术与工程相互之间常常界限模糊。从理论探索、技术开发到工程开发应用和生产的周期很短，许多实验室产品和最终投向市场的产品之间几乎没有太大的差别，这在计算机软硬件产品中是屡见不鲜的。

例如，IBM 全球业务已经发生了很大变化，起家的硬件业务虽然每年仍保持增长，但在软件和服务方面的增长更快。对于 IBM 未来最看重的服务领域，在 2007 年所占全球业务份额已达到了 37%，软件业务则达到了 40%，增长速度都远远超过硬件业务。按照 IBM 的说法，2020 年中国将从生产型社会转变为服务型社会。因此，中国经济发展正在向服务型经济转型，而计算机科学与技术以及信息技术则是现代服务型经济发展的根本保障。这是 Software as a Service（SaaS）和服务计算(service computing)正在引起国内外关注的原因之一。由此，计算机思维和计算机学科与服务建立更加密切的关系成为必然。这种密切关系要求计算机思维必须建立在服务基础之上，同时，计算机学科为服务的工程化、信息化和智能化提供技术和工具以及产品(软件、硬件或集成系统)服务。

基于上述讨论，我们发现，计算机思维不仅仅源于和服务于计算机科学。实际上，狭义地讲，计算机思维源于并服务于计算机科学、计算机工程、软件工程、信息技术和信息系统。

广义地讲，计算机思维源于并服务于由理论、技术、工程、工具、服务和应用构成的计算链(或计算网络)。这一计算链以理论为始点，以应用为终点。这一计算链上的每一结点都将产生计算机思维，而计算机思维从这一计算链的始点到终点的转化构成了计算机思维的工程化。计算机思维从这一计算链的终点到始点的转化构成了计算机思维的抽象、升华和理论化(包括数学化)。因此，没有前述的第一种转化，计算机思维将成为空中楼阁；没有前述的第二种转化，计算机学科将不复存在；忽略计算链中的任何结点，都会对计算机思维和计算机学科产生负面的影响。

四、计算思维的本质

我们已经讨论了计算思维与计算机学科方法论。尽管视角不一样，但是计算思维与计算机学科方法论关心的都是计算学科最本质的东西。计算思维是从学科思维这个层面直接讨论学科的根本问题与学科的思维方式，而计算机方法论则是从方法论的角度来讨论学科的根本问题和学科形态。

我们也已经讨论了计算思维和计算机思维。尽管两者表述有不同，但它们关心的仍然也是计算机科学最本质的东西。计算思维更偏向理论，用数学模型来描述计算，而计算机思维更接近工程，从计算机与实际问题的解决中抽象思维，但两者都关注机器计算对实际问题的解决。

事物的本质是什么？事物的本质是指事物本身固有的，决定事物性质、面貌和发展的根本属性。事物的本质往往是隐藏的，是通过现象来表现的，不能简单地直观地去认识，必须透过现象挖掘本质。

计算思维的本质是抽象(Abstraction)和自动化(Automation)。这需要我们仔细地分析这两个概念，并用大量的实例讨论它们与数学和物理等学科的不同，以及这种强大的思维能力对其他学科的影响。

1. 抽象

一年级小学生在认识数的时候，老师都会用身边的具体事物举例。小朋友有了1枝铅笔，又买了2枝铅笔，那么总共就有3枝铅笔。老师昨天发给小朋友1本书，今天又发了2本书，那么总共就有3本书。通过这样的实例，小学生能够理解1+2=3。这个过程，就是抽象的过程。铅笔和书是不同的物体，但是铅笔合在一起与书合在一起的形式都是一样的，都是1+2，一但不考虑铅笔、书之间的内在区别，如材质、功能，而只考虑其中的某一种属性，如数量，那么，就可以抽象出加法运算1+2=3。某些小朋友，如果知道1枝铅笔加2枝铅笔等于3枝铅笔，也知道1本书加2本书等于3本书，不知道1+2=3，那就说明他们的抽象思维还没有到位。

因此，将感性认识上升到抽象需要经历两个步骤：第一，将对象的某种或某些属性同对象的其他属性分离，独立地加以考查；第二，将这一属性同其他对象的同一属性加以比较，经过舍异求同而得出这一属性的一般形式。

我们以计算机学科中最典型的概念“算法”为例来说明抽象。算法，顾名思义，是计算的方法或法则。从计算机角度理解，就是用使用计算机技术解决问题的一种方法，特别是指用程序来解题的方法。前面我们也已讨论了算法的定义。现在来看一个纸牌小游戏是否是一个算法(见图2.20)：

(1) 任选一位观众将一副扑克牌充分洗好。

(2) 背对观众，请观众随机抽出一张牌，记住牌面，然后将该牌放回到整副

图 2.20 纸牌魔术

牌的最上面。

(3) 接过牌后，洗牌几次。洗的时候保持最上面的一张牌不动。

(4) 对观众说“我来教你魔法，只要吹一口气，就能把刚才你抽到的牌吹到任意位置上”。

(5) 请观众说出一个数字，例如 8，然后一边吹气，一边想着 8 这个数字。

(6) 在观众吹气后，请观众将上面的牌一张一张取出放在桌子上。

(7) 翻到第 8 张，将牌翻开，发现并不是原来抽的那张牌。

(8) 接回整副牌，并把上一个步骤里取出堆放在桌子上的牌收起，仍放在整副牌的最上面。

(9) 洗牌几次，洗的时候保持上面放回的那堆牌不动。

(10) 从观众手中拿回刚才翻开的那张牌，插到最上面 7 张牌中的任意位置。

(11) 对观众说：“你刚才吹法有问题，我来演示一下”。然后对着牌吹一口气。

(12) 请观众从上到下数牌，到第 8 张时翻开，就是观众一开始抽的那张牌。

看到这里，我们很容易发现其中的奥秘，但这不是本书所关注的重点。可以肯定的是，游戏背后隐藏着一个算法。不同的角度，可以对算法有不同的描述：从哲学角度，算法是解决一个问题的抽象行为序列；从技术层面，算法是一个计算过程，它接受一些输入，并产生某些输出；从宏观上，算法是解决一个精确定义的计算问题的工具；把处理事件看作一个“黑箱”，算法是一个将输入转换为输出的计算步骤序列。一旦确定了算法，魔术师可以面对不同的观众、不同的选择做相同的纸牌游戏。

当然，上述的算法与我们从计算机程序设计时所涉及的算法还有所不同，其不同点在于是用自然语言描述，而不是形式化描述。如果能实现形式化描述，则容易进行机器计算。

面对多样化的实际问题，计算机科学家研究了若干种经典的算法，例如，排序操作有冒泡排序、选择排序，这些经典算法，就是对解决问题的抽象。许多复杂问题，都可以经过一系列的转换由这些经典算法来实现。因此，这也反映出抽象的最终目的还是要具体，要将人们有关抽象规定性的认识进一步转化为思维中的具体。

抽象是很多学科共有的本质，计算思维的抽象有自身的特征。来自思维的抽象完全超越物理的时空观，可以完全用符号表示。计算思维的抽象与数学抽象不同。数学抽象的特点是抛开现实事物的物理、化学和生物等特性，仅保留其量的关系和空间的形式，而计算思维的抽象更丰富、更复杂。例如，操作系统中的程序与进程的关系，先前已经讨论过，进程就是具体的程序在计算机中执行时的一种动态过程的抽象，引入进程，操作系统就可以方便地在统一的规则下管理程序执行时的资源分配。

2. 自动化

自动化是指机器设备、系统在没有人或较少人的直接参与下，按照人的要求，进行自动检测、信息处理、分析判断、操纵控制，以实现预期目标的过程。自动化技术广泛用于工业、农业、军事、科学研究、交通运输、商业、医疗、服务和家庭等方面。采用自动化技术不仅可以把人从繁重的体力劳动、部分脑力劳动以及恶劣、危险的工作环境中解放出来，而且能扩展人的器官功能，极大地提高劳动生产率，增强人类认识世界和改造世界的能力。因此，自动化是工业、农业、国防和科学技术现代化的重要条件和显著标志。

"自动化"一词最早用来描述发动机汽缸的自动传送和加工的过程。根据经典控制理论，自动化体现在以单变量自动调节为主的局部自动化。现代电子计算机，则全面体现了自动化。

计算思维中的抽象，最终就是要求能够机械地一步一步自动执行。为了确保机械地自动化，就需要在抽象过程中进行精确、严格的符号标记和建模。

冯·诺依曼的程序存储式计算机就是用五大逻辑部件清晰地规划出各部分的功能及关系，更主要是反映出计算机自动执行的过程：

(1) 从存储器中读取指令代码。

(2) 通过指令操作码分析指令功能。

(3) 根据分析结果，完成指令功能。

(4) 决定下一条要执行指令存放的位置，是按顺序存储在下一个存储器物理单元，或是指令执行结果规定的位置。

(5) 重复(1)。

计算思维可以在不同层次上对机器计算的自动化进行抽象。上述过程是在机器指令这一级的自动化抽象，反映了计算机周而复始地工作。我们同样可以从其他层面上发现自动化。

同样对于算法，美国《计算机科学与工程百科全书》有这样的定义：给定问题和设备，一个算法是用该设备可以理解的语言表示的，解决这个问题的一种方法的精确刻画。特别要强调的是，算法具有下列特征属性：

(1) 算法应用于一个具体的输入集合或问题描述将在有穷次动作序列之后得到结果。

(2) 该序列有一个唯一的初始动作。

(3) 该序列中的每一个动作有一个唯一的后继动作。

(4) 该序列终止时，或者得到这个问题的解，或者因为该问题不可解而获得不可解说明。

对照克努特的经典算法定义，其本质是相同的。这样的定义，同样反映了机器计算是一步一步地完成预设的操作序列而实现自动化的。自动化是计算思维独有的特征。

我们再来看一种算法的定义：

算法是一个四元组，即(Q,I,Ω,F)。其中：

(1) Q 是一个包含子集 I 和 Ω 的集合，它表示计算的状态。

(2) I 表示计算的输入集合。

(3) Ω 表示计算的输出集合。

(4) F 表示计算的规则，它是一个由 Ω 到它的自身的函数，且具有自反性，即对于任何一个元素 $q \in Q$，有 $F(q) = q$。

一个算法是对于所有的输入 x，都有有穷步骤内终止的一个计算方法。对于任何一个元素 $x \in I$，x 均满足以下性质：

$x_0 = x, x_{k+1} = F(x_k), (k \geqslant 0)$

这样的算法定义，是一种形式化定义，即用符号对算法的特性给出了精确的描述。形式化是抽象的表现形式，形式化同时也是实现自动化的有效途径。

3. 计算思维的特性描述

思维是人脑对客观事物的本质和规律的反映，思维又可以在对客观事物认识的基础上指导对客观事物的改造。计算思维的抽象本质提供了人们认识多样的、复杂的客观事物的基本方法，计算思维的自动化本质提供了认识机器计算的基本规律。

那么，一个人具备了计算思维会如何呢？

关于在研究工作上如何采用计算思维，著名的计算机科学家、数据库技术专家、1998 年图灵奖获得者詹姆士·格雷(James Gray)认为，一个具有计算思维的人，他研究的问题应该具有以下特点：

(1) 一个问题能否进行非常简单的陈述，或者说，要明确到底需要解决什么样的一个问题，或更专业地来说，一个问题是否能够用一个模型来表述并进行讨论。

(2) 问题解决的方案和所取得的进展是要有可测试性，每一个步骤是明确的。

(3) 问题的整个解决过程要能划分为一些小的步骤，划分的好处是，你可以看到中间每一个取得进步的过程。

计算思维是一个新名词，它的定义在学术界也有众多的争论。计算思维本身的研究需要细致、深入，以及相应的丰富而又扎实的学科理论基础。本书无意给出计算思维的严格定义，但从计算思维的本质可能得出计算思维所具备的基本特性。

(1) 计算思维是以计算机科学为基础的，是人脑对计算机相关事物的概括和反映。具备计算思维的人一定了解计算机学科相关的核心概念和基本方法，知道机器计算的基本原理以及机器计算与人脑计算的异同。

(2) 计算思维是对自动化从多个角度、多个层面进行抽象，形成解决问题的一般方法。具备计算思维的人一定会通过比较、分类、类比等方法，将计算机学科中设计思想和方法迁移到其他事务之中，以提高问题解决的效率和准确度。

(3) 计算思维虽然是基于理论的抽象，但也具有工程的属性。计算思维不仅关注基于理论的设计，也关注设计的实际反馈以及反馈的指导作用。具备计算思维的人一定会善于对复杂事物进行分析，通过规范的方式转化为若干经典的或简单的事物来解决,同时也善于通过观察问题解决过程中出现的问题来调整相关方法。

(4) 计算思维一定是人的思维,是通过人的实践活动在人脑中形成的有关计算的本质和规律的反映。具备计算思维的人一定是对计算及相关事物的直接感受过渡到抽象思维,并且容易理解机器计算和自动化的各种行为。

(5) 计算思维是反映计算机工作原理的思维,但不是仅用于制造计算机的思维。计算思维培养的目标不是为了熟练使用计算机工具,而是掌握基本思想和方法。具备计算思维的人不仅可能从事计算机领域的工作，也可以从事其他各领域的工作,并且在这些领域发挥更好的作用。

第三章 计算思维的基本方法

计算轶事

哥尼斯堡七桥问题

17世纪的东普鲁士有一座哥尼斯堡城,城中有一奈佛夫岛,普雷格尔河的两条支流环绕其旁,将整个城区分成北区、东区、南区和岛区。有七座桥将普雷格尔河中的岛屿与河岸连接起来(见图 3.1)。当地市民有一项非常有趣的消遣活动,就是在每星期六的散步。他们对散步的要求是尝试一次走过所有七座桥,每座桥只能经过一次,而且起点与终点必须是同一地点。这就是著名的“哥尼斯堡七桥问题”。

这样的要求被提出后,很多人非常感兴趣,纷纷进行试验,但是在相当长的时间里都未有人成功。1735 年, 有几名大学生写信给当时正在俄罗斯彼得堡科学院任职的天才数学家欧拉 (Leonhard Euler,1707—1783),请他帮忙解决这一问题。

经过一年的研究,29 岁的欧拉提交了《哥尼斯堡七桥》的论文,圆满解决了这一问题,同时开创了数学新的分支——图论。欧拉解决问题的思路是:首先,把每一块陆地考虑成一个点,连接两块陆地的桥以线表示,由此得到了如图 3.2 一样的几何图形,并分别用 A,B,C,D 四个点表示为哥尼斯堡的四个区域。在图中,只有 4 个点和 7 条线,这样做是基于该问题本质考虑的,“七桥问题”被抽象为一个数学问题,即转化为是否能够用一

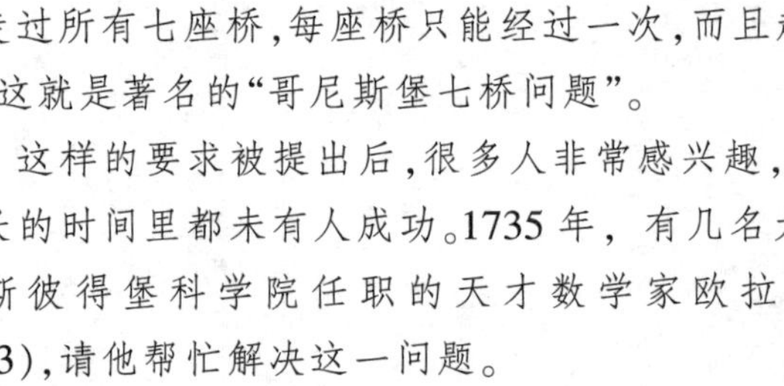

图 3.1 哥尼斯堡地图

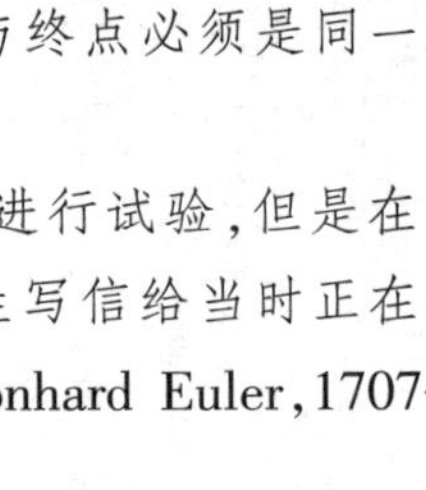

图 3.2 七桥问题

笔不重复地画出过此七条线的问题了。

然后,针对4点7线的图形,欧拉进行分析:若可以一笔画出来,则图形中必有终点和起点,并且起点和终点应该是同一点。根据对称性可知,由B或D为起点得到的效果是一样的,可以依次分析A,B,C点即可。

若假设以A为起点和终点,则必有一离开线和对应的进入线,若我们定义与A有关的线的条数为A的度,进入A的线的条数为入度,离开线的条数为出度,则A的出度和入度是相等的。如果说要使得从A出发有解,则A的度数应该为偶数。而实际上A的度数是5,为奇数,于是可知从A出发是无解的。同样,若从B或C出发,由于B,C的度数分别是3,3,都是奇数,所以都是无解的。

因此,最后的结论是:当一个人由一座桥(或线)进入一块陆地(或点)时,他接着也会由另一座桥(或线)离开此点。所以每行经一点时,要有两条线,即从该点离开的线与最后回到该点的线,也就是说每一块陆地与其他陆地连接的桥数必为偶数。七桥所成之图形中,没有一点含有偶数条线,因此上述的任务无法完成。

第一节 计算的学科形态

在本书第一章叙述过,“计算作为一门学科”报告给出了计算学科二维定义矩阵的概念,其中一维是九个子领域,另一维是三个过程,即抽象、理论和设计。学科的各分支领域就是通过这三个过程来实现它们的目标。

一、抽象形态

在一般科学技术方法论中,科学抽象是指在思维中对同类事物去其现象的、次要的方面,抽取其共同的、主要的方面,从而做到从个别中把握一般,从现象中把握本质的认知过程和思维方法。科学抽象是科学认知由感性认识到理性认识飞跃的决定性环节。

抽象源于现实世界,源于经验,是对现实原形的理想化。对现实事物的理想化,是为了追求事物本质的认识,但这种认识不一定彻底。为了避免现实事物、现实背景对理想化过程的干扰,要实现对事物本质的认识还必须通过经验与理论的结合,完成从抽象到抽象的升华。

作为学科中的抽象形态,包含着具体的内容,它们是学科中所具有的科学概念、科学符号和思想模型。例如,在计算机网络中,其抽象的基本模型是分布式计算模型,围绕分布计算,涉及网络、传输介质、协议等一系列概念以及描述网络形式化的表达。

按照客观事物的研究过程,抽象形态分以下四个步骤来实现:

(1) 形成假设。

(2) 建造模型并作出预测。

(3) 设计实验并收集数据。

(4) 对结果进行分析。

在上述的“哥尼斯堡七桥问题”中,欧拉的这个考虑非常重要,也非常巧妙,它正表明了数学家处理实际问题的独特之处——把一个实际问题抽象成合适的“数学模型”,这种研究方法就是“数学模型方法”,这是解决该难题的关键。

在解题过程中,欧拉首先把城市地图简化成由4点7线组成的抽象示意图,该图去除了无关因素而保留了有待研究与讨论的主要属性,把一个具体的问题抽象为一笔画的图论问题;接下来,欧拉通过对抽象的点的入度和出度的定义,描述了一笔画的一般判断准则,这样就很快地就判断出要一次不重复走遍哥尼斯堡的七座桥是不可能的。

抽象源于现实世界,它的研究内容表现在两个方面:一方面是建立对客观事物进行抽象描述的方法,掌握了抽象的方法,就能明白为什么可以把哥尼斯堡的城区缩成一个点,为什么桥变成一条线而忽略桥的大小、形状而只表现出与点的位置关系;另一方面是要采用现有的抽象方法,建立具体问题的概念模型,从而实现对客观世界的理性认识。

抽象既是计算学科的形态之一,也是计算思维的本质之一。计算学科是通过对感性材料进行去伪存真、去粗存精等整理、加工过程而形成一系列的概念、模型和理论体系。运用计算思维,其抽象的特质可以帮助人们善于区分事物的真假,撇开次要过程和干扰因素,认识事物的本质。

二、理论形态

科学认识由感性阶段上升到理性阶段,就形成了科学理论。科学理论是经过实践检验的系统化了的科学知识体系,它是由科学概念、科学原理以及对这些概念、原理的理论论证组成的体系。

理论源于数学,是从抽象到抽象的升华,它们已经完全脱离现实事物,不受现实事物的限制,具有精确的、优美的特征,因而更能把握事物的本质。

在计算学科中,从统一合理的理论发展过程来看,理论形态包括以下四个步骤的内容:

(1) 表述研究对象的特征,即定义和公理。

(2) 假设对象之间的基本性质和对象之间可能存在的关系,即定理。

(3) 确定这些关系是否为真,即证明。

(4) 结论。

在解决哥尼斯堡七桥问题的过程中，欧拉巧妙地给出了点的入度和出度的定义,并通过讨论入度与出度的关系来研究一笔画特征的抽象描述,为图论和拓扑论的形成奠定了基础。

欧拉通过对哥尼斯堡七桥问题的研究，不仅圆满地回答了哥尼斯堡居民提出的问题,而且得到并证明了更为广泛的有关一笔画的三条结论,人们通常称之为欧拉定理。

(1) 凡是由偶点组成的连通图,一定可以一笔画成。画时可以把任一偶点为起点,最后一定能以这个点为终点画完此图。

(2) 凡是只有两个奇点的连通图(其余都为偶点),一定可以一笔画成。画时必须把一个奇点设为起点,另一个奇点设为终点。

(3) 其他情况的图都不能一笔画出。

对于一个连通图,通常把从某结点出发一笔画成所经过的路线叫做欧拉路,人们又通常把一笔画成回到出发点的欧拉路叫做欧拉回路，具有欧拉回路的图叫做欧拉图。

显然,理论源于数学,它的研究内容也表现在两个方面:一方面是建立完整的理论体系;另一方面是在现有的理论指导下,建立具体问题的数学模型,从而实现对客观世界的理性认识。

从下面有趣的婚姻介绍所例子可以发现现有理论的作用。

假如你通过婚姻介绍所来寻找自己的异性朋友,在你列出条件以后,婚姻介绍所就会为你介绍候选人。你是在看了候选人的情况以后决定是否要安排约会。这时,你有两个选择:

(1) 如果新候选人比你现在的恋人强,你当然决定与新推荐的候选人见面,也就是你把候选人发展为恋人。不过,你要与当前的恋人分手。

(2) 如果新候选人不如你当前的恋人,你则继续与当前恋人约会,即拒绝新候选人。

由于各种因素的限制,婚姻介绍所最多只提供 n 个候选人的情况,也就是说,你最多只有 n 个潜在的恋人。并且我们假设,婚姻介绍所每次只提供一个候选人的资料,当你看了当前候选人,是不可以再选择以前的候选人的。

这是一个“见好就变”的恋爱算法,其伪代码表示如下:

```
LOVER-FINDER(n)
  best = 0
  For i = 1 to n DO
    If 候选人 i 比当前恋人更优秀 Then
      best = i
      约会候选人 i
  Next i
```

当然,谈恋爱是需要成本的。假设:婚姻介绍所每次介绍一位候选人都要收取一笔介绍费 C_i;如果你决定与新候选人相处,则需要花费相处费 C_d,用于吃饭、送花等支出以及支付婚姻介绍所的介绍成功费 C_j;你还需要对当前的恋人因和平分手而支付的分手费 C_s。

现在我们可以估算找恋人算法 LOVER-FINDER 的支出成本。

如果 n 个候选人中,我们与其中 m 个约会,则成本为:

$$O[nC_i + mC_d + mC_j + (m-1)C_s]$$

其中,nC_i 为获得 n 个候选人资料所需支付的费用,mC_d 是谈了 m 个恋人的成本,mC_j 则是支付给婚姻介绍所的 m 次成功介绍费,$(m-1)C_s$ 则是与 m–1 个恋人分手的成本。由于不管最后到底约会多少次,获取资料的费用是不变的,即 nC_i 是一个恒定的成本,因此,我们只需要考虑真正约会和分手的成本,即 $mC_d + mC_j + (m-1)C_s$。

为了简便起见,我们假设 $(m-1)C_s$ 与 mC_s 差别不大,且令 $C = C_d + C_j + C_s$,则我们要分析的成本就可简化为 mC。

很显然,mC 随着算法的每次运行会有所不同,它依赖于获取候选人的顺序。

按最坏情况分析,你与这 n 个候选人都约会了,发生这种情况的原因是你所看到的候选人一个比一个优秀。在这种情况下,恋爱成本最大:

$$O(nC_i + nC)$$

考虑到成功介绍费、约会费用与分手费用之和远远大于看一份候选人资料的费用($C >> C_i$),则恋爱成本可以简化为:

$$O(nC_i + nC) = O(nC)$$

按最好情况分析,你只约会了一次,这种情况只有在所有看到的候选人一个比一个差时出现,当然这是你所希望遇到的情况,而婚姻介绍所则是希望你每次都与新候选人约会,那就可以赚取更多的介绍成功费。在这种情况下,恋爱成本是(当然,我们仍然假设谈一次恋爱比看再多的资料所需要的花费多得多):

$$O(nC_i + C) = O(C)$$

现在分析一下平均情况,我们是否能简单地说,你平均约会 n/2 次,相对应的就是谈恋爱的平均成本:

$$O(nC_i + n/2C) = O(nC)$$

其实问题没那么简单,尽管谈恋爱的成本与候选人约会发展为恋人的次数相关,但是否是线性关系还有待进一步的考察。现在,我们运用概率理论来分析。为方便起见,我们为每个候选人的优秀程度给出一个排名,用 rank(i)表示第 i 候选人的优秀程度名列第 rank(i)名。显然,rank(i)取值在 1—n 之间。

假设候选人出现的顺序是随机的,设 X_i 代表候选人 i 被你看中并约会的事件,那么表达式 $X = X_1 + X_2 + \cdots + X_n$ 可以表示你谈恋爱的次数。这样,计算恋爱成本的工作就转化为计算随机变量 X 的数学期望值 E[X]。我们知道,每个候选人出现的顺序是随机的，因此每一个候选人被选中约会的概率也是相等的，其概率都在 1/i，这意味着 $E[X_i]=1/i$。则：

$$E[X]=E(\Sigma X_i)=\Sigma E[X_i]=\Sigma 1/i=\ln n$$

由此看到，你的平均恋爱次数是 lnn 次，而不是 n/2 次，整个的恋爱费用期望值是 O(C lnn)，而不是 O(nC)。

花费了那么多的篇幅讲述一个计算恋爱成本的故事，想说明的是理论的作用。

(1) 抽象是必须的，只有对具体问题进行抽象，才能用相应的理论进行讨论。当我们把恋爱成本抽象为与约会次数相关联，就可以使用相应的数学方法。

(2) 理论源于数学，概率论为恋爱成本计算提供了理论基础。运用数学期望值，我们就可以知道候选人被选中约会的估算数，这个估算数对算法复杂性的进一步研究是有意义的。

(3) 本题所使用的恋爱成本估算的基本方法，也是目前算法复杂性分析的基本方法。

三、设计形态

根据《现代汉语词典》的解释，设计是指在正式做某项工作之前，根据一定的目的要求，预先制定方法、图样等工作。设计是源于工程的，并且用于系统或设备的开发，以实现给定的任务。

设计作为学科的一种形态，和抽象、理论两个形态有着许多共同的特点。设计是人类用于变革、控制和利用自然界的手段，是以对自然规律的认识为前提。

设计为了达到变革、控制和利用自然界的目的，必须创造出相应的人工系统和人工条件，还必须认识自然规律在这些人工系统和人工条件下的具体表现形式。所以，科学认识方法(抽象、理论两个形态)对具有设计形态的技术研究和技术开发是有作用的。

设计形态的主要特征与抽象、理论两个形态的主要区别是：设计形态具有较强的实践性；设计形态具有较强的社会性；设计形态具有较强的综合性。

在计算学科中，从为了解决某个问题而实现相应系统或装置的过程来看，设计形态包括以下四个步骤的内容：

(1) 需求分析。

(2) 建立规格说明，给定技术条件。

(3) 设计并实现该系统。

(4) 对系统进行测试与分析。

以上有关婚姻介绍所的故事，也是算法设计的过程。作为需求分析，一开始我们就明确了基本情况：其一，每一时刻你都有一个恋人；其二，要从候选人中选拔出最好的作为恋人；第三，总共有 n 个候选人。基于这样的需求，我们设计了见好就变的恋爱算法，并用 LOVER-FINDER 描述并实现之。当然，此算法能实现，取决于“候选人 i 比当前恋人更优秀”的判别和“约会候选人 i”的操作是能行的,或是可计算的。

通过对 LOVER-FINDER 的执行成本测试与分析, 我们又发现了新的问题,恋爱成本的高低是与婚姻介绍所提供的候选人顺序有关的。婚姻介绍所会从自身的利益出发,将优秀的候选人晚推荐给你。对此,我们需要寻找更经济的算法。

进一步分析可以发现,应对的方法无非有三种。第一种方法是搞清楚候选人出现的顺序到底是按什么模式分布的,然后对应设计候选人选择方案。但这种方式难度很高,也无法应对婚姻介绍所因利益最大化而有意为之。第二种方法是做好最坏的打算,当然这是我们最不愿意遇到的。还剩下一种方法,就是有意进行随机化,即对婚姻介绍所推荐的候选人顺序进行随机处理,以控制成本复杂性为 O(C lnn)。其算法实现如下:

```
RANDOMIZED-LOVER-FINDER(n)
    将候选人名单进行一个随机排列
    LOVER-FINDER(n)
```

那有没有更经济的办法,用尽可能少的谈恋爱的成本,去获取性价比最高的恋爱对象呢?假如,婚姻介绍所的看资料费用也很贵,要看完全部的候选人资料是不合算的,那有没有在看了有限个候选人以后,就可以对恋爱对象作出合理的决定呢?

例如,设计这样一个算法:你先决定面试 k 个候选人,并全部予以拒绝,然后从第 k+1 个候选人开始,一旦出现的候选人其优秀程度超过前面 k 个人的话,就选择该人为你的恋爱对象。当然,这里还有很多问题需要考虑与设计,如:合理的 k 值为多少?从 k+1 个候选人开始没有出现超过前面的候选人怎么办?这样的算法恋爱成本降低了吗?受篇幅限制,这些问题不在这里进一步讨论。但是有一点是肯定的,这样的算法设计不是简单地通过编程序就可以解决的,而是需要由概率理论来支持算法设计的。

尽管我们知道,婚姻介绍所的故事不是一个真实的故事或问题,但它的方案设计也是工程。设计源于工程,它的研究内容同抽象、理论一样,也表现在两个方面:一方面,在对客观世界的感性认识和理性认识的基础上完成一个具体的任务;另一方面,要对工程设计中所遇到的问题进行总结,提出问题,由理论界去解决它。同时,也要将工程所积累的经验和教训进行总结,最后形成方法,为以后的工程设计服务。

图 3.3 最早的鼠标

我们不妨回顾一下计算机中最熟悉的输入装置鼠标的发明, 发明人是道格拉斯·恩格尔巴特(Douglas Engelbart),1997 年的图灵奖获得者。早在 1964 年,他发明了世界上第一个鼠标,外壳是用木头精心雕刻而成,整个鼠标只有一个按键,底部安装有金属滚轮,用于控制光标的移动(见图 3.3)。

恩格尔巴特发明鼠标是为了代替键盘操纵计

算机,其使用需求是明确的。当时鼠标的核心技术就是“X—Y 定位器”。1972 年,施乐公司帕克研究中心(Xerox Palo Alto Research Center,简称 PARC)将鼠标用于当时具有图形界面的 Alto 个人计算机。PARC 是许多现代计算机技术的诞生地,其创造性研发成果包括个人电脑、激光打印机、鼠标、以太网、图形用户界面、图标和下拉菜单、所见即所得文本编辑器、语音压缩技术等。1983 年苹果公司效仿 PARC 的做法,将经改装的鼠标装置在 Apple Lisa 电脑上。Lisa 是苹果公司继 APPLE Ⅲ推出的该公司首款采用图形用户界面和鼠标的个人电脑,Lisa 的换代产品就是名声大振的 Macintosh,从而使鼠标也名声大振,逐渐开始成为计算机的常规配置。从鼠标的发明与发展,也不难看出设计的过程与规律。

比较最早的鼠标和现在鼠标的结构与功能,鼠标由一个按钮变成了左右键两个按钮以迎合更多的操作功能需要,外部形状也更适合使用者手形操纵的需要,我们可以感受鼠标在技术上的演变过程,也可以体会鼠标演变中设计的作用。

在计算机学科方法论的原始命题中,蕴含着人类认识过程中的两次飞跃(见图 3.4)。第一次飞跃是从物质到精神,从实践到认识的飞跃。这次飞跃包括两个决定性的环节:一个是科学抽象,另一个是科学理论。抽象是科学认识由感性阶段到理性阶段飞跃的决定性环节,当科学认识从感性阶段上升到理性阶段时,就形成了科学理论。第二次飞跃是从精神到物质,从认识到实践的飞跃。这次飞跃的实践对技术学科而言,其实就是在理论指导下,以抽象的成果为工具来完成各种设计工作。在设计实践工作中,又将遇到很多新的问题,从而又促使人们在新的起点上实现认识过程的新飞跃。

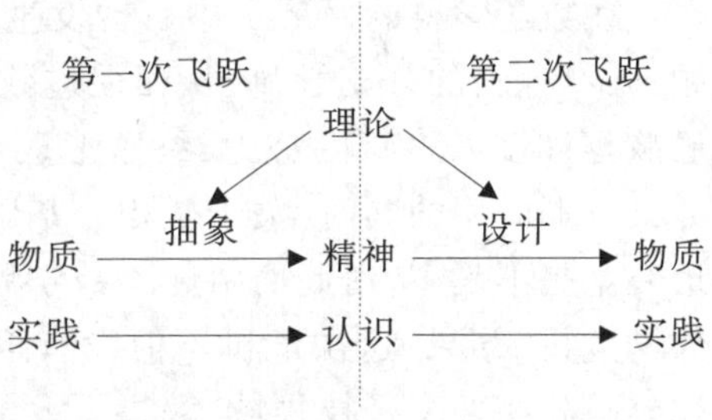

图 3.4 认识过程的两次飞跃

抽象、理论、设计三个学科形态的划分,有助于我们正确地理解学科三个形态的地位和作用。在计算学科中,人们还可以完全从抽象、理论和设计三个形态出发独立地开展工作,这种工作方式可以使研究人员将精力集中在所关心的学科形态中,从而促进计算理论研究的深入和计算技术的发展。

第二节 计算的基本问题

我们生活的世界时时处处都存在着各种各样的矛盾,当某些矛盾反映到人们的意识中时,才发现它是个问题,并要求设法解决它。问题解决是由一定的情景引起的,按照一定的目标,应用各种认知活动、技能等,经过一系列的思维操作,使问题得以解决的过程。例如,证明几何题就是一个典型的问题解决的过程。几何题中的已知条件和求证结果构成了问题解决的情境，而要证明结果，必须应用已知的条件进行一系列的认知操作。操作成功，问题得以解决。

问题解决通常由发现问题、分析问题、提出假设、检验假设四个阶段组成。发现问题，是解决问题的前提。要解决所发现的问题，必须明确问题的性质，也就是弄清有哪些矛盾、哪些矛盾方面，它们之间有什么关系，以确定所要解决的问题要达到什么结果，所必须具备的条件、其间的关系和已具有的条件，从而找出重要矛盾、关键矛盾之所在。在分析问题的基础上，通过合理的假设及相关验证，从而达到解决问题的目的。

解决问题的过程，对参与者来说，是思维积极主动性的表现，是重要的学习过程。解决问题的过程，也促进了问题所在领域的学科发展。

一、学科的重大问题

在数学学科的发展史中，曾发生多次数学危机，每一次危机都会引起学者关注，并产生新的分支学科，从而促进数学学科的发展。17 世纪晚期，经过牛顿、莱布尼兹等许多人多年的努力，终于形成了无穷小演算，即微积分这门学科。但在微积分大范围应用的同时，关于微积分基础的问题也越来越严重，关键问题就是无穷小量究竟是不是零？由此而引起了数学界甚至哲学界长达一个半世纪的争论，造成了数学危机。结果，这次危机不但没有阻碍微积分的迅猛发展和广泛应用，反而让微积分驰骋在各个科技领域，解决了大量的物理问题、天文问题、数学问题，大大推进了工业革命的发展，同时也促进了 19 世纪的分析严格化、代数抽象化以及几何非欧化的进程。

在计算机学科，也有类似的现象。众所周知，转向语句，即 GOTO 语句是许多程序设计语言中共有的语言成分，也是对初学者来说十分好用的语句。但是，GOTO 语句的过度使用，对程序质量和管理产生了影响。1968 年，《*Communication of ACM*》杂志刊登了著名计算机科学家戴克斯彻(Dijkstra)的文章，题目是“转向语句是有害的”。戴克斯彻阐述了 GOTO 语句的危害，建议从程序设计语言中取消，由此引发一场有关什么是好结构的程序的讨论，对计算机程序设计语言和程序设计的发展产生了重大影响，并促进了结构化程序设计和程序设计方法的研究。程序设计方法学正是在这一背景下产生的。

程序设计方法学主要从好结构的程序定义出发，通过对构成程序的基本结构的研究，讨论设计和保证高质量程序的各种程序设计方法。对转向语句有害问题的讨论在一定程度上引发了计算机学界对“软件危机”问题的考虑，所有这些都促使软件工程作为计算机学科的一个方向的形成。

在一个学科发展历程中，围绕学科发展的目标会产生一系列的科学问题，其中，问题的提出和解决对这个学科的发展能够产生重大影响的问题称之为重大问题。在学科发展的不同时期，重大问题是相对的，也是比较多的。围绕重大问题的解决,整个学科会形成若干条发展的主线和若干主流方向。

GOTO语句问题以及引发的讨论,应该是计算机学科的重大问题。除此以外,在计算机发展史中,还有一些重大问题,如20世纪末出现的千年虫危机等。每一次重大问题的出现,都会引发人们对计算机学科的思考并促进学科的发展。但通过分析每个重大问题可以发现,它们有一个共同点,即都是围绕是否可计算的问题。这才是学科的基本问题。

二、计算学科的基本问题

基本问题不是针对一个学科的具体问题提出的，而是在一个学科一大类具体问题的基础上,通过分析、研究这类问题共同的特点和本质属性,经过总结、提炼得到的更一般化的抽象的问题，学科中的许多具体问题是某一抽象的基本问题在该具体问题所属领域内的一个具体的实例。

学科的基本问题是一个非常重要的概念,它能够帮助我们认识一个学科,帮助我们发现这个学科的具体问题。

在学科经历了几十年的发展后，当我们今天以科学哲学的观点回顾历史的进程,系统总结学科的发展内容时,可以发现:在一个学科各个分支学科方向的发展进程中，不断地出现一些在表面形式上虽然不同，但在本质上是相同或相近的问题,即学科研究与发展普遍关心的基本问题。戴克斯彻提出GOTO语句是有害的,其本质也是考虑GOTO语句使用以后对计算产生的能行问题。因为GOTO语句的滥用,会影响软件的可读性,会增加软件维护的成本,会增加系统出错的可能,也会破坏软件运行平台的构造性而增加其复杂程度。

综上考虑,与计算相关的问题主要有三个:

(1) 计算的平台与环境问题。

(2) 计算过程的能行操作与效率问题。

(3) 计算的正确性问题。

首先,计算的平台和环境是计算的基础。历史上,为了实现自动计算,人们首先发明和制造了自动计算机器。在实际的探索中,人们逐渐认识到,研究自动计算不仅要从理论上提供计算的平台,观察和描述计算的起点,用于解题或者证明问题本身不可解,而且要实际制造出针对各种处理问题特点和要求的自动计算机器,这就产生了计算模型、计算机原理与计算机体系结构的研究。

在对计算模型和计算装置的研究中人们发现,从应用的角度考虑,必须区分计算模型在理论上的能行性和现实中的能行性。也就是说,计算的平台在实际使用上还必须比较方便,于是派生出计算环境的概念。因此,研究中提出的各种计算模型、实际的计算机系统、高级程序设计语言、计算机体系结构、软件开发工具与环境、编译程序与操作系统等都是围绕解决这一基本问题发展而来的，都属于计算的平台与环境问题的研究,其内容实质可归纳为各种计算模型的研究。

计算的平台与环境问题实际上关心的是计算问题在理论和现实中是否能行和使用方便的问题。

其次，计算过程的能行操作与效率问题也是计算学科的基本问题之一。一个问题在判明为可计算的性质后，从具体解决这个问题着眼，必须按照能行可构造的特点与要求，给出实际解决该问题的一步一步的具体操作，同时还必须确保这样一个过程的开销成本是我们能够承受的。围绕这一问题，学科发展了大量与之相关的研究内容与分支学科方向。例如，数值与非数值计算问题，算法设计与分析，结构化程序设计技术与编程，密码学与快速算法，演化算法，程序设计方法学，以及以计算机部件为背景的集成电路技术、数字系统逻辑设计、自动布线、RISC 技术等分支学科的内容，都是围绕这一基本问题展开而形成的。

显然，计算操作的能行与效率问题也涉及到了计算模型的问题。但是，这里所说的计算模型既包括类似于状态转换特征的这一类计算模型，如图灵机，也包括数学建模这类普遍规律模型，如用概率模型解决婚姻介绍所算法问题。不难看出，这一基本问题的核心是算法问题，这也说明了在计算科学发展的早期，当计算的平台与环境，计算的正确性证明问题尚不突出时，为什么学术界将计算学科看作是关于算法的学问。

第三，计算的正确性是任何计算工作都不能回避的问题，特别是使用自动计算机器进行的各种计算。一个计算问题在给出的能行操作序列的同时，必须确保计算的正确性，否则，计算是无意义的。围绕这个基本问题，长期以来，学科发展了一些相关研究内容与分支学科，例如，算法理论、程序设计语言的语义学、程序理论、程序测试技术、电路测试技术、软件工程技术、计算语言学、容错理论与技术等，这些分支学科都是针对为解决这一基本问题而发展形成的。

由于数学为各种计算方法提供了计算正确性的理论基础，而各种计算在计算机系统上的自动进行均采用语言描述，以程序或电路系统的载体形式出现，因此，计算的正确性问题常常归结为各种语言的语法和语义问题，研究的方式方法一般也是先发展某种合适的计算模型，用计算模型来描述各种语言的语法和语义。特别是由于描述和实现计算离不开语言，语言的词法、文法已经比较成熟，当前的难点集中在语义，因此，这也反映语义学在计算的正确性证明中的重要地位。

在实际应用中，计算的正确性证明是非常困难的。大多数情况是，在形式化证明不能实施的时候，人们往往采用测试的方法。一个典型的实例是美国第一次航天飞机的发射因为一个程序错误而被推迟。1981 年，美国“哥伦比亚”号航天飞机首航，该错误是在预计发射时间的数小时前因计算机未能正常启动时才被发现。事后测试得知，它只会在计算机时钟执行到某个相关值时才会发生，发现这个错误的概率是 1/67。

航天飞机发射中止后，机组人员模拟了起飞后的全过程，其中包括倾泻燃油并坠落于西班牙。模拟中的飞行控制处理器发生了中断，问题出在一个计算 GOTO 语句上。在运算中,这个 GOTO 语句会将控制权转到计算机存储器之外的某条指令,导致系统瘫痪。除了这个问题,程序员们还发现了其他 17 个问题,其中一些可能会导致严重的后果。

三、关注基本问题的意义

应该指出，上述基本问题并非出现在某个分支学科方向,而是在各个分支学科方向中普遍出现,并且常常交织在一起,是学科研究与发展中经常面对而又必须解决的问题。计算学科的三个基本问题,从本质上分析,又都具有能行的特点，可以归结为能行性问题(见图 3.5)。

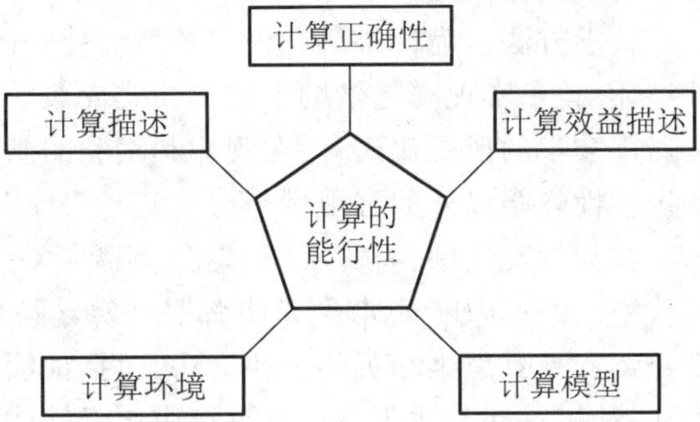

图 3.5　计算的基本问题

首先，计算的平台与环境问题可以归结为计算模型问题。根据计算概念的定义,计算模型必须能行。这样,第一个基本问题就可归结为计算模型的能行问题。

其次,根据上述分析,计算过程的能行操作与效率问题可以归结为基于某一恰当计算模型的算法问题。按照算法的定义,算法问题的研究实际上分成两个方面,一方面是算法的设计描述问题,另一方面是算法的效率问题,由于所讨论的算法都是基于某种计算模型之上的算法，故计算模型的能行性决定了这个问题本质上可归结为一个理论上的能行过程描述问题和现实条件下的能行问题。

第三,计算的正确性问题也可以归结为能行问题。与上述不同的是,前两个问题是从实际解决问题的角度出发，客观上要求计算模型与算法研究应该注重能行性,而计算的正确性研究客观上并不要求一定要满足能行性,只要能判定计算是正确的即可。但是,由于计算的正确性问题是在上述两个问题的基础上针对一类诸如程序、逻辑公式、电路系统等对象进行语义判定,而前述基本问题的能行性特点决定了从过程的角度采用外延和内涵的方法进行语义分析研究时，必然使计算的正确性研究具有能行性特点。

第三节　计算思维的数学方法

数学方法是现代科学技术发展中必不可少的认识手段。数学方法为科学研究提供了最基本的定量分析和计算的手段，计算机的问世更为科学的定量分析和理论计算提供了必要的条件。因此,数学方法既是设计、制造、认识计算机的基本工具,也是运用计算机开发更广泛应用的重要工具。

数学方法作为开展科学研究的工具,不仅在运算能力上,也在逻辑推理上提供了有效的支持。数学的逻辑严密性这一特点使得数学方法成为建立理论体系的手段,特别是数学方法中的公理化方法,为计算理论提供了明确性和完备性支持。数学逻辑用数学方法研究推理过程,把逻辑推理形式加以公理化、符号化,为建立计算学科理论体系提供了有效的工具。

数学方法也为科学研究提供了简洁精确的形式化语言。在计算学科中,很多现象描述、技术实现都是借助于数学公式或数学模型的形式抽象地表达。数学模型就是运用数学的形式化语言,在观测和实验的基础上建立起来的,有助于人们把握和认识感性经验以外的客观世界。

在数学理论中,有关字符、集合、函数、关系等都是计算学科的基础,二进制、布尔代数、数理逻辑、离散数学也都是计算学科中的基础理论。本节主要从方法论角度介绍与计算思维相关的一些方法,包括证明方法、递归方法、公理化方法、形式化方法,认识这些方法不一定能直接应用于问题解决之中,但肯定会有助于对计算思维的理解和运用。

一、证明方法

公元前500年,古希腊毕达哥拉斯(Pythagoras)学派的弟子希伯修斯(Hippausus)发现了一个惊人的事实,一个正方形的对角线与其一边的长度是不可公度的,若正方形边长是1。则对角线的长为$\sqrt{2}$,这一不可公度性与毕氏学派"万物皆为数"(有理数)的哲理大相径庭,因为当时的学者认为:几何图形是由某种不能分割的原子组成的。按照这种理论,任何两条线段的比就是它们原子数目的比。因而毕达哥拉斯断言:任何两条线段的比都可用两个整数比来表示。这就是所谓的可公度。这一发现使该学派领导人惶恐、恼怒,认为这将动摇他们在学术界的统治地位。希伯修斯因此被囚禁,受到百般折磨,最后竟遭到沉舟身亡的惩罚。鉴于该学派迫害数学人才的"无理行为",后人将不可公度比数,即无限不循环小数称为无理数。

运用反证法可以很方便地证明$\sqrt{2}$是不可以用两个整数比来表示的,即为无理数。

1. 直接证明

假定p为真,通过使用公理或已证明的定理以及正确的推理规则证明q也为真,以此证明蕴含式$p \rightarrow q$为真。这种证明方法为直接证明法。

直接证明是我们最常用的一种证明方法。例如,我们要证明:两个奇数之和为偶数。证明的基本思路如下:

首先可以用公理或约定定义两个奇数m和n:$m=2p+1$,$N=2q+1$,其中p和q都是正整数。

求两数之和:

$$m+n=(2p+1)+(2q+1)$$

$=2(p+q+1)$

显然,$m+n$ 为偶数。

2. 间接证明

因为蕴含式 $p\rightarrow q$ 与其逆否命题 $\neg q\rightarrow\neg p$ 为真等价,因此可以通过证明 $\neg q\rightarrow\neg p$ 来证明蕴含式 $p\rightarrow q$ 为真。这种证明方式为间接证明法。

例如,要证明“若 p^2 是偶数,则 p 是偶数”这样一个命题,就可以运用间接证明方法。因为假设 p 为奇数,很容易可以证明,p^2 为奇数而不是偶数。

命题与逆否命题等价,在布尔代数中就有相关的运算表达。在数据库系统中,关系表达中也常会用到命题与逆否命题等价这一规则。

3. 反证法

首先假定一个与原命题相反的命题成立，然后通过正确的推理得出与已知条件、公理、已证明过的定理等相互矛盾或自相矛盾的结果,以此证明原命题正确。这种证明方法就是反证法。证 $\sqrt{2}$ 为无理数就是反证法的典型应用。

假设 $\sqrt{2}$ 为有理数,则 $\sqrt{2}=q/p$(p,q 为正整数,且 p,q 无公因子)。

两边同时平方:

$$2=q^2/p^2$$

得:

$$q^2=2p^2 \qquad (1)$$

因为 q^2 为偶数,故 q 一定为偶数,对某个整数 m 来说,则有:

$$q=2m \qquad (2)$$

将(2)代入(1),可得:

$$p^2=2m^2$$

p^2 为偶数,则 p 也为偶数,p 与 q 均为偶数与原假设 p 和 q 无公因子相矛盾。因此,$\sqrt{2}$ 是无理数为真。

反证法是一种很简洁的证明方法,在很多时候,用直接证明很难完成的命题,往往用反证法很有效。同样,在对某个事物作出判定时,反证也是一种很好的思维方式。

4. 归纳法

所谓归纳法,就是从特殊推理出一般的一种证明方法。其中,不完全归纳法是根据部分特殊情况作出推理的一种方法,该方法多用于无穷对象的论证。然而,这样的论证结果不一定正确。例如,当我们下判断“天下乌鸦都是黑的”这样的结论时,是基于人们看到的乌鸦都是黑的。但是,很难保证所有的乌鸦都被看见过,因此也很难保证所有的乌鸦都是黑的。这种不完全归纳法尽管不能保证结论绝对正确,但仍是人们对待无穷对象的一种有效归纳方法。不完全归纳、结论的实际应用与不断修正,是计算学科中常用的方法和策略。

完全归纳法也称为穷举法，它是对命题中存在的所有特殊情况进行考虑的一种方法,用该方法论证的结果是正确的,然而,它只能用于有限对象的论证。在计算机算法中,枚举法与完全归纳法很相似,两者都是通过考察有限对象的全部来发现规律或寻找某一特征。

数学归纳法是一种用于证明与自然数 n 有关的命题正确性的证明方法, 该方法能用有限的步骤解决无穷对象的论证问题。数学归纳法广泛地应用于计算理论研究之中,如算法的正确性证明、图与树的定理证明等方面。

数学归纳法的基本原理如下:

(1) 归纳基础:证明 P(1)为真。

(2) 归纳步骤:证明对任意的 $i \geqslant 1$,若 P(i)为真,则 P(i+1)为真。

数学归纳法的形式化定义:

$$P(1) \wedge (\forall n)[P(n) \rightarrow P(n+1)] \rightarrow \forall n P(n)$$

例如,假设我们要证明下面这个公式(命题):

$$1+2+3+\cdots+n=\frac{n(n+1)}{2}$$

其中 n 为任意自然数。这是用于计算前 n 个自然数的和的简单公式。证明这个公式成立的步骤如下。

第一步是验证这个公式在 n=1 时成立。我们有左边=1,而右边=1(1+1)/ 2=1,所以这个公式在 n=1 时成立。第一步完成。

第二步我们需要证明如果假设 n=m 时公式成立,那么,可以推导出 n=m+1 时公式也成立。证明步骤如下。

我们先假设 n=m 时公式成立。即

$$1+2+\cdots+m=\frac{m(m+1)}{2} \qquad \text{(等式 1)}$$

然后在等式等号两边分别加上 m+1 得到

$$1+2+\cdots+m+(m+1)=\frac{m(m+1)}{2}+(m+1) \qquad \text{(等式 2)}$$

这就是 n=m+1 时的等式。我们现在需要根据等式 1 证明等式 2 成立。通过因式分解合并,等式 2 的右边

$$=\frac{m(m+1)}{2}+\frac{2(m+1)}{2}=\frac{(m+2)(m+1)}{2}=\frac{(m+1)(m+2)}{2}=\frac{(m-1)[(m+1)+1]}{2}$$

也就是说

$$1+2+\cdots+(m+1)=\frac{(m+1)[(m+1)+1]}{2}$$

这样便证明了从 P(m) 成立可以推导出 P(m+1) 也成立。证明至此完成,结论:对于任意自然数 n,P(n)均成立。

以上是用数学表达式来描述归纳法的证明过程。在生活中,还有一些其他的事例,本质上也是遵循数学归纳法。如多米诺效应。如果你有一排很长的直立着的多

图 3.6　多米诺骨牌

米诺骨牌,现在你可以作这样的假设(见图 3.6):

第一张骨牌将要倒下; 只要某一个骨牌倒了,与之相邻的下一个骨牌也要倒。那么你就可以推断所有的骨牌都将要倒下。

这里,实际上是确定出一种递推关系,只要满足两个条件就会导致所有骨牌全都倒下:

(1) 第一块骨牌倒下。

(2) 任意两块相邻骨牌,只要前一块倒下,后一块必定倒下。

这样,无论有多少骨牌,只要保证(1),(2)成立,就会全都倒下。

5. 构造性证明

德国数学家希尔伯特(David Hilbert,1862—1943)曾经在给学生讲到存在性证明时举过一个例子:"这个班里一定存在一个学生,他的头发数最少,可是我们不可能知道他是谁"。存在性证明是数学证明中的一种,亦即证明考察对象是存在的。

用形式化表达存在性证明如下:存在一个 x 使命题 P(x)成立可表示为: $\exists xP(x)$。对形如 $\exists xP(x)$的命题的证明称为存在性证明。在数学中,有很多存在性证明的例子,如切饼问题:任给一个大饼,形状不一定要规则,我们一定可以割两刀,使得这两刀割出的刀痕相互垂直, 并且恰好把大饼分割成面积相同的四块。这一问题就是用存在性证明方法来证明。我们熟悉的三大中值定理:罗尔定理、拉格郎日定理、柯西定理都属于存在性命题,证明罗尔定理时的依据是最大值最小值定理,证明拉格朗日定理和柯西定理时是构造辅助函数:

$$\varphi(x)=f(x)-f(a)-\frac{f(b)-f(a)}{b-a}(x-a)$$

把问题转换为利用罗尔定理的结论上来。

存在性证明是非构造的。通过找出一个使得命题 P(a)为真的 a,从而完成该函数值的存在性证明称为构造性证明。所谓构造性,是指能够具体地给出某个对象,或给出某个对象的计算方法。当我们能把证实"存在一个 a,满足性质 P(a)"的证明为构造性的,是指能够从这个证明中具体给出满足 P(a)的一个 a,或者能从证明中得到一个机械的方法,使其经过有限步骤后,就能确定满足性质 P(a)的这个 a。例如,一元二次方程的求解,可表示 x 的求根公式: $x=\frac{-b\pm\sqrt{b^2-4ac}}{2a}$,而这个结果是可以通过一步一步的推算得到的。

构造性证明体现了一种"机械化"的思想,即按部就班有序步骤地进行。构造性证明方法是计算学科中广泛使用的一种证明方法。1977 年, 我国著名数学家吴文俊先生,运用构造性证明的方法,将几何问题用代数方程表示,用之于计算机,开创了数学定理机器证明的方法。

二、递归方法

递归是计算学科很重要的方法,也是很有意思的方法。有一种调侃的说法:“要理解递归,首先要理解递归。”这说明要真正理解递归,还是需要花费一番工夫。先看一个例子。

一个小学生,只会做加法,刚学乘法时,老师常用的方法是将乘法转化为加法。如 5×6,为 5 个 6 连加,6+6+6+6+6=30。或者一步一步相加:6,6+6=12,12+6=18,18+6=24,24+6=30。

现在试用另外一种方法,将乘法逐渐简化,将加法逐渐复杂,如表 3.1 所示。

表 3.1　乘法转换为加法

序号	计算目标	计算转换	说明
1	5×6	4×6+6	在第 2 步基础上 24+6=30
2	4×6	3×6+6	在第 3 步基础上 18+6=24
3	3×6	2×6+6	在第 4 步基础上 12+6=18
4	2×6	1×6+6	在第 5 步基础上 6+6=12
5	1×6	6	计算结果得 6

其计算过程如下:

(1) 假设小学生不会算 5×6,那么,他只要计算出 4×6,然后再加上 6 就可以了。当然,这里也假设这位小学生能计算加法。

(2) 如果他算不出 4×6,只要求他计算 3×6,然后计算 18+6 即得 4×6 的值。

(3) 如果他算不出 3×6,则要求他计算 2×6,然后计算 12+6 即得 3×6 的值。

(4) 如果他仍算不出 2×6,则要求他算出 1×6=6,然后计算 6+6=12 为 2×6 的值。

(5) 计算 1×6=6。

以上过程是把乘法全部进行了转换,接着,从 5 至 1 依次计算加法。这一过程就是一个递归的思想。如果我们用一数列通式来表示,则:

$$a_n = n \times 6$$

我们可以把以上算式用递归式来表示:

$$a_n = a_{n-1} + 6$$

从中可以看出,已知 a_{n-1},就可以确定 a_n。从数学角度考虑,这相当于数学归纳法步骤的内容。其中递归基础是 $a_1=6$,递归步骤是 $a_n=a_{n-1}+6$。

更一般地,我们给出递归关系表达式:

$$a_n = Ca_{n-1} + g(n)$$

其中,C 是已知常数,g(n)是一个已知数列。递归基础是初始值 a_1,这相当于是数学归纳法的基础内容。

对于阶乘 F(n)=n!,我们很容易用递归来定义:

F(0)=1　　　　　　　　　　　　　　　　　　[递归基础]

F(n)=n×F(n-1), n=1,2,3,…　　　　　　　　[递归步骤]

在第二章介绍递归概念时,曾介绍过斐波纳契数列。这是意大利数学家斐波纳契在 1202 年所描述的兔子繁殖问题:如果一对兔子每月能生一对小兔(一雌一雄),且每对小兔在它们出生后的第三个月,又能生一对小兔,假定不发生死亡情况,50 个月后会有多少对小兔?

斐波纳契给出了小兔对的数列:1,1,2,3,5,8,13,21,34,55,89,144,233…用递归定义就很清晰:

Fib(0)=0　　　　　　　　　　n=0　　　　[递归基础]

Fib(1)=1　　　　　　　　　　n=1　　　　[递归基础]

Fib(n)=[Fib(n-1)+Fib(n-2)]　　n>=2　　　[递归步骤]

斐波纳契数列的递归算法伪代码描述:

```
Fib(n)
  IF n<=2
    THEN RETURN 1
  RETURN F(n-1)+F(n-2)
```

从伪代码可以看出,递归算法的最典型特征就是自己调用自己。当一个数列常常可以以这样的方式得到:由 a_{n-1} 得到 a_n。按这样的法则,可以从一个已知的首项开始,有限次地重复下去,最后产生一个序列,该序列是实现递归的基础。通过图 3.7 可以理解斐波纳契数列的递归算法对自身调用的过程。以 n=5 为例,为了计算 Fib(5),需要计算 Fib(4)和 Fib(3);为了计算 Fib(4),就需要计算 Fib(3)和 Fib(2);依次调用,直到 Fib(2)和 Fib(1)。

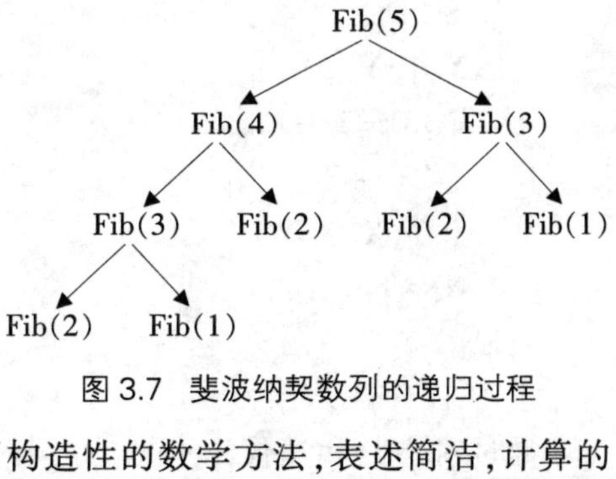

图 3.7　斐波纳契数列的递归过程

从图 3.7 中可以看出,有些值被重复计算多次,如 Fib(3),Fib(2)等。当 n 更大时,这种重复会越来越严重。

从以上分析可知,递归算法由于采用了构造性的数学方法,表述简洁,计算的正确性也得到保证,但在计算的执行效率上往往不是最佳的。了解计算机程序调用原理的读者一定知道,随着自身调用层数 n 的增大,单是计算机支持过程调用的堆栈空间的开销就会非常之大。

与递归方法相类似的还有一种称为迭代。迭代是指反复替换的意思,在程序设计中,为了处理重复性计算的问题,最常用的方法就是迭代方法。支持迭代方法实现的是程序的循环结构。

迭代与递归有着紧密的联系，可以证明，迭代程序都可以转换为等价的递归程序；反之，凡是能表达成 $a_n = Ca_{n-1} + g(n)$ 的递归关系的程序也可以用迭代程序来实现。由于迭代程序不需要不断地自身调用，所以就效率而言，无论时间开销还是空间开销都比递归要小。

下面仍以斐波纳契数列为例，描述其迭代算法的实现，并与递归算法作比较。

设变量 X 表示斐波纳契数列中当前数，Y 表示前一个数，Z 表示当前计算的结果。当斐波纳契数列数列个数小于等于 2 时，计算结果都为 1；大于 2 时，由数列最近两个值相加所得。算法的自然语言描述如下：

(1) 如果 n=1，1 赋值给 Z，转(9)继续执行。

(2) 将 1 赋值给 X，0 赋值给 Y。

(3) 将 2 赋值给计数器 i。

(4) 如果 i 大于 n，则转(9)继续执行。

(5) 将 X 和 Y 的和赋值给 Z。

(6) 将 X 值赋值给 Y。

(7) 将 Z 值赋值给 X。

(8) 将 i 加 1，转(5)继续执行。

(9) 返回 Z 值，算法结束。

从算法的描述可以看出，该算法的主体是以 n 为变量的循环体，时间复杂性取决于 n 值的大小；空间开销主要就是若干变量的开销。算法的伪代码描述如下：

```
Fib(n)
  IF n=1 THEN Z=1
  ELSE DO
    X=1; Y=0
    FOR i=2 TO n
      Z=X+Y
      Y=X; X=Z
    NEXT i
  END
  RETURN Z
```

通过对递归和迭代作了简单比较，我们可以发现，两种方法各有特点。作为递归，不只是简单的自身调用，也包含了更多的方法论意义。递归是一种循环结构，它把“较复杂”情形的计算，递次地归结为“较简单”情形的计算，一直归结到“最简单”情形的计算，并得到计算结果为止。递归定义的实质反映了人类思维的有限性、起始性。在一定层次上、一定阶段上，对某一个具体思维过程来说，总是要有一个起始点，这个起始点往往是一种“自明”的预设，直接承认它，对它不再作解释和定义，以它作为思维进程的起点。人的思维不可能无限地往前追溯,否则,任何一个思维过程都无法进行和完成。

作为递归,不仅是数学中的一个重要概念,也是计算学科中的重要概念之一。在计算学科中,与递归有关的概念有:递归关系、递归数列、递归过程、递归算法、递归程序、递归方法。

(1) 递归关系:一个数列的若干连续项之间的关系。

(2) 递归数列:由递归关系所确定的数列。

(3) 递归过程:调用自身的过程。

(4) 递归算法:包含递归过程的算法。

(5) 递归程序:直接或间接调用自身的程序。

(6) 递归方法:一种在有限步骤内,根据特定的法则或公式对一个或多个前面的元素进行运算,以确定一系列元素的方法。

从方法论意义上说,递归方法是一种从简单到复杂、从低级到高级的可连续操作的解决问题的方法。它的每一步骤都是能行可操作的,各步骤之间是连续转换的。递归定义是用简单的、自明的要素描述、构造、说明复杂的整体。递归方法是通过解决简单的问题来解决复杂的问题。在人们的思维过程中,普遍存在着递归机制。递归方法是一种处理问题的精致技巧、解决问题的有效方法。递归是最具代表性的构造性数学方法,而构造性是计算机软硬件系统最根本特征,所以递归方法广泛地应用于计算学科的各个领域。

三、公理化方法

从数学的角度来说,理论是基本概念、基本原理或定律以及由这些概念、原理推理出来的结论组成的集合。我们可以形式化地定义为:每一个理论都由一组特定的概念和一组特定的命题组成。

在一个理论中,基本概念(原始概念)和基本命题(原始命题)必须是明确的,否则就会出现"循环定义"和"循环认证"的严重问题。因此,构建一个理论体系必须采用科学的方法。建构理论体系的常用方法有:公理化方法、逻辑和历史相统一的方法、从抽象上升到具体的方法。

公理化方法,是一种构造理论体系的演绎方法,它是从尽可能少的基本概念、公理出发,运用演绎规则,推出一系列的命题,从而建立整个理论体系的思想方法。

用公理系统构建的理论体系称为公理系统,该系统需要满足无矛盾性、独立性和完备性的条件。

(1) 无矛盾性。这是公理系统的科学性要求,它不允许在一个公理系统中出现相互矛盾的命题。否则这个公理系统就没有任何实际的价值。

(2) 独立性。公理系统的所有公理都必须是独立的,即任何一个公理都不能从其他公理中推导出来。

(3) 完备性。公理系统必须是完备的,即从公理系统出发,能推出该领域所有的命题。

为了保证公理系统的无矛盾性和独立性,一般要尽可能使公理系统简单化。简单化将使无矛盾性和独立性证明成为可能,简单化是科学研究追求的目标之一。一般而言,正确的一定是简单的。

有时候,一个公理系统很难做到完全的完备性,那么,能完备更好,即使不完备,公理系统同样有重要价值。

对于一门学科而言,公理化的目的在于把该门学科表述为一个演绎系统,并通过基本概念的选取,一组公理的设计,以及严格的演绎推理规则、推理过程和形式系统特征的研究,揭示这门学科深刻的内在规律,研究这门学科中的形式证明,同时也确保这门学科的严格、准确。

在计算学科中,布尔代数就是一个公理化系统。考虑到描述布尔代数的公理化系统稍显复杂,下面用公理化方法来定义自然数。

这个公理系统一共有 5 条公理。令 N 表示自然数的集合,于是有:

(1) 0 是自然数,即 $0 \in N$。

(2) 每个自然数 n 均有一个确定的后继 n^+。

(3) 没有以 0 为后继的自然数。

(4) 若 $n^+ = m^+$,则 $m = n$,即每个自然数有且只有一个自然数作为其后继。

(5) 若子集 $S \subseteq N$,且具有如下性质:

$0 \in S$;

若 $n \in S$,那么 n 的后继 $n^+ \in S$;

则 $S = N$。

显然,这个公理系统可以推导出所有的自然数,并逐步建立数论。

公理化方法具有总结学科知识的作用。一旦某门学科有了公理化的表述形式,前提和结论、结论和结论之间就已经按照逻辑演绎的关系串联了起来,使用会很方便。

公理化方法可把一门学科的基础分析得清清楚楚。因为它们可以归结为少量的基本概念和公式,有助于学科的深层次比较,统一不同的学科,启发、促进和推动新理论的创立。

公理化方法在学科方法论上有示范作用,它对各门学科新方法的建立具有很好的借鉴作用。学习公理化方法,对理解数学知识、掌握数学方法、培养逻辑思维能力都有积极作用。

在计算学科,公理化方法主要用于理论形态方面的研究。在计算学科各分支领域,如形式语义学、关系数据库理论、分布式代数系统以及计算科学认知理论的研究都采用了公理化方法。

四、形式化方法

数学中采用了大量的数学符号。我们常用的加法就是最基本的,也是最早使用的符号之一。你知道数学中的加号是怎么产生的吗?

在没有使用加号的时候,人们要表示两数相加,就直接用文字来表示,如 3 加 4。为了方便起见,古代许多国家还用一些其他方法来表示,例如,古希腊人和古印度人就不约而同地把两个数写在一起表示加法,如 78 $\frac{7}{11}$ 表示 78+$\frac{7}{11}$,这种记法的痕迹现在还能看到。15 世纪以后,在欧洲已采用了拉丁字母"p"(plus 的第一个字母)表示加号,如 4P3 表示 4+3。中世纪以后,欧洲商业逐渐发达起来,一些商人常在装货的箱子上画"+"号,表示超重。1489 年以后,经法国数学家韦达的提倡和宣传,加号"+"开始普及。

类似于加号"+"等数学符号的大量使用,其意义不仅在于表述方便,更在于引导人们使用形式化的方法抽象地、深刻地、更本质地认识世界。

1. 数学符号的应用

数学中大量的运算和推理都是通过数学符号进行的。数学符号是一种特殊的数学语言,它能清楚地表达数学概念、运算过程和人的思维过程,在叙述上起着节约时间的作用,而且还能精确而深刻地表达着某种概念、方法和逻辑的关系。代数的进步是由于引进了较好的符号体系,数学符号促进代数本身的发展,比当时的技术进步更为重要。事实上,正因为有了数学符号体系,才能使代数成为一门学科。

数学符号语言是一种能够更加完善、准确、明晰地把一些概念传达给人的方法。德国数学家莱布尼茨就是一位符号大师,他说过:"符号的巧妙和符号的艺术,是人们绝妙的助手,因为它们使思考工作得到节约。"莱布尼茨符号语言的理想是,使一切推理过程、思维过程、争论过程都像数学一样能够计算,甚至能够交给机器完成。莱布尼茨发明了微积分符号一直沿用至今,他还将代数的方法应用到逻辑推理上,用代数符号表示概念,用代数运算表示推理,发明了一套逻辑符号,把数学方法用于一般的推理和命题证明,开创了数理逻辑。

19 世纪末和 20 世纪初,一些杰出的数学家和逻辑学家开始对抽象公理系统进行研究。在抽象公理系统中,原理概念的直觉意义被忽视,没有任何预先设定的意义,而公理也无需以任何实际意义为背景,它们无非是一些形式约定的符号串。这时,抽象公理系统可以有多种解释。例如,形式化的运算规则 1+1 可解释为一个苹果加一个苹果,或者一本书加一本书。布尔代数抽象公理系统可以解释为有关命题真假的命题代数,或者有关电路设计研究的开关代数。在这些解释中,抽象符号 X 可以分别被看作"命题 X"、"电路 X"等,"0"和"1"分别被用于命题的"假"和"真",或者电路的"开"和"闭"等。因此,我们可以这样理解,经过抽象以后,现实世界中的一些真实命题,可以通过数学符号进行形式化表达。

2. 形式化方法的定义

形式化方法是指分析、研究思维形式结构的方法。形式化方法是把概念、判断、推理转化成特制的形式符号后，对形式符号表达系统进行研究的方法。形式化方法可以消除自然语言的歧义性、不通用性，为不同学科提供具有普遍适用性的共同逻辑形式，有利于揭示新联系，导致新发现。

运用形式化方法，可以把各种具有不同内容的思维形式(主要是命题和推理)加以比较，找出其中各个部分相互联结的方式，例如，在命题中包含概念彼此间的联结，在推理中则是各个命题之间的联结，抽取出它们共同的形式结构；再引入表达形式结构的符号语言，用符号与符号之间的联系表达命题或推理的形式结构。

在上文的关于数学归纳法描述中，我们给出了数学归纳法的形式化定义：

$$P(1)\wedge(\forall n)[P(n)\rightarrow P(n+1)]\rightarrow \forall nP(n)$$

其中，$P(1)\wedge(\forall n)[P(n)\rightarrow P(n+1)]$为联言命题，由符号“$\wedge$”联结，表示 $P(1)$ 以及$(\forall n)[P(n)\rightarrow P(n+1)]$成立。在后半部分，出现符号“→”为假言命题，$(\forall n)[P(n)\rightarrow P(n+1)]$的意义是“对任意的 n，假如 P(n)成立，则 P(n+1)成立”。那么，对于以上数学归纳法的形式化定义，其含义是：“P(1)成立，且当 P(n)成立可以推导出 P(n+1)成立，则对任意的 n，P(n)成立”。

在计算机科学和软件工程领域，形式化方法是基于数学的特种技术，适合于软件和硬件系统的描述、开发和验证。将形式化方法用于软件和硬件设计，是期望能够像其他工程学科一样，使用适当的数学分析以提高设计的可靠性和稳定性。但采用形式化方法成本较高，所以通常只用于开发注重安全性的高度整合的系统。

简单地说，形式化方法=符号化+抽象公理化。

形式化方法在古代就运用了，而在现代逻辑中又有了进一步的发展和完善。这种方法特别在数学、计算机科学、人工智能等领域得到广泛运用。它能精确地揭示各种逻辑规律，制定相应的逻辑规则，使各种理论体系更加严密。同时，它也能正确地训练思维、提高思维的抽象能力。

3. 形式系统

形式化在计算领域中的应用主要是以形式系统的形式存在的。在计算机系统中，它的软硬件都是一种形式系统，它们的结构也可以用形式化方法描述，程序设计语言更是不折不扣的形式语言系统。

形式系统，是包含字母、字的集合及由关系组成的有限集合。一个形式系统是由两个部分组成的：一个形式语言加上一个演绎结构的集合。其中，形式语言是由初始符号及形式规则所组成，演绎结构是推理规则或转换规则，由公理或变形规则所组成。

形式系统有如下基本特点。

(1) 严格性。形式系统采用的是一种纯形式的机械方法。在形式系统中，初始符号和形式规则都要进行严格的定义，不允许出现在有限步内无法判定的公式。

(2) 抽象性。抽象是人们认识客观世界的基本方法,形式系统的抽象性表现在它自身仅仅是一个符号系统,除了表示符号间的关系外,不表示任何别的意义。

对于程序设计语言的设计、实施及研究等方面而言,形式系统扮演的角色越来越重要。语法规格、语言结构分析、语言相关的说明、语言都可以视为一群句子或公式的集合,是一个形式系统。

巴科斯范式(BNF: Backus-Naur Form 的缩写)是由约翰·巴科斯(John Backus, 1924—2007)和彼得·诺尔(Peter Naur)首次引入一种形式化符号来描述给定语言的语法,其最早用于描述 ALGOL 60 编程语言。巴科斯范式基本规定有:在双引号中的字("word")代表着关键字;在双引号外的字(有可能有下划线)代表着语法部分;尖括号(< >)内包含的为必选项;方括号([ ])内包含的为可选项;竖线(|)表示在其左右两边任选一项,相当于"OR"的意思;::=是"被定义为"的意思……现在,几乎每一位新编程语言书籍的作者都使用巴科斯范式来定义编程语言的语法规则。

第四节 计算思维的工程方法

计算学科是关于计算科学的学科,是在数学和电子科学基础上发展起来的一门新兴学科。它既是一门理论性很强的学科,又是一门实践性很强的学科。几十年来学科自身发展的实践表明,围绕着一些重大背景问题,各分支学科取得了一系列重要的理论和技术成果,推动了计算科学向深度和广度发展;另一方面,由于发展了一大批成熟的技术并成功地应用于各行各业,更多的人把这门学科看成是一种技术。事实上,理论和技术是计算科学互为依托的两个侧面。计算科学的理论大多数属于技术理论。学科的基本问题和本质属性决定了计算科学在理论、技术与工程方面常常界限模糊。从理论探索、技术开发应用到生产的周期很短,许多实验室产品和最终投向市场的产品之间几乎没有太大的差别。

数学是计算学科的主要基础,而微电子技术和程序技术则是反映学科产品的主要技术形式。在计算学科中,无论是理论研究还是技术研究的成果,最终目标要体现在计算机软硬件系统产品上。作为硬件产品的计算机体系结构和作为软件产品的程序指令系统应该能机械地、严格地按照程序指令执行。计算机系统的这一客观属性和特点决定了计算机的设计、制造以及各种软件系统开发中每一步都应该是严密的、精确无误的。

从事计算科学的人都知道,计算科学中不仅许多理论是用数学描述的,而且许多技术也是用数学描述的。大多数计算科学理论不仅仅是对研究对象变化规律的陈述,而且理论描述中常通过构造性方法折射出技术的思想和步骤。计算科学的许多理论同时具备了理论、技术和工程的多重属性,决定了其许多理论、技术和工程的内容是相互渗透在一起的,不可分的。与大多数工程科学的工作方式不同,在计算科学的研究与开发中，企图参照经验科学的工作方式，通过反复实验获得数据，经分析后指导下一步的工作从而推进科研与开发工作的方式是行不通的。因为对于高起点的计算科学，其对应问题的复杂性和学术深度早已大大超出了专家们的直觉和经验所能涉及的范围。

因此，计算学科在发展中广泛采用了其他学科行之有效的工程方法。如在软件开发中认识到并采用首先开发工具和环境，进而开发软件的方法；在计算机的设计中，目前广泛使用标准件的方法；在软件的设计和质量检查中广泛使用软件测试方法和技术、标准化技术等。

计算思维作为计算学科的思维方式，不仅与计算科学的基础理论相关联，也与计算机系统或计算机产品的开发、制造过程相关联。由于计算科学的理论、技术和工程的关系紧密性，决定了计算思维与工程方法的不可分割性。下面重点阐述与计算思维关系密切的六种工程方法。

一、系统方法

系统是由若干相互联系、相互作用的要素组成的具有特定功能的有机整体。系统方法就是从系统整体的观点出发，从系统与要素之间，要素与要素之间，以及系统与外部环境之间的相互联系、相互作用中考察对象，以达到最佳处理问题的科学方法。系统方法是以对系统的基本认识为依据的，它应用系统科学、系统思维、系统理论、系统工程与系统分析等方法，指导人们研究和处理问题。

系统方法遵循以下基本原则。

1. 整体性原则

就是把对象看作为由各个组成部分构成的有机整体，研究整体的结构及其发展规律。整体性原则要求我们无论是认识、研究、控制自然对象，还是设计、制造人工系统，都必须从系统的整体性出发，探索系统的组成、结构、性能以及运动变化规律。

计算思维的整体性要求体现在计算机械的各个组成部分的行为必须受系统整体行为的控制，并协调于系统整体行为之中。计算机系统的运行，存储器、运算器、控制器、输入输出设备各施其责，配合运行，缺一不可。在设计计算机系统中，运行速度是一个重要指标。现代计算机的运行速度并不是简单依赖运算器的速度。只有各部件的运行速度匹配，设计的计算机效率才最高。

2. 最优化原则

就是从多种可能的途径中，选择出最优的系统方案，使系统处于最优状态，达到最优效果。最优化是自然界物质系统发展的一种趋势，生物进化就是以形成最好地适应周围环境的精巧完善的系统结构和最优整体功能为原则的。

计算思维的最优化原则要求系统设计采用约简、嵌入、转化等方法，使系统性能最优化。贪心算法就是一例，其设计思想是将待求解的问题分解成若干子问题进行分步求解,且每一步总是做出当前最好的选择,得到局部最优解,再将各局部最优解整合成问题的解。这样思维方式在生活中比比皆是:学校招聘新教师,总是从应聘者中选择最好的;商场找零时,希望货币张数最少,收银员找零时选择货币会从大额到小额的顺序。在算法实现中,贪心算法通常都是采用一种称为最小生成树的方法来实现的。例如,在一个城市,若要寻找任意两点 A,B 之间的最佳行驶线路,就需要计算能连通 A,B 两点的每个结点及路径对应的距离等参数,建立最小生成树,寻找最佳路径。有关最小生成树可参阅相关算法书籍。

某新建小区要铺设煤气管道,已知每个点的接入点和距离,求出最短的铺设方案。图 3.8(a)中所示的 A,B,C,D,O 为小区中煤气管道的接入点,线段上标的数字是相对应的距离。运用最小生成树的方法,可以转换并简化为图 3.8(b)所示,反映了需要铺设煤气管的最小开销。

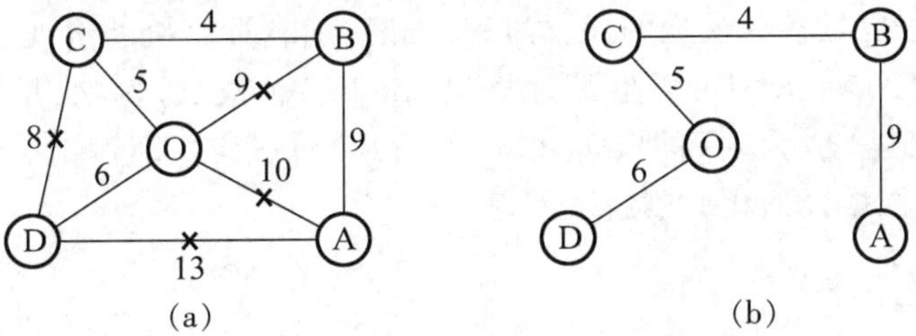

图 3.8 用最小生成树方法规划小区煤气管道铺设

3. 综合性原则

综合性原则有两个方面,一方面,认为任何整体都是一些由特定要素组成的综合体;另一方面,要求对任一对象的研究,都必须从它的成分、结构、功能、相互联系方式、历史发展等方面进行综合的系统的考察。

现代科学技术飞速发展,知识体系庞大复杂,特别要强调综合运用各种知识和技术成果。各种类的计算机应用系统,就是将计算机技术和相应的应用技术相结合而形成广泛而又综合的应用领域,例如,交通控制系统就是集计算机、控制、网络等技术综合一体的系统。在计算机械内部,计算思维作为利用海量数据来加快计算,在时间和空间之间、在处理能力和存储容量之间进行折中的思维方法,就是遵循综合性原则,以达到最优化效果。

4. 动态性原则

系统的状态是随着时间而变化的, 这种变化的根源在于系统内各要素之间的相互作用。系统环境、系统与要素、要素与要素之间存在着特定的联系,这些联系规定着系统的特性。因此,我们在把一个对象作为系统加以考察的时候,就应该把握系统内外的各种联系。

动态性原则就是要把系统视为动态系统,在动态中协调部分与部分、部分与整体之间的关系。计算思维的动态性原则体现在运用反馈机制来为下一步的决策提供依据。现代计算机都运用一种称为“动态执行技术”的 CPU 内部指令并行执行

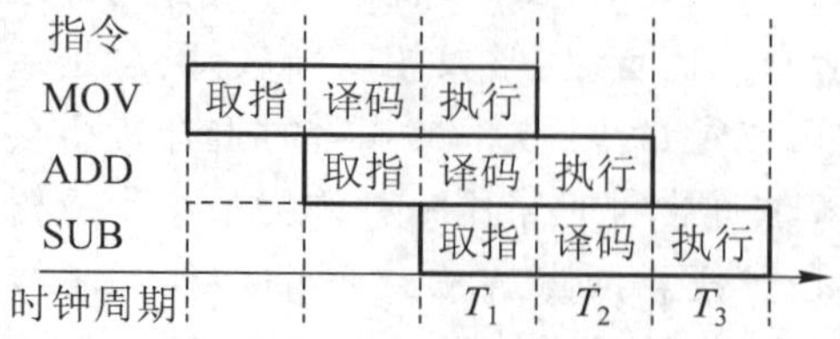

图 3.9 指令流水线

的流水线技术，指令执行的流水线技术是通过指令预取、指令预译码等手段来提高指令执行并行度的方法，而动态执行技术则引进了分枝预测和推测执行手段，监测指令动态执行的情况，来决策指令预取操作的执行，以提高系统的速度(见图 3.9)。

5. 模型化原则

模型化原则是指人们在研究复杂系统时，首先要建立系统模型，在该模型上确立研究的边界范围，借助模型便捷地揭示和定量描述系统的联系和规律。

现代计算机的诞生，就是基于图灵机等计算模型的建立与研究。计算机系统的设计制造过程，也是各种模型的建立过程。同时，随着计算机的出现，也为模型化手段提供了有效工具。人们可以借助计算机，做出各种模型。例如，星体内部温度推测、核反应堆在恶劣环境下的安全性分析、台风测试、飞机风洞试验等都需要在计算机的支持下依据模型化原则解决问题。

二、分治方法

在计算机科学中，分治方法是一种很重要的算法。分治，从字面上的解释是“分而治之”，即把一个复杂的问题分成两个或更多的相同或相似的子问题，再把子问题分成更小的子问题……直到最后子问题可以简单地直接求解。

“合纵连横”是战国时期纵横家所宣扬并推行的外交和军事政策。苏秦曾经联合“天下之士合纵相聚于赵而欲攻秦”，他游说六国诸侯，要六国联合起来西向抗秦，其目的是为了对抗随时都想着吞并六国的强秦。秦在西方，六国土地南北相连，故称合纵。连横的一方是以张仪、秦惠文王为代表的秦国，主要与六国横向联合，以破解六国的合纵。最终，由于六国集团各自心怀鬼胎，时刻把自家利益摆在首位，而秦国采用分治的策略各个击破，从而吞并了六国，实现了统一。

分治策略在日常生活中的应用也比比皆是。大型企业的销售团队中，当其优质产品非常畅销时，就会在全国各地开设分支机构，这就是分治思想。世界杯足球赛，要从报名参赛的 200 多支球队中选出成绩最好的球队，难度很大，成本也很高，因此通过分区预选赛的方式选出成绩最好的 32 支球队进入决赛圈，这种做法也是用分治的方法来降低难度和复杂度。

1. 分治方法的本质

分治方法的设计思想是将一个难以直接解决的大问题，分割成一些规模较小的相同问题，以便各个击破，分而治之。对分治方法也可以这样抽象地描述：对于一个规模为 n 的问题，若该问题因 n 的规模不大，可以容易地解决，则直接解决；否则将其分解为 k 个规模较小的子问题，这些子问题互相独立且与原问题形式相同，递归地解这些子问题,然后将各子问题的解合并得到原问题的解。

如果原问题可分割成 k 个子问题,$1<k\leqslant n$,且这些子问题都可解并可利用这些子问题的解求出原问题的解,那么这种分治法就是可行的。由分治法产生的子问题往往是原问题的较小模式,这就为使用递归技术提供了方便。在这种情况下,反复应用分治手段,可以使子问题与原问题类型一致而其规模却不断缩小,最终使子问题缩小到很容易直接求出其解。这自然导致递归过程的产生。分治与递归像一对孪生兄弟,经常同时应用在算法设计之中,并由此产生许多高效算法。

分治方法所能解决的问题一般具有以下几个特征:

(1) 该问题的规模缩小到一定的程度就可以容易地解决。

(2) 该问题可以分解为若干个规模较小的相同问题,即该问题具有最优子结构性质。

(3) 利用该问题分解出的子问题的解可以合并为该问题的解。

(4) 该问题所分解出的各个子问题是相互独立的,即子问题之间不包含公共的子问题。

在以上的四个特征中,第一条特征是绝大多数问题都可以满足的,因为问题的计算复杂性一般是随着问题规模的增加而增加。世界杯足球赛中,各洲的分区赛由于参赛队伍仍然比较多,所以再采取分组的方法进行循环赛,每个小组赛因规模合适,就容易安排比赛了。第二条特征是应用分治法的前提,它也是大多数问题可以满足的,此特征反映了递归思想的应用。正如在世界杯足球比赛中,每个小组的赛制规则都是相同的。第三条特征是关键,能否利用分治法完全取决于问题是否具有第三条特征,如果具备了第一条和第二条特征,而不具备第三条特征,则可以考虑使用其他算法。显然,在足球比赛中,通过小组赛的层层选拔,可以合理地推选出球队参加决赛。第四条特征涉及到分治方法的效率,如果各子问题是不独立的,则分治法要做许多不必要的工作。

2. 分治方法的实施步骤

从分治方法的特征可见,采用分治策略解决问题有三个步骤:

(1) 将问题分解成若干小的子问题,每个子问题与大问题同型,但规模更小。

(2) 递归解决这些问题。

(3) 将子问题的解合并,获得大问题的解。

其中的第 2 步骤是指用同样的分治方法进行求解, 即通过将这些子问题分解成更小的子问题来进行求解。这样一直分解下去,直到分解出来的子问题简单到非常容易求解为止。然后我们逆递归的顺序由底至上地将子问题的解合并起来,逐级上推就构成了对原问题的解。

在分治方法中,递归是彰显优势的放大器。有了递归,无论是描述还是实现,都显得简化与规整。分治方法在每一层递归上也都有三个步骤:

(1) 分解:将原问题分解为若干个规模较小,相互独立,与原问题形式相同的子问题。

(2) 解决:若子问题规模较小而且容易被解决则直接解,否则递归地解各个子问题。

(3) 合并:将各个子问题的解合并为原问题的解。

3. 分治方法的应用

在第二章中曾讲述过一个年轻国王求婚的故事,最后采用的就是分治的方法。国王将问题分解,每个人只负责自己的一部分,从而用最简单的方法、最快的速度完成了计算。这是一种分治方法的朴素运用。

同样,在日常生活中,许多统计工作也是这样进行的。全国人口普查,将省、市、地区不断往下细分,在每个最基本的人口普查区域完成统计工作以后,再做合并计算。

在计算机程序设计的算法中,常用的二分查找也是一个典型的分治算法。二分查找又称折半查找或对分查找,优点是比较次数少,查找速度快,平均性能好。二分查找的算法描述如下:

首先,假设表中元素是按升序排列,将表中间位置记录的关键字与查找关键字比较,如果两者相等,则查找成功;否则利用中间位置记录将表分成前、后两个子表,如果中间位置记录的关键字大于查找关键字,则进一步查找前一子表,否则进一步查找后一子表。重复以上过程,直到找到满足条件的记录,使查找成功,或直到子表不存在为止,此时查找不成功。

以规模为 16 的数组 d 为例,观察对分查找的过程。在数组 d 的 16 个元素中,已按增序存储了 16 个数据,要寻找的数据为 22。

查找过程中,查找范围的变化情况如图 3.10 所示(图中,每次查找范围内的所有数组元素,均用带阴影的小方框表示)。最初,数组 d 中所有 16 个元素(从 d[1]

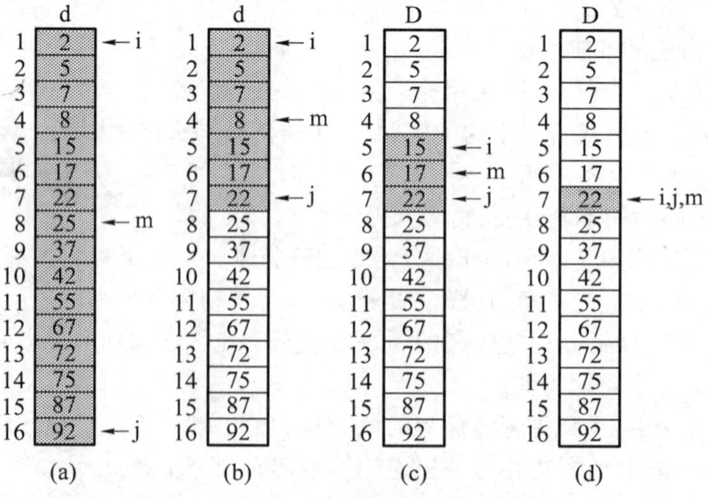

图 3.10 对分查找过程中查找范围的变化

到 d[16])都在查找范围内,中点处的数组元素是 d[8],如图 3.10(a)所示。通过一次比较(d[8]与 key 的比较,key 的值为 22)后发现,key 的值比中点处的数据小,在数组 d 的下半部分(从 d[8]到 d[16]的范围)内不存在我们要找的数据,必须在数组 d 的上半部分中进行下一次查找,第 2 次查找时的查找范围如图 3.10(b)所示。第 2 次和第 3 次查找过程中,虽然都未找到值为 key 的元素,但都使下一次查找的范围迅速地缩小,如图 3.10(c)、图 3.10(d)所示。在第 4 次查找过程中,查找范围内唯一的一个数组元素 d[7]的值等于 key,该数组元素的下标 7 被对分查找算法输出。

三、结构化方法

结构化方法是计算学科的典型开发方法，它是一种从层次的角度自顶向下地分析系统和设计系统的方法。

1. 结构化程序设计

结构化方法起源于结构化程序设计语言。在使用结构化程序设计语言之前,程序员都按照各自的习惯和思路来编写程序,没有统一的标准,这样编写的程序可读性差,更为严重的是程序的可维护性极差。因为缺乏统一的规则,人们很难读懂别人写的程序,有时即便是程序编写者本人,也会出现阅读程序的障碍。

任何程序都可由顺序、选择(分支)、循环(重复)三种基本控制结构构造(见图 3.11)。一是用顺序方式对过程分解,确定各部分的执行顺序;二是用选择方式对过程分解,确定某个部分的执行条件;三是用循环方式对过程分解,确定某个部分重复进行的开始和结束的条件。

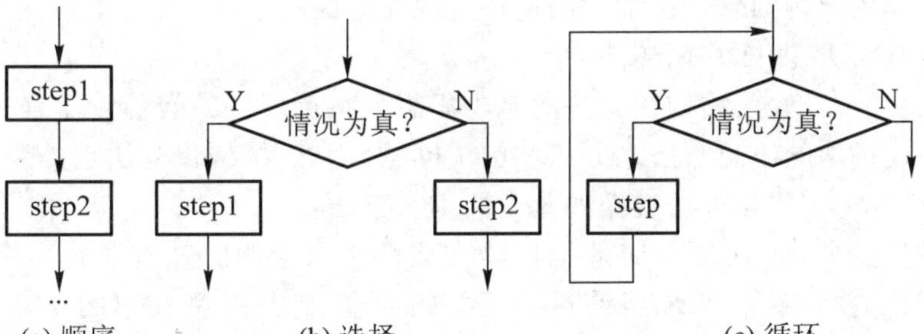

(a) 顺序　　(b) 选择　　(c) 循环

图 3.11　三种基本控制结构

1966年,有关“程序结构”的理论被提出,计算机科学家科拉多·伯姆(Corrado Boum)和朱塞佩·贾可皮尼(Giuseppe Jacopini)证明了这样的事实:任何简单或复杂的算法都可以由顺序结构、选择结构和循环结构这三种基本结构组合而成。所以,这三种结构就被称为程序设计的三种基本结构，也是结构化程序设计必须采用的结构。结构化程序设计形成以后,成为了计算机软件领域的重要方法,对计算机软件的发展具有重要意义。

采用自顶向下,逐步求精的程序设计方法是典型的结构化程序设计方法(见图

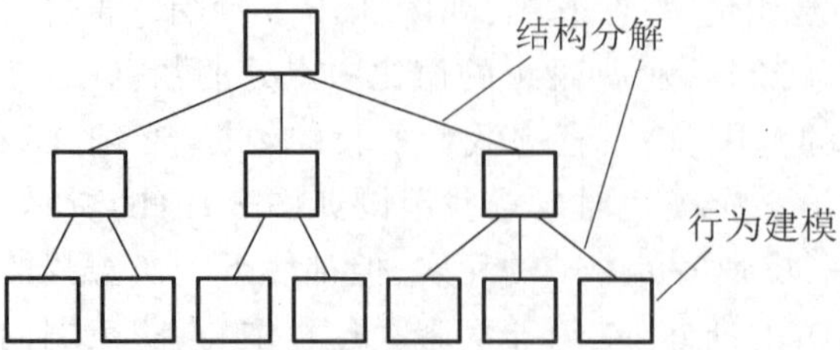

图 3.12　自顶向下的分析与设计

3.12)。将复杂的大问题进行结构分解，分解为相对简单的小问题，找出每个问题的关键、重点所在，然后用精确的思维定性、定量地去描述问题。若子系统规模较大，则还需将子系统进一步分解为更小的子系统和模块，层层分解，直至整个系统中各子系统关系合理，并便于进行行为建模。模块化也是结构化程序设计所采用的基本手段。结构化程序设计需要事先设计好每一个具体的功能模块，然后将这些设计好的模块组成一个软件系统。结构化设计方法是要解决模块的建构问题。结构化设计方法是建立在系统需求明确的基础之上的，如何明确系统的需求分析是结构化分析所要解决的问题。

2. 结构化方法的特点

结构化方法的基本要点是：自顶向下、逐步求精、模块化设计、结构化编码。

结构化分析方法是以自顶向下，逐步求精为基点，以一系列经过实践的考验被认为是正确的原理和技术为支撑，以数据流图、数据字典、结构化语言、判定表、判定树等图形表达为主要手段，强调开发方法的结构合理性和系统的结构合理性的软件分析方法。

结构化设计方法是以自顶向下，逐步求精，模块化为基点，通过模块化，抽象，逐层分解求精，以信息隐蔽化、局部化和保持模块独立为准则，强调设计软件的数据架构和模块架构的软件设计方法。

3. 结构化方法的基本原则

从系统的角度看，结构化方法的基本思想是将待解决的问题看作是一个系统，从而用系统科学的思想方法来分析和解决问题。因此，结构化方法也是系统科学的一种具体方法。结构化方法遵循的基本原则有三条：

一是抽象原则。这是一切系统科学方法都必须遵循的基本原则，注意把握系统的本质内容，忽略与系统当前目标无关的内容。它是一种基本的认知过程和思维方式。

二是分解原则。这是结构化方法中最基本的原则，是一种先总体、后局部的思想原则。在构造信息系统时，它采用自顶向下、分层解决的方法。

三是模块化原则。这是结构化方法最基本的分解原则的具体应用，它主要出现在结构化的设计阶段中，其目标是将系统分解成具有特定功能的若干模块，从而完成系统指定的各项功能。

4. 结构化方法的实施与工具

结构化方法的核心问题是模型问题。建立模型是为了更好地理解我们要模拟的现实世界。建立模型通常是从系统的需求分析开始，在结构化方法中就是使用结构化分析方法构建系统的环境模型，然后用结构化设计方法确定系统的行为和功能模型，最后用结构化程序设计方法进行系统设计，并确定用户的现实模型（见图 3.13）。

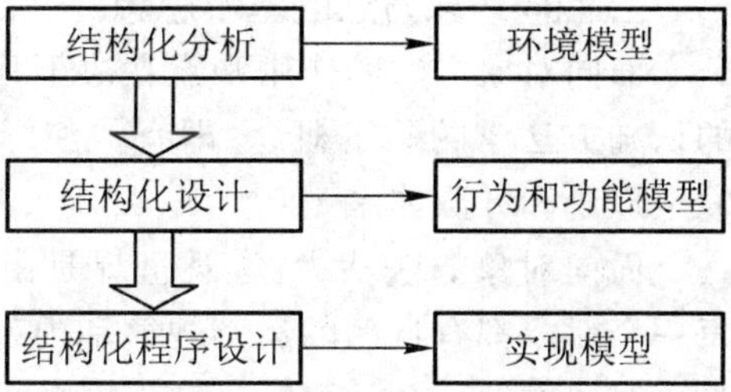

图 3.13 结构化方法的实施

环境模型包括需求分析（明确用户的各种需求）、环境图（模拟系统的一个大致边界，展示系统和外部的接口、数据的输入输出及数据的存储等）、事件列表（外部世界中系统需要响应的事件）等。

结构化设计的主要任务就是在系统环境模型的基础上建立系统的行为和功能模型。行为和功能模型用于描述系统的内部行为，描述方式有数据字典（包含所有系统数据元素定义的仓库）、数据流图（描述信息流和数据从输入到输出变换的应用图形技术）、状态变迁图（描述对象的状态）等。

结构化程序设计的主要任务就是在功能模型的基础上建立系统的实现模型。实现模型的主要工具有处理器模型（多处理器的关系）、任务模型（多任务的关系）、结构图（使用图形符号来描述系统的过程和结构的工具）等。

四、面向对象方法

面向对象方法是以面向对象思想为指导进行系统开发的一类方法的总称。它以对象为中心，以类和继承为构造机制来抽象现实世界，并构建相应的软件系统。

1. 面向对象方法的缘由与发展

面向对象方法起源于面向对象程序设计语言（Object-Oriented Program Language，简称 OOPL）。20 世纪 50 年代后期，在用 FORTRAN 语言编写大型程序时，常出现变量名在程序不同部分发生冲突的问题。鉴于此，ALGOL 语言的设计者在 ALGOL60 中采用了以“Begin ... End”为标识的程序块，使块内变量名是局部的，以避免它们与程序中块外的同名变量相冲突。这是编程语言中首次提供封装（保护）的尝试。OOPL 开始于 20 世纪 60 年代后期，第一个 OOPL 是挪威计算中心于 1967 年研发的 Simula 语言，该语言引入了许多面向对象的概念，如类、继承等。

20 世纪 80 年代，OOPL 得到了极大的发展，相继出现了一大批实用的面向对象语言，如 Objective C（1986 年）、C++（1986 年）、Self（1987 年）等。

20 世纪 80 年代中期，随着 OOPL 的推广使用，人们将面向对象的基本概念和运行机制运用到其他领域，获得了一系列相应领域的面向对象的技术。面向对象方法已被广泛应用于程序设计语言、形式定义、设计方法学、操作系统、分布式系统、人工智能、实时系统、数据库、人机接口、计算机体系结构以及并发工程、综合集成工程等，在许多领域的应用中都得到了很大的发展。

2. 面向对象方法的基本思想

面向对象方法的作用和意义决不只局限于编程技术，面向对象方法遵循一般的认知方法学的基本概念，即有关演绎(从一般到特殊)和归纳(从特殊到一般)的完整理论和方法体系。

面向对象方法认为：客观世界是由各种“对象”所组成的，任何事物都是对象。每一个对象都有自已的运动规律和内部状态，每一个对象都属于某个对象“类”，都是该对象类的一个元素。复杂的对象可以是由相对比较简单的各种对象以某种方式而构成的。不同对象的组合及相互作用就构成了我们要研究、分析和构造的客观系统。

以研究教学关系为例，小张、小李、小王……、王老师、李老师……、语文、数学、外语都是我们要研究的对象。通过类比把小张、小李、小王等归为“学生”类，把王老师、李老师等归为“教师”类，而语文、数学、外语则归为“学科”类。

面向对象方法认为：通过类比，可以发现对象间的相似性，即对象间的共同属性，这就是构成对象类的依据。在对“类”、“父类”、“子类”的概念构成对象类的层次关系时，若不加特殊说明，则处在下一层次中的对象可自然地继承位于上一层次中的对象的属性。

显然，“小学生”、“初中生”、“高中生”是“学生”的子类，它们除了继承其父类的姓名、性别、学校、年级等一切属性外，各子类都有各自的学科学习行为(学习内容有所不同)，“初中生”有社区活动，“高中生”还有学工、学农、学军活动。

类定义完成后就可以用类做模型生成对象，所以对象是类的实例。然后把小张、小李、小王等的数据“填”入相应的对象，一个活生生的学生就“进入”了计算机，不但有自己的内部状态又有自己的行为方法。相类似，我们可以把“教师”类和“学科”类进一步分层。

面向对象方法认为：对已分成类的各个对象，可以通过定义一组“方法”来说明该对象的功能，即允许作用于该对象上的各种操作。对象间的相互联系是通过传递“消息”来完成的，消息就是通知对象去完成一个允许作用于该对象的操作，至于该对象将如何完成这个操作的细节，则是封装在相应的对象类的定义中的，细节对于外界是隐蔽的。

上述各类学生的学习行为和活动可以认为是“方法”，教师通过教学活动向学生发“消息”通知学生对象完成一个操作。

在面向对象方法中，对象和类是其最基本的概念。其中，对象是系统运行时的基本单位，是类的具体实例，是一个动态的概念。类是对具有相同属性和操作的对象进行的抽象描述，是对象的生成模板，是一个静态的概念。

可见，面向对象方法具有很强的类的概念，因此它就能很自然地直观地模拟人类认识客观世界的方式，亦即模拟人类在认知进程中的由一般到特殊的演绎功能或由特殊到一般的归纳功能，类的概念既反映出对象的本质属性，又提供了实现对象共享机制的理论根据。

面向对象思想还体现在以下几个方面：

(1) 抽象。抽象是指强调实体的本质、内在的属性。在系统开发中，使用抽象可以尽可能避免过早考虑一些细节。类实现了对象的数据(即状态)和行为的抽象。

(2) 封装性。封装性是保证系统部件具有优良的模块性的基础。封装实现了信息隐藏。面向对象的类是封装良好的模块，类定义将其说明(用户可见的外部接口)与实现(用户不可见的内部实现)明显地分开，其内部实现按其具体定义的作用域提供保护。在面向对象的程序开发过程中，对象是封装的最基本单位。封装防止了程序因相互依赖而带来的变动影响。尽管面向过程的程序设计语言也可通过局部变量等方法进行封装，但面向对象的封装比传统语言的封装更为清晰。

(3) 共享性。面向对象技术在不同级别上促进了共享：同一类对象有着相同数据结构，这些对象之间是结构、行为特征的共享关系；在同一应用的类层次结构中，存在继承关系的各相似子类中，存在数据结构和行为的继承，使各相似子类共享共同的结构和行为，使用继承来实现代码的共享，这也是面向对象的主要优点之一；针对不同应用，面向对象技术为未来目标的可重用设计准备了条件，通过类库这种机制和结构来实现不同应用中的信息共享。

面向对象程序设计方法是在传统的程序设计开发方法基础上发展起来的，它的关键在于加入了类及其继承性，用类表示通用特性，子类继承父类的特性，并可加入新的特性。面向对象方法既是程序设计新范型，而且也是系统开发的新方法学。面向对象方法诞生以来，除了面向对象的程序设计以外，还应用到整个信息系统领域和一些新兴的工业领域，包括：用户界面、应用集成平台、面向对象数据库、分布式系统、网络管理结构、人工智能领域以及并发工程、综合集成工程等。人工智能是和计算机密切相关的新领域，在很多方面已经采用面向对象技术，如知识的表示，专家系统的建造、用户界面等。人工智能的软件通常规模较大，用面向对象技术有可能更好地设计并维护这类程序。

3. 面向对象方法的实施

当我们遵照面向对象方法学的思想进行系统开发时，首先要进行面向对象的分析(Object Oriented Analysis，OOA)，其任务是了解问题域所涉及的对象、对象间的关系和作用(或操作)，然后构造问题的对象模型，力争使该模型能真实地反映出所要解决的“实质问题”。在这一过程中，抽象是最本质、最重要的方法。针对不同的问题性质选择不同的抽象层次，过简或过繁都会影响到对问题的本质属性的了解和解决。

其次就是进行面向对象的设计(Object Oriented Design，OOD)，即设计系统的对象模型。根据所应用的面向对象系统开发环境的功能强弱情况，在对问题的对象模型的分析基础上，可能要对它进行一定的改造，但应以最少改变原问题域的对象模型为原则。然后就在系统内设计各个对象、对象间的关系(如层次关系、继承关系等)、对象间的通信方式(如消息模式)等，总之是设计各个对象应做些什么。

最后阶段是面向对象的实现(Object Oriented Implementation,OOI),即指软件功能的编码实现。它包括:每个对象的内部功能的实现;确立对象哪一些处理能力应在哪些类中进行描述;确定并实现系统的界面、输出的形式及其他控制机理等。总之,是实现在OOD阶段所规定的各个对象所应完成的任务。

五、快速原型方法

快速原型方法是计算科学的典型方法。最初,快速原型的思想出现在软件工程的研究之中,其主要内涵是:在软件的开发中,随着程序代码量的日益庞大,开发费用和周期的不断增长,人们迫切需要对软件开发中引入的新思想、新原理和采用新方法、新技术的可行性进行验证,通过验证过程提出改进意见,为实际产品的工程技术开发提供原理性的指导。此时,Prolog语言刚刚出现,研究人员惊喜地发现,该语言特别适合充当快速原型实验的验证工具。对于软件开发中系统设计的一种新的构思,采用Prolog语言只对涉及新构思的内容“去粗存精”地开发原理性的验证程序,在证实了新构思确实可行之后,再按照快速原型验证开发中设计的程序设计思想进行细化。这样做,不仅可以避免大型软件系统的开发出现原理性的错误,而且能提高大型软件开发的速度和质量。

快速原型方法是研究软件生命周期的研究人员提出的一种开发步骤,它的特点是灵活和实用。快速原型方法的开发过程如图3.14所示:首先在了解了用户的需求之后,开发人员利用开发工具先做一个系统模型,称为原型,这个原型尽管粗糙,但却应该是完整的、可工作的;开发人员带着这个原型征求用户的意见,再根据用户的改进意见在第一个原型的基础上修改和进一步开发,形成第二个原型,再带着第二个原型去征求用户的意见……如此循环往复,不断地在已有工作的基础上修改、细化、完善,直到把最初粗陋的原型精雕细琢成最终的功能完整、结构严谨的应用系统。

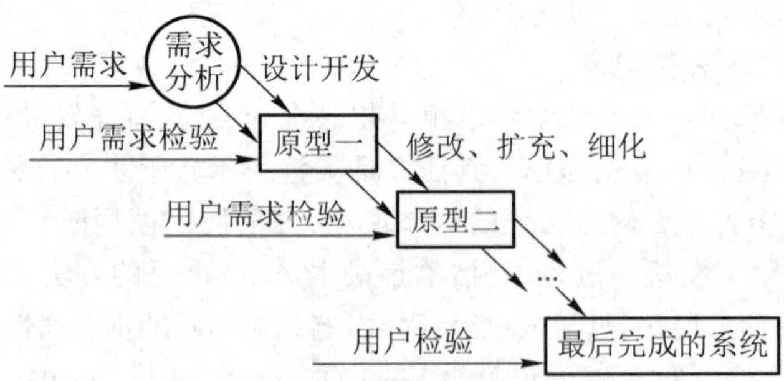

图3.14 快速原型方法

由此不难看出,快速原型方法事实上是一种低成本系统原理验证性实验方法。这种方法是从其他学科的研究方法发展而来的。例如,在许多工业行业,如机械、电子、光学仪器等,新产品的设计和制造广泛采用先研制样机,然后再进行批量生产。

许多光、机、电产品的开发，为了尽快采用新思想、新原理、新方法、新技术，开发公司首先是组织力量开发新一代样机，这样，不仅验证了产品设计和生产采用的新思想、新原理、新方法、新技术是否可行，而且，在样机研制过程中，积累了对未来批量生产有益的生产与开发经验。不同之处是光、机、电产品采取这种方式研制的样机接近于未来批量生产的产品，而软件开发过程中采用快速原型方法，因开发工具的发展和程序设计技术的支撑，使得开发过程中的软件与最终产品之间存在较大距离，但这种开发方式的优点是成本低廉。快速原型方法在计算科学的许多方向上都可以找到应用，可惜，目前能够使用软件开发工具，掌握快速原型方法和技术的专业技术人员太少。

六、演化方法

演化方法也是计算科学的典型方法。所谓演化方法，在一些文献上也称为进化方法。演化方法的主要思想是，针对具体问题，首先找到解决该问题的办法或一个初步的解，然后通过各种有效的技术改进解决问题的方法解。近年来在演化算法的基础上发展起来的演化计算是该方法最具代表性的研究领域之一。演化方法在计算科学中有着广泛的应用实例。例如，算法设计与分析中的代数化简方法；程序设计方法学中的程序变换方法；电路设计与分析中首先通过对电路对应的布尔函数进行化简，然后简化电路设计的方法；软件维护与升级；遗传算法等。这些都是演化思想和方法的具体应用实例。

演化方法在使用时常常与其他方法联系在一起使用。例如，与快速原型方法及展开方法合用，可以开发一类特殊的软件自动生成系统，如人机界面自动生成系统。

尽管演化方法实际上在计算科学的发展中早就出现了，其他学科也有类似的方法，但是，学术界在相当长的时期内没有注意到该方法的方法学意义。这是因为，演化方法是一种特别适合计算机科学的技术方法，因为大量复杂问题的形成过程很可能直接反映了背景对象长期演变的过程，具有大自然演变、进化的特点，解决这些问题需要重现演进过程来使问题获得解决。随着学科研究与发展的不断深化，人们不可能在软硬件开发和应用中将所有的研究与开发工作都做得十分满意，万无一失。

学科自身知识体系的复杂性决定了今后在研究与开发中需要不断地对先前进行的工作进行改进，不断完善，这不仅是工程技术开发中一个具有普遍规律的问题，而且，演化方法本身还可能具有重大的、酝酿着学术研究突破价值的科学意义。从近年来演化计算的研究中出现广泛使用逻辑与代数方法的特点考察和获得联想：如果在计算模型的研究中引入演化计算的方法改造传统的计算模型，或设计新型的计算模型，那么，新计算模型有可能变得具有演化计算能力，表现出某些健壮性的特征，这可能暗示了智能计算系统的研究不必一定沿着首先发展人工智能的逻辑基础，然后发展智能计算机、智能计算系统的“演化”路线，而存在着一条崭新的，以前从未有人涉足过的研究路线。

第四章 计算思维教育的实施

计算轶事

关系数据库和E-R图

在数据库技术的发展史上,1970年是值得纪念的一年。这一年的6月,IBM圣约瑟研究实验室的高级研究员埃德加·科德 (Edgar Frank Gold)在《*Communication of the ACM*》上发表了题为"用于大型共享数据库的关系数据模型"(A Relational Model of Data for Large Shared Data Banks)的论文。在1983年,ACM把这篇论文列为1958年以来具有里程碑式意义的最重要的25篇研究论文之一,因为它首次明确而清晰地为数据库系统提出了一种崭新的模型,即关系模型。

"关系"(Relation)是数学中的一个基本概念,由集合中的任意元素组成的若干有序偶对表示,用以反映客观事物间所存在的一定关系。在自然界和社会中,关系是无处不在的,如数与数之间的大小关系,一个组织中成员之间的领导与被领导关系等。而用关系的概念来建立数据模型,用以描述、设计与操纵数据库,则是科德1970年的这篇论文的创举。

由于关系模型简单明了,有坚实的数学基础,一经提出,立即引起学术界和产业界的广泛重视和响应,从理论与实践两个方面都对数据库技术产生了强烈的冲击。在关系模型提出之后,已经存在多年的层次模型和网状模型的数据库系统很快走向衰败以至消亡,一大批关系数据库系统很快被开发出来并迅速商品化,占领了市场,其交替速度之快是软件历史上罕见的。基于20世纪70年代中后期和80年代初期关系数据库的快速发展,1981年的图灵奖很自然地授予了这位"关系数据库之父"。

在计算机科学发展过程中,为了实现对客观世界的感性认识,人们创造了不少认识客观世界的方法。在数据库领域,最常用的抽象方法就是E-R图。

E-R图也称实体—联系图(Entity Relationship Diagram),提供了表示

实体类型、属性和联系的方法，用来描述现实世界的概念模型。E-R 图是由华裔计算机科学家陈品山(Peter Pin-Shan Chen)于 1976 年提出的。E-R图的提出比关系数据库晚了 6 年。

E-R 方法是"实体-联系方法"(Entity-Relationship Approach)的简称。它是描述现实世界概念模型的有效方法。在 E-R 图的表示方式中，用矩形表示实体，矩形框内写明实体名；用椭圆表示实体的属性，并用无向边将其与相应的实体连接起来，其中对于主属性名，在其名称下标注下划线；用菱形表示实体之间的联系，在菱形框内写明联系名，并用无向边分别与有关实体连接起来，同时在无向边旁标上联系的类型(1:1，一对一；1:n，一对多；或 m:n，多对多)。

图 4.1 所示为班级、学生及其联系的 E-R 图，其中班级名和学号具有唯一性，并且一个班级包含多名学生，一名学生属于一个班级。

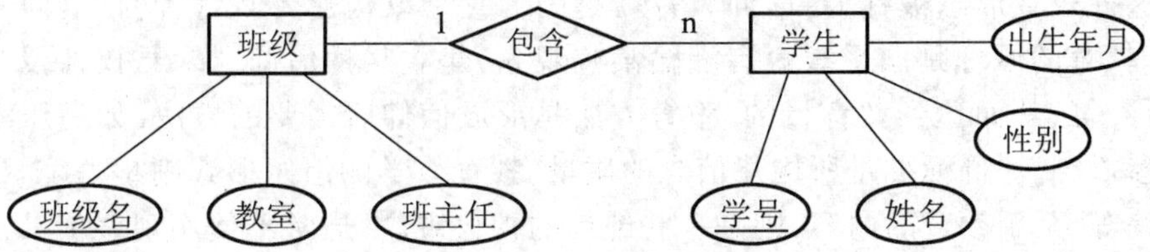

图 4.1　E-R 图

第一节　思维教育

1997年，英国教育部在发表的白皮书中建议将思维教育纳入国家课程，2000年就正式实施，并且强调必须在各个学科领域内和学校教育的各个阶段培养学生的思维能力。目的是让学生通过运用思维技能不仅了解"是什么"，而且知道"怎样做"，也就是学习如何习得。

思维教育运动在美国中小学的兴起更早一些。1981 年，美国课程发展与管理委员会出版了《教育领导力》期刊"思维技能教育"专刊，标志着美国教育界开始了思维教育的实践研究。

早在 1910 年，美国哲学家、教育学家杜威在《我们是怎样思维的》一书中就提出思维的"五阶段"模式：①感到困难的存在；②找出困难所在，对问题加以定义；③提出可能的解决方案；④对可能的解决方案进行论证推理；⑤进一步观察和实验，接受或推翻提出的方案，得出结论。思维可以被细化成这么具体的步骤，意味着我们有可能通过每一个环节的教育实践来提高思维能力。

一、知识教育与思维教育

在目前的教育实践中,以知识的受授为取向的教学占有较大的市场。特别是在我国传统的课堂教学中，教师把知识传授作为最重要的目标，过分注重知识的记忆,即考什么就要求教什么,教什么就要求背什么,其后果直接导致了学生仅仅能够记住现成的知识,忽视了知识的灵活应用,学生不会发现问题和解决问题,更谈不上知识的创新。

1. 从信仰教育到知识教育

农牧时代,生产的技术性不高,对知识的要求也不高,生产的主要矛盾是原始动力不足,人力资源的主流是充当原始动力和从事简单工艺。因此,这个时期的劳动者对接受专门教育的需求不高,也没有教育普及的愿望,社会只需要他们建立起某些信念。这个时期的教育主要体现为对从事社会管理人员的教育,所谓学而优则仕,其根本任务就是灌输封建王权的种种观念。

这种教育形态被称为“信仰教育”,是因为它是以构建受教育者的“信仰”为内核的。教育的原理是向受教育者灌输某些观念、建立某种信仰,如“君权神授”、“图腾崇拜”等,从而达到教育目的。教育方法是形成信仰所需要的方法,如高压灌输、封闭参悟等。评价标准是所构建信念的质量。教育教学的组织形式则是书院、私塾、修道院等。至于教育的内容,则是一些纯粹的神秘观念,通常不使用观察工具,认识方法是“简单观察加臆想”的方法,缺乏科学的基础。到了信仰教育的后期,尽管知识的成分逐渐多了起来,但是仍然属于信仰教育的范畴。这是因为:第一,教育的目的、原理、方法、教学的组织形式没有发生根本性的变化;第二,虽然知识量多了许多,但都不是严格科学意义上的“知识”;第三,信仰在整个教育形态中仍然居于主导和核心的地位。

“知识教育”形态的确立,是为了适应工业时代的发展需要。西方工业革命是人类发展史上一次巨大飞跃,历史从农牧时代进入工业时代,机器开始取代人类的部分体力劳动,包括提供原始动力、取代工艺方面的手工操作。这一飞跃导致了生产方式的革命性变革——机器被广泛应用于生产之中。在我国,“知识教育”的确定,是1900年以后出现西式学堂为标志的。

西方工业革命变革导致了社会生产对人力资源的需求发生了质的变化，产生了对操控机器人员的新需求。新的人力资源必须掌握一定的自然科学知识,而这些科学知识如果不经过专门教育,就不能为劳动者所掌握。这样,劳动者就有了接受教育的必要,并因此而获得了接受教育的权力。同时,社会生产方式的变革导致了社会管理方式的变革,即必须按照科学的方式进行社会管理,从事社会管理的人员则必须学习社会科学知识。这就是社会向教育提出的新要求。

显然,农牧时代的信仰教育不能满足社会的新要求,于是激化了教育的基本矛盾,进而知识教育诞生。之所以称为知识教育,是因为这种教育形态是以传授“知识"为内核的:教育原理是通过传授知识来达到教育目的;教育方法是传授知识所需要的:摆事实、讲道理、模拟自然现象、强调记忆等;教育评价是以掌握知识的多少和熟练程度为评价标准。在教学组织方面,则采用对传授知识效率较高的方式,即班级授课制、分门别类的系列教材。在这种形态中,知识在教育中居于主导和核心地位。

2. 思维教育的兴起

随着知识的发展,以知识为教育目标的这一传统的教育形式渐渐遭遇了尴尬。因为知识的更新或者说过时的周期越来越短了。20 世纪 90 年代以来,每隔 4 年,就有 75%的知识需要更新,这种现象在计算和信息学科中表现尤甚。在此情景下,为知识而教的教育目标即便达成了,也只是为着短暂的未来做了一件昙花一现的事情。这就意味着,为知识而教与基础教育目标的长期性发生了冲突,教育需要改弦更张,谋求为思维而教。

在实际教学过程中,人们发现,思维水平的高低,必然影响到掌握知识的质量与速度,必然影响到知识的应用水平和创造力。现实问题的解决需要掌握思维技能。现实问题是复杂的、混乱的和顽固的,其结构性比较差。如果说,对于结构良好的问题,可以清晰而具体地列出一步步的解决方案,那么结构不良的问题则不易处理。何况现实问题,包括实验室里的问题与日常生活中的问题,通常没有单一的标准答案,甚至究竟什么是正确答案也很不清晰。为了学生的未来甚至当下发展的教育,需要培养学生应对现实问题挑战的能力,而这种能力就是解决现实问题的思维与探究技能。

现代科学技术的发展,改进了人类的认识能力。信息时代的认识方法,不再是"简单观察加臆想"的方法,也不是"直观加模拟"的方法,而是"信息化"、"数字化"的方法。这种方法与知识教育中所采用的学习方法有本质的不同:一是它对于仪器有很大的依赖性,从而与简单观察告别;二是非直观性,也不靠模拟,因而不同于直观模拟法。它是通过数字化手段来实现信息转换,从而达到认识的目的。这种认识方法比以往任何时候都更加依赖思维能力。

教育对于社会的任务和作用,归根到底,就是为社会开发所需要的人力资源,包括社会生产和社会管理两个方面的人力资源。而社会生产所需要的人力资源是由生产方式决定的,生产方式又是由生产力决定的。从社会生产力和生产方式的发展水平来看,信息时代的生产力和生产方式的发展水平之高是前所未有的。具体表现是:其一,机器取代人类体力劳动的量已经超过了某一个度,致使体力劳动在生产中的地位变得无足轻重。其二,破天荒地出现了机器取代人类脑力劳动的态势。

从这两方面的发展势态可以看出,社会对人力资源的需求发生了质的变化,即由知识型体力劳动者为主转变为以创新型脑力劳动者为主。这里有两方面的原因。一方面,生产自动化,不但原始劳动力已不再为劳动力市场所接受,而且掌握一定文化和技术的知识型体力劳动者的需求量也大大减少。又由于机器生产的效率非

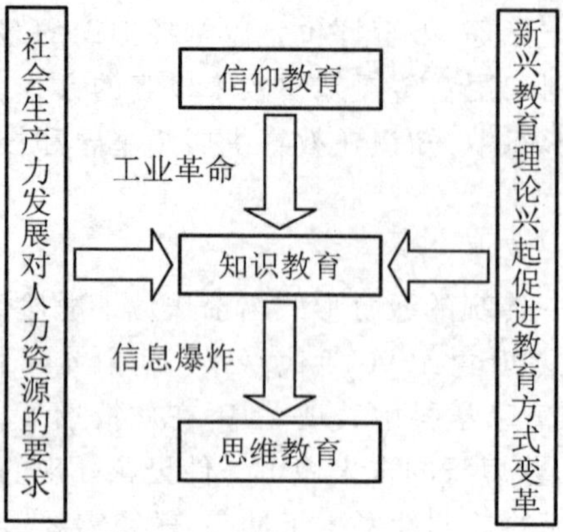

图 4.2 思维教育发展历程

常高，任何一种市场紧缺的新产品，都能在很短的时间内形成饱和，在很短的时间内完结其生命。生产的这一特点使产品更新的节奏加快，因而大大增加了对创新型劳动者的需求。自动化和高效率使社会生产所需人力资源发生了质的变化。

另一方面，社会生产的不断创新必然带来社会管理的不断创新，社会管理所需人力资源也必将以“创新型”管理者为主流。整个社会都显示对于创新型人才的强烈需求。而创新性人才的培养必须突破原来为知识而教的教条，而转向为思维而教。

思维教育的兴起得益于认知心理学的发展。在 20 世纪 20—50 年代间，行为主义心理学占统治地位，该学派主张心理学研究行为，排斥、否认人的意识，认为人的行为就是刺激——反应的结果，至于刺激在人脑中有怎样的变化过程不重要。学习者被当作没有思想的机器，其知识技能来自于外部对他的反复、机械的操练。而 20 世纪 50 年代中期以后，认知心理学崛起，它研究人的认知过程，认为人的认知是一个主体(人)与客体(周围环境)互相作用，主动构建和改变认知结构的过程。认知心理学对认知过程的研究促进了人们教育理念的转变，教育不应该是一个无视学习者的思维，机械操练学习者的过程，而应该是一个重视学习者认知发展的思维教育过程(见图 4.2)。

20 世纪 50 年代以来“信息加工论”的发展也促进了思维教育的兴起。信息加工论把知识分为陈述性知识和程序性知识。陈述性知识是关于人脑如何输入、存储、加工、输出信息的知识，程序性知识是关于人脑如何解决问题的知识。信息加工论深入细致地研究人脑处理这两种知识的思维过程，编成程序，在计算机上模拟人的信息加工过程形成人工智能。人的思维过程被精确到可以在计算机上复制，意味着思维不是看不见摸不着的无形物，它是由一系列可以复制的具体步骤构成的，这一技术进步也使人们相信思维是一种技能，可以通过训练提高。

从社会需求来看，思维教育的兴起与信息时代的到来息息相关。其一，从工业社会进入到信息社会，社会对人力资源的要求已从低技术含量、高度重复的工厂流水线工作过渡到能处理、分析信息的高技术含量工作；其二，社会日新月异，终身学习成为新的趋势，之前学校教育注重单纯知识灌输的教育方式已不能满足终身学习的需要，培养思维能力，提高认知水平已成为学校必须培育的技能。

思维教育的变革，反映了教育的发展是与生产力和生产方式的发展以及人类认识能力的发展基本同步的，也是遵循教育自身发展规律的。思维教育的变革，为开发思维能力，为创新型脑力劳动人力资源的培养奠定基础。

二、思维教育的本质

在本书的第一章第三节曾叙述过,思维是人所特有的认识能力,是人的意识掌握客观事物的高级形式。思维在社会实践的基础上,对感性材料进行分析和综合,通过概念、判断、推理等形式,形成合乎逻辑的理论体系,反映客观事物的本质属性和运动规律。以下就从思维与知识、思维与逻辑推理等方面来阐述思维教育。

1. 思维与知识

思维之所以能够对客观世界作出间接的、概括的反映,是以所积累的知识经验为基础的。思维能力的高低,一定程度上取决于认识主体即人的知识结构和文化背景。思维能力的培养和发展也不能离开主体对知识的掌握而孤立地进行。

心理学上对专家和新手在解决问题时所运用的知识组织和策略之间差别的研究可以很好地说明知识基础对于思维能力所具有的意义。研究人员发现,专家和新手之间之所以产生明显的差距, 是因为专家与新手所拥有的专业知识在质和量上都存在重大差异。一个专业棋手,有大量的棋谱,掌握基本规范和规则,这造成了他与业余棋手在解决问题时技能上的差异。因此,知识的积累是思维的前提和基础,如果一个人知识面狭窄,知识结构不合理,缺乏知识更新的能力,就难以在思维能力上有良好的发展。

思维基于知识但又不限于知识。知识是对某种已经存在、已经决定过的事情的了解和知道,因而知识是已知的、固化的;而思维则是创造,是对尚未发生的事情作出决定,因而思维是自由的。而且,知识和思维之间并非完全对等的关系,知识经验的积累对思维能力所起的作用并不全是积极的,过分地依赖知识,则又会限制和阻碍思维能力的发展。

知识总量的不断增长,无疑是社会发展、文明进步的重要指标。但对于每一个社会个体来说, 知识的增长势必成为学习者的负担, 增加了个体对社会适应的难度,使得个体不得不在学习和掌握知识方面花费较多的时间和精力。显然,每个人的社会活动决定了个体能够涉足的知识领域, 也决定了个体对知识和社会能够进行的思维活动。

知识的增长,一方面使得人们无暇顾及自身思维的发展,另一方面还促使人们对知识产生盲目信仰,以致于受知识的控制。毕竟,追求智慧不同于追求学问知识,追求学问知识,当然多多益善,追求智慧,却必须不断抛弃观点成见,最后达到自然而然的道理。智慧需要人无立场或无观点地去思维,使思维不过多地为已有的知识所束缚。总有一些人,从书本上学的知识并不多,但其智慧却并不因此而欠缺;相反,总有另一些人容易沉溺于知识的繁荣之中,任由其控制、掌握着本应自由发展的智慧和思维。

总之,知识构成了思维的基础,掌握知识的多少,知识积累的厚薄,在一定程度上影响着思维能力的发展。但知识渊博绝不意味着思维能力高人一筹,即知识的多少不能成为衡量思维能力强弱的标准，更重要的是对知识的理解、运用和转化的能力。因此，思维教育需要同时在两个支点上努力：既需要尽可能地让学习者积累必要的知识，同时，又需要引导学习者不断地把大脑中沉淀已久的东西清零，让自己回到原始状态，让心灵有足够的空间发展新的智慧。这两种努力看起来是矛盾的，但却统一于学生使用知识的过程中。当学习者进入使用知识的状态时，学生将在获得知识的同时发展相关的思维能力。而知识一旦进入到被使用的环节，实际上就意味着被用于实际问题的解决之中。在思维和问题解决之间，一方面，问题是思维的起点；而另一方面，问题的产生则来自怀疑、疑惑。科学发展史上许多重大问题的提出，往往就是在对多数人看来是天经地义的东西的深刻怀疑中产生的。当然，怀疑绝不是无缘无故、想当然的猜测，怀疑的基础是正确、合理、审慎的思维，只有善于思维才能善于怀疑，因此，思维教育是需要有批判精神的。

思维基于知识，也是由问题而产生的，并因为问题而得到持续不断深入的发展。但思维的最终目的不是停留在知识，而是在于使问题得以解决，得出有所创新的发现。由此我们可以发现，适当地使用知识、以知识作为基础来解决问题是一种基于知识的思维能力，是一种基于知识的智慧。对于问题意识强、创造性强的学习者来说，一旦发现了问题，就会产生解决问题的需要和内驱力，产生一种心理上的不平衡，从而激起强烈的求知欲和好奇心，唤起内心创造的需求与兴趣，进而在强烈的创造动机的驱使下，激励其进行积极自主的思维，直到解决问题，达到创造的目的。这就是基于知识的思维教育的过程。

由此，我们可以得出这样的结论：思维教育，一定是基于知识的；思维教育，也一定是基于问题的。思维教育必须以适量的知识为基础，同时以此来发现问题、解决问题，并在此过程中发展思维。针对计算思维教育这样一个具体的学科思维，作为教育工作者，需要研究什么是这一学科最基础的知识集合，并引发对哪些问题的思考，学习并获得新的知识、发现规律、设计作品，并在此过程中发展思维。

2. 思维与逻辑

思维是一种判断，判断需要以经验知识为基础，判断也需要基本的工具，那就是逻辑与推理。以已有的知识为基础，通过逻辑与推理，作出正确的判断，从而形成新的知识。

在人们对自然的认识过程中，仅仅感知时空中的对象而缺少对象间的关系或联系不能产生知识。对此，有一个非常恰当的例子：仅仅拥有关于太阳的知觉，随后有了关于热石头的知觉，如果两者是孤立的，则不能认识到太阳晒热了石头。只有在思想上以某种方式把这两种经验联系起来，才能构成太阳是石头发热的原因的判断。因此，必须对对象加以联系、思考或思维，这种联系就是逻辑支持下的思维。

逻辑学是获得真正知识的一种重要工具，逻辑学的职能就在于论述取得知识的方法。知识需要依靠思维来寻求，逻辑学由此而成为一种关于正确思维的科学。

思维是推理的或科学的论证。推论由判断组成，判断由表述中的概念所构成。

至于知识,总是要表现为肯定或否定的判断,但并不是所有的判断都是知识。

思维不仅需要有来自知觉的感受性,更重要的是,它还具有自身的能动性和自发性。因为思维实质上就是判断,因此,人思考的方式就是他作出判断的方式。要认识思维就需要通过发现判断的方式,而这正是逻辑所研究的。为了探索事物的性质、缘由和根据,发现事物的存在基础或本质以及目的,靠天才的艺术直觉或某种神秘的方式,是不可能实现的。只有一个有效的方法,那就是严格的思维。

思维是一种辩证的运动,需要在逻辑上展开。要成为思想家,就需要让他的思维在逻辑进程中发展。只有这样,人才能自由、自主地思维。因此,思维教育也是建立在逻辑学基础上的教育。

逻辑是最基本的思维工具。不同的学科,为支持其学科思维也会有相应的思维工具或方法,这些工具和方法都是以逻辑为基础结合学科特征建立起来的。在第三章,我们讨论了计算思维的数学方法和工程方法,这些方法也是支持计算思维教育的工具。

3. 思维教育的可能性分析

人们在思维究竟能不能教,教育在人的思维能力的发展中到底能够发挥什么样的作用等问题上,向来存在着分歧。有认为思维是不能教的,也有认为思维是教不会的,更有认为思维是不需要教的。

皮亚杰认为儿童的思维发展受到成熟、经验知识、平衡等因素的制约,并且思维的发展在不同的年龄阶段,有着相应的不可逾越的顺序不变的阶段,受到不同年龄阶段所存在的一般逻辑结构的束缚,因此,他认为对思维的强化训练并不能够导致思维的结构发生内源性变化。

长期从事思维训练研究的学者也认为,思维训练至少存在三个方面的困难:第一,一般思维技能的训练需要辅之以大量的具体知识,而这些具体知识的掌握并非是朝夕之间就能完成的;第二,有关思维训练中所教的思维策略多得数以百计,在课堂环境中,学生往往被弄得莫衷一是,无从下手;第三,策略的训练常常无法迁移,其表现在于,选择某个策略开展教学,在实际的解决问题过程中,一旦某种条件变化,其策略就无效了。

广义的知识观则认为,思维不需要教。广义的知识观用知识来解释思维,将知识、技能与策略融为一体,由此认为发展思维的任务已经包含在知识教学中了,用不着在知识和技能教学之外另提发展思维的任务。

认为思维不可教最主要的观点是:思维不是可以直接由教师传递给学生并由学生完全直接接受的那种东西,它更多的是依靠学生自己在经验中的摸索、体悟和积累,依靠学生有意识或无意识地将这种摸索和体悟所得进行内化,从而逐渐掌握应该怎样思维。因此,思维更多的是经由学生自我的摸索学会的,而不是教会的。

其实,用同样的逻辑来理解知识,我们发现,知识的教也是需要经由学生自我的理解、体悟和摸索。只是因为有时候我们在知识教学过程中,我们采取的是让学生用机械的记忆方法来学习知识，这种学习方式产生的结果肯定是低效的，甚至是无效的。与教会学生思维一样，教给学生知识，教师的传授也仅只是一个方面，同样需要有学生的理解、体悟和摸索。如果缺失了学生的理解、体悟和摸索，只有外部的灌输和被动的接受，这正是目前备受指责的学习方式，学生以这种方式所获得的知识并不是真正的知识。

所以，同知识、价值、美德一样，思维既构成着教育，也依赖着教育。从某种意义上说，思维其实就是一种程序性知识。教会学生思维，就是要让学生知道怎样思维，让学生掌握作为一种程序性知识的思维，而不是把有关思维的定义、概念、特性等陈述性的知识传递给学生。

要让学生真正知道怎样思维，并不是非要让学生首先知道思维是什么，就像我们能说话，也不是一定要首先知道喉咙发声的原理。这就是说，程序性知识的获得不是以陈述性知识的掌握为前提的。这启示我们，在教育中，学生程序性知识的获得不一定要从理论的讲解和灌输开始。思维被划归为一种程序性知识，意味着，要知道怎样思维，就需要主体通过实践中无数次的试误，在多次的尝试中，发现某些思维方法比另一些思维方法更为快捷有效。经过经验的重复印证之后，主体能够解释此种思维方式的有效性，并指导以后的思维实践。

通过以上分析，我们得出如下结论：第一，思维是基于知识而开展的，所以思维教育需要一定的知识为基础，否则思维教育会成为空中楼阁，但是过多的知识有时也会影响思维的发展；第二，思维是通过判断和推理来实现的，所以支持人脑判断与推理的逻辑是思维的主要工具，思维教育离不开逻辑影响；第三，思维不是简单的教条，思维教育不是把有关思维的定义、概念、特性等陈述性的知识传递给学生，而是需要学生自觉主动地参与思维实践活动，并从中理解、体悟和摸索。

三、思维教育的实施策略

苏格拉底认为，人之所以为人，不仅仅因为他有感觉、欲望和情欲等，更在于人有灵魂、有思想。简言之，人之所以为人，是因为人能思维。因此，要真正认识一个人，必须把人当做有思想、有理性的动物看待。

教育是人类所特有的。教育的作用不仅仅是用于知识传授，教育更在于启迪人类思考，那就是孜孜不倦地追问探索人生的意义，就是对智慧的热爱和追求。思维教育应该体现或渗透在课程的教学内容设计、教学方式设计以及教学评价设计等教育的整体过程之中。

1. 思维教育的教学内容设计

思维教育需要在教学内容中得到体现，教学内容应该包含思维知识。有关思维知识涉及语言、逻辑以及思维形式。

(1) 语言及语言分析。

语言对于人们的思维有重要作用。在教学活动中，使用的语言是精确还是含糊,是具体还是抽象,都影响着思维活动的进行。

日常语言中都充斥着大量的模糊词汇与概括性词汇,它们往往具有欺骗性。例如,泛指性的词语,如总是、从不、所有、大家等;模糊性动词,如了解、理解、欣赏等;比较性词语,如更好、更新、更有营养等。为了培养学生思维的严密性,教师在教学过程中,应当让学生界定词语,使用具体的行为动词,进行精确的比较,运用准确的描述。教师分析语言的目的,既是为了使学生能运用具体的词语准确表达,而不以偏概全;也是为了帮助学生对问题的关键词语加以分析,找到问题的实质;同时,还能够使学生有效掌握运用准确的概念进行判断和推理的方法。

(2) 逻辑规则和逻辑词语。

要促进思维教育,就离不开形式逻辑的教授。形式逻辑规则是关于概念、判断和推理的规则,它们要求人们的思维符合同一律、矛盾律、排中律等一系列基本准则。违反了这些规则,逻辑思维就容易出现问题。由于逻辑规则离不开逻辑语词,所以逻辑以及逻辑语词也应该是思维教育的基本内容。

日常语言与教学语言中存在着大量的词语,它们是某种逻辑线索,如"和"、"或者"、"但是"、"因为"等,这些就是逻辑词语。通过对这些逻辑词语的关注,学生可以学会识别句子中的观点,并理解观点间的相互关系。

当然,关键是要学会运用概念和规则进行判断和推理。判断是一个复杂的逻辑问题,包括直言判断、假言判断、选言判断、联言判断、关系判断、模态判断等多种类型,而每一类中又有多种规则。推理有归纳和演绎两种,它们是人类思维的最基本形式。学会判断与推理是思维教育要处理的内容。

(3) 思维形式。

思维教育一定会涉及思维形式。思维形式也不一定是逻辑性的,计算思维是偏逻辑的,但并不是所有的学科思维都是偏逻辑性的。人们通常将思维分为这样的几对形式:求同性思维与发散性思维,分析性思维与综合性思维,反思性思维与创造性思维,抽象思维与形象思维等。不同的思维形式不只是含义上有区别,关键在于具体活动方式、行动路线存在差异。

例如,分析性思维和发散性思维就是两种很典型的思维方式。分析性思维就是逻辑思维的一种方式,是利用概念、命题、推理等对思维对象进行分析,以认识它的基本矛盾、性质、结构和功能,要求实事求是,不允许有想象、联想、夸张等艺术手法。发散性思维也称辐射性思维、扩散性思维,是逻辑思维和形象思维的一种方式,指从一个问题或主题作为思维的出发点或中心,向上下左右、四面八方发散开去,思想无拘无束,以探求一个问题各种各样的答案,或寻求一个主题多种多样的表现形式。

发散性思维不同于分析性思维。发散性思维虽然以分析性思维为基础,但并不能归结为分析性思维,因为它还包括想象、联想、直觉和灵感。分析性思维的宗旨是认识获得真理,发散性思维的宗旨是创新获得新思路。在思维教育过程中,教师应该对这些差别有清楚的认识，否则在学生思维训练上就不会有明确的措施。

2. 思维教育的教学方式设计要点

教学方式对于学生思维能力的影响十分关键。考虑到思维教育所需达到的目标，教学方式的设计可以从以下四个方面考虑。

(1) 启发诱导。

思维教育，要关注学生在学习过程中的思维。传统的灌输式教育，是一种知识的灌输，在发展学生的思维上不见其长。当整个课堂教学时间主要被教师的宣讲所占据，学生只是倾听和记录的话，显然是不利于学生思维的发展的，学生越是害怕遗漏教师讲课的重点，只关注倾听与记录，就越会挤掉用于思考问题的时间与空间。

所谓启发，就是在学生思考发生困难的关键点上，教师给予适当的点拨，引起学生联想。所谓诱导，就是教师想办法引导学生思维。可见，启发与诱导都是主动促进学生思维发展的措施。相反，如果不对学生进行启发，那就会出现三种情况：第一种是教师独白，搞一言堂；第二种是在学生需要指点的关键时刻，教师对其视而不见，回避学生的需求；第三种是教师直接宣布问题答案，至于何以得出如此答案则不关心。显然，这三种情形都阻碍了学生思维的发展。

换一个角度，如果教师不诱导，则意味着：一是教师对自身过于关注，只知自己言说，且只说书本内容；二是教师对学生放任自流，学生能学到什么程度就什么程度，使得教学活动不具备能动性。这就从反面说明了思维教学应当注重启发诱导。

(2) 基于问题的教学。

基于问题的教学，意味着以问题引导教学活动，使教学活动因问题而展开，因问题的解决而结束。这种策略鼓励教师与学生以及学生与学生之间进行交流。这种交流既可以是口头的，也可以是书面的，因此对话是这种策略的主要特征。在这种策略中，教师担任这样的角色：教师提出问题以刺激学生的思维并引起讨论，通常这些问题没有固定的正确答案，所以反馈往往也不是简单的对或错；对于学生的发言，教师乐于评论或补充，甚至会隐藏自己的真实看法，故意发表一些偏激意见，扮演反面角色；如果讨论太漫无目的，教师会发表评论或再次提问，把讨论拉回到问题的中心。所以，在这种策略中，教师更像向导或协助者。基于问题的教学所追求的目标正在于培养问题意识和解题能力，即思维能力。

(3) 思维过程的展示。

在思维教育的课堂教学中，需要注重思维的具体过程，这是因为思维能力只有在具体的思维活动过程中才能得到提高。要展示思维过程，前提是教师教学过程要清晰。这种清晰性尤其体现在典型思维的示范中，通过示范可以让学生清楚明白：其一，教师是如何发现问题的，或者说问题是如何产生的；其二，教师是如何解答问题的，从问题到答案，从前提到结论，教师的活动程序与步骤是什么。做到这两点，才能说明教师向学生展示自己的思维过程。

(4) 探究性学习。

探究性学习，就是提倡学生积极从学习中、从生活中发现问题、提出问题、解决问题。探究性学习可以分为三种主要形式：

一是知识探究型。知识探究是最接近传统的学科知识学习的，只不过比传统的学习方式更为开放自由。比较典型的做法是学生学过某项知识之后，提出值得进一步追问的问题，然后通过延伸阅读，或小组讨论，或参观考察，或专家访问等方式，找到正确答案。

二是学术研究型。学术研究要解决的问题往往不是轻易能找到答案的，而是需要一系列曲折的探究步骤，通过理论推演、实验论证等方法寻求最佳答案。

三是学科项目型。这种形式的探究学习是复杂的，与真实的学术研究相似，但活动过程与结果还不同于学术研究，这是因为它还是一个探究学习过程，其重点不是探究的结果，而是在探究过程中要回答的实践性问题，设计的探究方案等。

在这些形式的探究学习中，学生围绕一个问题，可以充分发挥思维的创造性，积极建构自己的知识，设计自己的行动方案，而不是教师按照事先规定好的顺序讲授书本知识。学生是在解决问题中自觉地进行思维。

3. 教学评价

思维教育不像知识教育那样以掌握知识的多少和熟练程度为评价的标准，而是以思维能力发展的水平和充分程度为评价标准，即以思维能力发展的绝对水平作为评价受教育者个体的标准，以受教育者的思维能力发展的充分程度作为评价教育效果的标准。

针对思维教育，传统的以知识积累为主的考试方式可能不是最好的教学评价方式。当学校过分重视学生积累和获得知识资料，以便在课堂问答和考试中学生能照搬时，知识就被成为目的本身了。于是，学生的学习目标就是堆积知识。知识本作为一种资料，意思就是进一步探究的资本，必不可少的资源，成为思维教育的基础。因此，评价学生的试题一定要改变内容与形式。试题不应偏向测量知识记忆的多寡与牢固程度，而应偏向测量知识的灵活运用情况，偏向考查思维的品质，即思维的深刻性、灵活性、独创性、批判性和敏捷性。

传统的标准化试题是在教学评价中运用最多的方法之一。标准化试题是一把双刃剑，能带来方便，也能带来危害。标准化试题的好处在于它能较好地测量学生的知识记忆情况，比较客观，阅卷也比较方便。但因为它要求记忆的东西较多，这对思维的发展有禁锢作用；同时标准化考试还要求统一答案，这也不利于考查思维水平；即使采用标准化试题方式考查学生的思维活动，那也只是一种单向度的求同思维，不可能有多向度的求异思维。

对于发散型试题，尽管在评测等方面存在困难，但由于发散不仅意味着问题的答案不是唯一的、固定的，而且意味着问题的结构不良，无关因素较多，并且废除了所谓的标准答案，可以反映出学生的思维状况。当然，发散性试题在测量实施上比标准化试题复杂得多。

第二节　计算思维教育的内容和途径

当今教育的危机之一,就在于知识占据了至关重要的地位,培养和塑造知识人成为根深蒂固的教育理念,这种教育理念始终指导和制约着教育的实践。伴随着信息化进入到人们的工作与生活之中,计算机及相关学科成为了人们追逐的学习内容,面对技术的不断更新,以知识传授为主的学习方式受到了质疑。

教育的最终目的,不是培养鹦鹉学舌般的模仿者,而是培养能够独立思考的创造者。学生的思维能力是通过各门课程的学习和整个教学过程逐步培养起来的。无论着眼于人之为人的根本,还是从教育本身的使命而言,为思维而教应该受到理论研究和实践探索更多的关注。因此,计算思维教育的意义重要而深远。

一、计算思维教育的基本途径

目前,国际上进行思维教育大致有三种形式:

(1) 设立专门的思维学习课程。即设立独立于普通课程之外的专门课程,讲授主要包括思维的概念、特征以及如何激发、锻炼思维等内容,目的是让学生知道思维科学的基本内涵、结构以及采取什么样的策略锻炼思维能力。

(2) 以学科课程为主进行思维教育。如在数学、物理等科学课程中培养缜密的逻辑思维能力;在音乐、美术、文学等人文社会课程中培养非逻辑思维,特别是形象思维和臻美思维能力。

(3) 把培养思维能力渗透到普通课程中。即按照科学理论设计课堂模式,在所有课程中渗透思维教育理念。其优点是学生能够在课堂上系统地、潜移默化地接受思维训练,保障思维教育的连续性,并在课堂中学会学习,学会思考。

主张单独设课的学者认为有一些思维能力是通用于所有学科的,单独设课训练可以提高效率,教师专门从事思维教育研究与实践,可以保证任课教师具有自觉训练学生思维的意识、能力和行为。但这种模式也存在实施上的困难与效果上的不尽如人意。因为以这种方式开展思维教育,思维训练材料既专门也单一,思维教育仅限于开设独立课程时进行,不符合思维教育需要在解决实际问题中实施的特征。

主张与某一学科相结合的学者认为独立设课的训练方式无论多精致都不太可能实现思维技能的广泛迁移,思维教育应与具体学科相结合。每一个学科都有其独特的思维特点,思维教育必须结合学科教育开展才有意义。

还有的学者推崇将思维教育全面融入学校课程设置和教育目标中,在学校所有学科中倡导思维技能的培养,建立思维教育的校园文化模式。这一模式具有以下优点:思维技能可以和学校各个学科的日常教学内容紧密结合,可以得到来自学校以及其他学科的支持,促进思维技能在学科之间的融会贯通,以及思维技能向新的环境的迁移。这一模式也有一定的难度,教师首先需要以新的教学理念构建课堂情境,研究发问技巧和发问内容,才能保证思维教育的成功。这是思维教育渗透普通课程中的关键。

计算思维教育是以围绕计算科学及其相关技术和应用学科，传授计算知识与学科方法为目标的思维教育。与一般的思维教育相比,计算思维教育有明显的计算学科特征。因此,实施计算思维教育,不能简单地采用上述的教育形式,而是要结合计算学科及相关学科的教学而开展。图 4.3 所示为计算思维教育可能的实施路径。

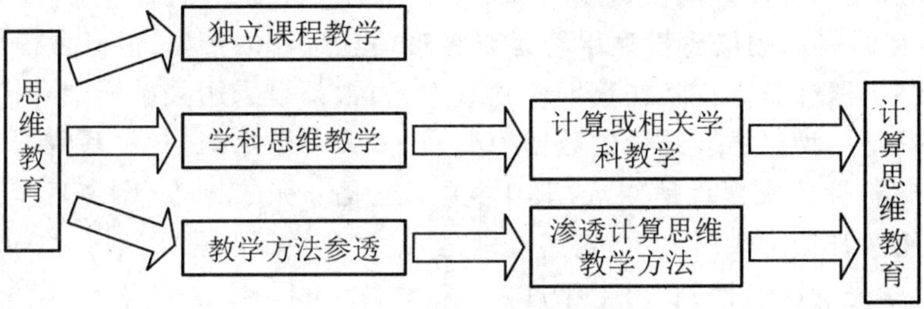

图 4.3　计算思维教育路径

通常,与计算机教育相关的领域是计算思维教育的主战场,大学的计算机专业和自动控制专业课程、大学的公共计算机课程、高职专科学校的计算机专业课程以及基础教育中的信息技术课程,都是实施计算思维教育的有效载体。在这些课程的教学过程中,有两个途径可以实施计算思维教育:其一,教学内容途径,即在传授计算学科相关知识、理论、技能过程中,注重学科思维与方法的教学,这是一种显式的计算思维教育方式;其二,教学方法途径,即采用以探究学习为主的渗透计算思维的教学方法,在教学过程中将计算思维的思想与方法贯穿于教学过程,潜移默化开展教学,这是一种隐式的计算思维教育方式。

二、计算思维教育核心思想的形成

众所周知,人类的认识过程就是从感性认识到理性认识,再回到感性认识的过程。感性认识是采用一定的方式,以可以感知的文字或图形等形式对客观事物的特征进行描述,并通过建构模型来实现。感性认识包括两个方面:感性认识的认识方法的建立;采用已经建立起来的认识方法来实现对客观世界的感性认识。

在第一章第六节,我们已经引入了 ACM 和 IEEE-CS 联合工作组在“计算作为一门学科”报告中阐述的计算学科的“三个过程”,即抽象、理论和设计,并且对报告所提出的九个子领域进行了相关梳理工作,形成了描述计算学科的二维知识矩阵。在第三章第一节,我们专门就抽象、理论和设计以学科形态进行了阐述。现在以具体实例描述在感性认识到理性认识并回到感性认识的过程中所体现的抽象、理论和设计。

图 4.1 的 E-R 图描述的是学校中的班级与学生的各种关系。在一个学校中,会有若干个班级,一个班级中有若干学生。为了便于识别,每个班级有唯一的班级名

或班级号标识，每个学生也用学号作为唯一标识的符号。与学生相关的有很多属性，除学号以外，还有姓名、出生年月等，与班级相关的也有很多属性，如班主任等。该E–R图所描述的就是客观世界中有关学生与班级等的概念模型。

概念模型是用于对信息世界的建模，是客观世界到信息世界的抽象。概念模型中的主要概念有实体、属性、码、域、联系等。实体是指客观存在并相互区别的事物，如学生、班级。属性是指实体所具有的某种特性，如学生实体中的姓名。码是指能唯一标识实体的属性集，如学号。域是指属性的取值范围，而联系则反映了实体之间的关系，如班级与学生之间就是以“一对多”的关系相联系的。

用E–R图表示的概念模型尽管是对客观信息世界的抽象，但概念模型还是不能直接支持机器计算。目前，在数据库领域中，通常都是采用关系模型来描述。关系模型支持的是一种二维表结构的数据模型，它由关系数据结构、关系数据操作和关系数据的完整性约束条件所组成。其中，关系就是一张二维表。图4.1所示的E–R图就可以用两张二维表所表示，它们分别是实体“学生”和“班级”：

学生(学号、姓名、性别、出生年月)

班级(班级名、教室、班主任)

其中，括号内表示的是实体的属性，有下划线的是码。

这两张表的关系是建立在学生与班级的关系之上的，即学生在哪个班级，且一个学生只能属于一个班级，一个班级可以有多个学生。在具体的计算机实现中，是通过学号与班级名相关联的：

学生与班级(学号、班级名)

将概念模型转换成关系模型，应该说还没有完成从对学生与班级的感性认识上升到理性认识。因为我们还是对应具体的实体、属性和关系。下一步的抽象必须使这种关系模型表达的形式化，最终形成关系数据库理论。

关系模型最基本的形式化定义是：关系模型(R)是一个四元组，即

R = <U,D,dom,F>

其中，U表示关系中所有属性的集合；D表示属性集合U中属性所来自的域；dom是属性到域的映射；F是属性集合U上的一组数据依赖。

从这里可以看出，从概念模型向关系模型的转换是认识过程由感性认识上升到理性认识的过程，即通过抽象而形成理论。这个过程包含两个方面的内容：一方面是有关理论的建立，另一方面是如何在理论的指导下，在具体的设计中实现对客观世界的理性认识。

在以上“学生与班级”的例子中，在关系数据库理论的指导下建立起正确的关系模型后，还要根据关系数据库管理系统(如Oracle数据库系统)对该模型进行定义，并用SQL语言编制相应程序，然后经过计算机处理，以便可以进行相关的数据查询、管理操作，其中，SQL语言就是一种可以在支持SQL标准的数据库系统中运行的数据库语言。这一过程就是数据库管理系统的工程设计过程。

所以，计算思维就是以计算模型为载体，通过对客观世界的感性认识，以计算思维的抽象方法将感性认识上升到理性认识，同时形成相关的计算理论与方法，然后依据理论与方法理性地完成相关工程设计，其设计的人造物又回到感性的客观世界应用之中，在实践中完成检验。图 4.4 反映了抽象、理论与设计之间的关系。

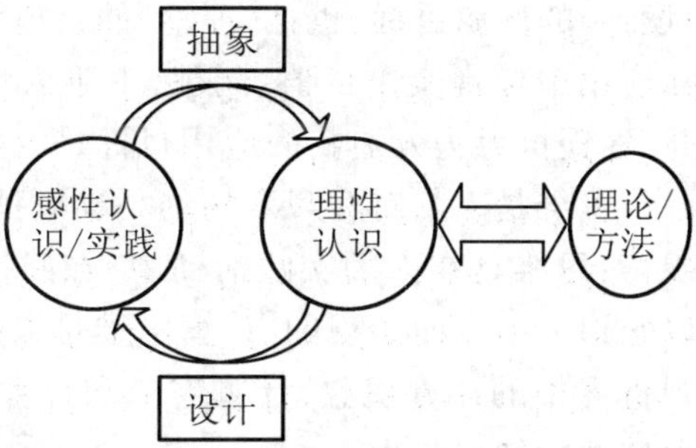

图 4.4　抽象、理论与方法

三、计算思维教育的主要内容

计算思维是运用计算科学的基本概念进行问题求解、系统设计以及人类行为理解。它吸取了问题求解所采用的一般数学思维方法、现实世界中复杂系统的设计与评估的一般工程思维方法以及复杂性、智能、心理、人类行为的理解等的一般科学思维方法。尽管计算思维本身并不是计算科学的专属，但计算思维确实是反映用计算的手段来解决问题的思维方式，也就是说，计算思维是运用计算机基本概念去求解问题、设计系统和理解人类的行为。

1. 计算问题求解过程中的计算思维

正因为计算思维需要用计算机的基本概念来求解问题、设计系统，所以计算思维的学习与培养是需要计算机及相关知识。依据图 4.4 所反映的有关计算思维的抽象、理论、设计的相互关系，计算机学科中解决问题的基本思路如图 4.5 所示。

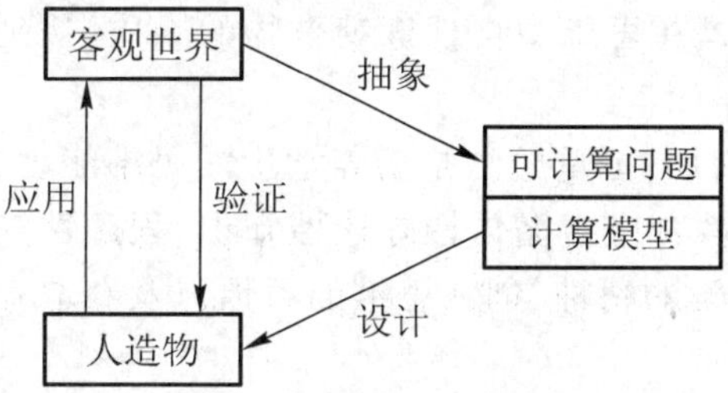

图 4.5　计算思维与问题求解

计算机是人造物，计算机程序也是人造物。在计算机学科领域，解决实际问题就是需要制造人造物，这一人造物可能用于模拟，可能用于运算，也可能直接用于控制外部世界，其取决于实际的需求。“设计”就是依据需求来实现人造物的制作。在这里，要完成正确的设计，需要两个前提：一是应用需求，如前所述，这是需要设计者对客观世界进行分析和抽象，构造性地进行需求分析，并能够形式化地表达需求，以便用机器计算的方法实现之；二是计算理论，因为设计是以计算理论为基础、以需求为目标的。有了正确的计算模型，才会有可用的人造物。

制造人造物的需求分析，是以客观世界为分析对象的。从信息的视角来看，客观世界可以通过抽象方法描述成由一系列数据及关系、规律所组成的概念模型。可计算问题是计算学科研究的核心问题，只有是可计算的问题，才能构建相应的计算模型。现实世界，通过“抽象”操作，形成可计算的模型，也形成相应的计算理论。

人造物和现实世界的关系是“应用”与“验证”。人造物的制造目标是应用，这是

“设计”的原始目标,也是“理论”的价值所在。因此,人造物最终回到客观世界,在实际应用中体现实用价值。同理,由于人造物的功能或性能目标来源于客观世界,因此,客观世界为人造物的应用目标是否实现提供了价值判断依据。

思维是人脑对客观事物的一种概括的、间接的反映,它反映客观事物的本质和规律;思维是在人的实践活动中,在感性认识、特别是表象的基础上,借助于语言,以知识为中介而实现的。计算思维是人依据自己对有关计算知识的认识,通过对客观世界中的计算现象、计算需求和计算过程的分析,认识有关计算的本质与规律,形成新的知识与理论。

在计算思维的形成过程中,实践活动是计算思维的基础。通过实践活动,可以将表面现象从对客观事物的直接感知通过抽象思维过渡到理性认识。图 4.5 所展示的就是有关计算的一个实践活动,在对客观世界进行分析、制造人工物的过程中形成对计算的新认识,从而形成计算思维。这是一个反复循环的过程,是从感性到理性,从具体到抽象的过程,也是计算思维的过程。

2. 计算思维教育目标分析

思维是人所特有的认识能力,是人的意识掌握客观事物的高级形式。思维在社会实践的基础上,对感性材料进行分析和综合,通过概念、判断、推理的形式,形成合乎逻辑的理论体系,反映客观事物的本质属性和运动规律。思维过程是一个从具体到抽象,再从抽象到具体的过程,其目的是在思维中再现客观事物的本质,达到对客观事物的具体认识。

思维教育的目的不仅仅是为了知识的增加,更重要的是培养学生的思维能力,发展或改变其世界观和价值观。所以,思维教育应遵循传授陈述性知识、程序性知识和策略性知识相统一的原则,培养学生科学的精神、创新思维的习惯以及获取知识、分析和解决问题的能力。

不同的学科既具有思维方法的共性,又具有思维方法的个性。某个学科的个性思维,其他任何课程均无法替代。一般说来, 理科思维与工科思维有不同的途径,思维的出发点和终止点也不同。如果让学理科、工科的两位人员去分析同一只茶杯,学理科的人善于联想、推理、类比,他们较多地考虑这只茶杯在功能上能否改进和增加,在这种思维活动下,他们会利用自己学过的数、理、化等基础理论知识琢磨如何实施他的想法,以保证设计的可行性和科学性。学工科的人多考虑怎么做出来,做得快,做得好,以此指导工程实践,以保证制造的可行性。

计算思维是关于计算学科的思维。计算思维既有理科的特点, 又有工科的特点。计算思维既涉及理论,又涉及制造。计算思维教育,除了一般的思维教育目标以外,还应该达成如下的教育目标:

(1) 理解计算机等各种计算机器的工作原理和实现方法,以及采用这些实现方法的缘由。能够对客观事物进行分析,并清楚什么是可计算的,什么是不可计算的。能够区别人脑计算和机器计算的差异。

(2) 善于用计算的方法解决问题。这里指的解决问题,既包括对客观世界的观察、分析、抽象,也包括根据需求完成相关的设计与制作。计算的方法用于解决的问题,可能是计算学科的、有关计算装置的设计与制造,也可能是与计算学科无关的其他问题,包括用计算的方法指导人的处事和行为。

3. 计算思维教育内容分类

思维不是知识。这里的知识是指内容性的经验知识,知识不能替代思维。知识是思维所必须的加工原料,思维则是产生新知识的心理机制。思维教育不是传授知识,而是训练思维过程及其心理机制本身。

传统的课堂教学是教师传授事实性或陈述性知识为主,这些知识仅仅是关于世界"是什么"的知识,学生很难获得程序性知识和策略性知识。所谓"程序性知识",是指人们应用概念和规则处理事务的技能,包括概念的形成、规则的习得、判断解决问题能力的提高等。这种知识在锻炼学生独立思考、培养创造能力方面尤为重要。所谓"策略性知识",是指如何认知、学习、记忆以及如何解决问题的方法和策略,包括学习的方法、技能,自我教育的策略等,也就是我们通常所说的"学会学习"的知识。计算思维教育需要以一定的计算知识与计算理论为基础,如果没有这些知识为基础,有关计算思维的活动就没办法开展。计算思维教育更需要关注各种知识的逻辑关系,各种概念的产生过程,各种问题解决的策略与技巧,也就是计算学科的程序性知识和策略性知识。

思维本身也不是技能、技巧或思维策略。思维技能、技巧和策略是体现思维过程的有效手段。思维教育可以通过操练思维技能、技巧和思维策略而达到训练思维过程的目的。思维活动的内容是经验知识,思维过程是对思维活动的形式概括。计算思维教育也一样,应该是在有关运用计算方法与策略解决问题的过程中来进行。图 4.6 显示了计算思维教育的内容分类。

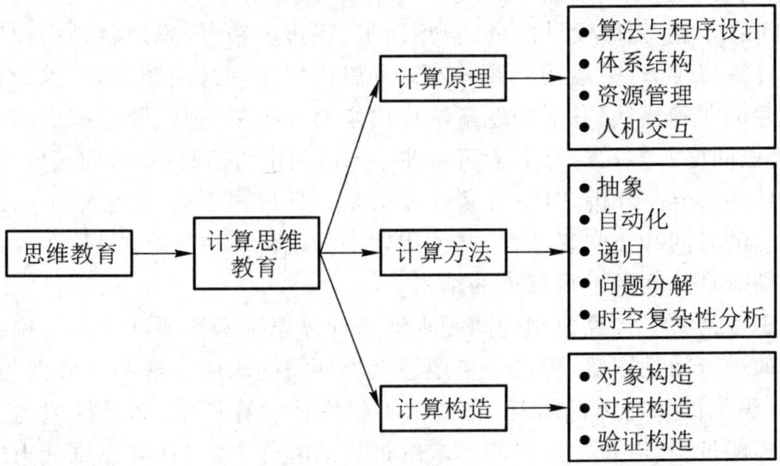

图 4.6 计算思维教育内容分类

从计算学科、计算机及相关计算装置的原理分析、设计制造角度,计算思维教育可以从以下四个方面来分类。

(1) 算法与程序设计。在算法与程序设计中,最容易感受到计算模型的原理和工作过程,体会计算思维的本质。从程序执行的过程,我们可以感知机器计算是构造的,是自动的,是通过确定的、有限步完成问题求解的核心思想。

(2) 体系结构。体系结构是从计算机或其他计算装置的内部结构及逻辑关系维度来展示计算思维。其中,硬件与软件的分工原则,快速的中央处理机与慢速的外部设备的配合策略,都是计算思维的具体呈现。

(3) 资源管理。把各种能计算的装置都看作是资源,操作系统就是资源的“大管家”。从资源视角看计算思维,各种权衡策略、各种调度策略不仅可用于计算系统,也适用于人类的其他行为。

(4) 人机交互。当我们把计算机看作是一个“黑盒”,我们的关注点就在于人机交互。人机交互的计算思维体现在如何为人运用计算机提供最大的方便这样一种思想和策略。在计算机操作界面设计中的容错思想就是其中之一。

从计算机学科方法论角度,计算思维教育可以按以下五个方面来分类实施。

(1) 抽象。抽象是科学研究的重要手段,也是计算思维的本质。在计算科学中,抽象是强有力的工具和方法,例如图灵机与有限自动机就是对计算的高度抽象。在编译系统中,形式文法是一种重要的抽象工具,有了它,才能够把握词法分析和语法分析等问题的本质,发现其中规律,最终形成一系列的自动分析方法。

(2) 自动化。自动化同样是计算思维的本质,自动化的思维方法不只是体现程序设计领域,自动化也是所有计算装置追求的目标。

(3) 递归。运用递归思维解决复杂的问题,通常是对问题进行逐步化简,最后得到了一个规模非常小、非常简单、更容易解决的类似问题,将该问题解决后,再逐层解决上一级问题,最后解决了较复杂的原始问题。

(4) 问题分解。程序设计中的“自顶向下、逐步求精”的思想就是一种典型的问题分解的计算思维方法。运用问题分解这种思维方法进行问题求解,首先必须作出对问题本身的明确描述,并对问题解法作出全局性决策,把问题分解成相对独立的子问题,再以同样的方式对每个子问题进一步精确化,直到获得对问题的明确解答。

(5) 时空复杂性分析。时空复杂性分析是一种权衡策略,教会学生如何比较不同解决方法的时间和空间复杂性,并使用较小的代价解决实际的问题,这正是在具体实践中结合具体问题进行权衡的结果。

计算思维是基于计算模型的问题求解, 计算思维必然要涉及怎么构建计算环境以及如何进行问题求解,更进一步地怎么验证问题求解方法的有效性与正确性。因此,计算思维的核心方法就是“构造”,不仅构造计算环境,而且构造基于计算环境的问题求解过程,以及构造对问题求解过程的验证方法。计算思维能力的重要表现就在于培养其构造能力。

以此来分类,我们可以把计算思维教育分为以下三类。

(1) 对象构造。对象构造是面向计算过程中的各种对象,例如,指令、硬件系统、数据组织、程序函数/组件、系统软件等,涉及概念和形式化模型、演化、抽象层次。

(2) 过程构造。过程构造是基于对象的计算形态的构造,例如指令的执行、算法、计算资源调度、分布式处理、软件工程等,涉及绑定、按空间排序、按时间排序、重用、折中和结论。

(3) 验证构造。验证构造则是针对前述两个构造的有效性分析,包括测试与分析、系统安全性、可靠性及对社会的影响等。涉及大问题的复杂性、一致性和完备性、效率、安全性。

总之,计算思维反映了计算学科最本质的特征和最核心的方法。计算思维是一种不同于数学思维、工程思维、逻辑思维的思维方式,具有其独有的特征。数学思维注重对象以及对象之间的关系;逻辑思维注重关系以及推演;工程思维注重工程的过程以及方法;而计算思维则注重计算的状态及其状态的演化过程。计算思维教育具备其他课程教学无法取代的教育意义。

四、渗透计算思维的教学方法

思维教育的核心理念是培养聪明的学习者，教学者不仅要教会学习者如何解决问题,也要教会他们发现值得解决的问题。教学者要为学习者提供足够的思维空间,设法激励和引导学习者自主学习、发现问题并继而解决问题。在具体的思维教学过程中,学习者是教学的中心,是以提高思维能力为目的。学习者在思维活动中学习,同时也学习思维本身,两个过程是相辅相成的。良好的思维能力是取得成功的关键。思维教学的模式是将思维训练融合在教学的各个环节当中,符合思维训练与学科教育的统一性,即学科知识与思维能力互相促进、共同提高。

教学方式是在一定的教学思想指导下,围绕着教学活动中的某一主题,形成相对稳定的、系统化和理论化的教与学的范型。计算思维就是运用计算机科学的基本概念去求解问题、设计系统和理解人类的行为,它包括了涵盖计算机科学之广度的一系列思维活动。学会计算思维,是信息社会中创新的需要。科学的探究需要有高效思维的正确引导,要培养出具有创造性的人才,我们在思想方法上就必须摆脱传统教学的偏见,让学习者运用高效的思维去思考。随着计算思维教育逐渐被广大的教育工作者所接受,对渗透计算思维的教学方法的研究与实践也日益增多。特别是对于计算机学科的教学领域，研究与探索渗透计算思维的教学方式尤其有现实意义。下面介绍若干种用于计算思维教育的教学模式。

1. 探究式教学模式

探究式教学，是指学生在学习概念和原理时，教师只是给他们一些事例和问题,让学生自己通过阅读、观察、实验、思考、讨论、听讲等途径去独立探究,自行发现并掌握相应的原理和结论的一种方法。它的指导思想是在教师的指导下,以学生为主体,让学生自觉地、主动地探索,掌握认识和解决问题的方法和步骤,研究客观事物的属性,发现事物发展的起因和事物内部的联系,从中找出规律,形成自己的概念。

基于计算思维的探究教学模式不仅是计算思维的培养方法、应用方法,也是探究教学模式的进一步提高和升华,有利于帮助教师提高教学效率、挖掘学生潜能。探究教学模式是在教学过程中,要求学生在教师指导下,通过以"自主、探究、合作"为特征的学习方式对教学内容中的主要知识点进行自主学习、深入探究并进行小组合作交流,从而较好地达到课程规定的认知目标与情感目标要求的一种教学模式。认知目标涉及与学科相关的知识、概念、原理的理解与掌握;情感目标则涉及感情、态度、价值观及思想品德的培养。探究教学模式既重视发挥教师在教学过程中的主导作用,又充分体现学生在学习过程中的主体地位。

牟琴女士在论文"基于计算思维的探究教学模式研究"中,提出了一种基于计算思维的探究式教学模型,如图 4.7 所示。该模型将教学分成教师活动、教学过程、学生活动三个部分,教师基于计算思维,运用教师的一系列教学手段和方法,引导和启发学生进行问题的思考和解决。整个教学过程通过一系列基于计算思维的探

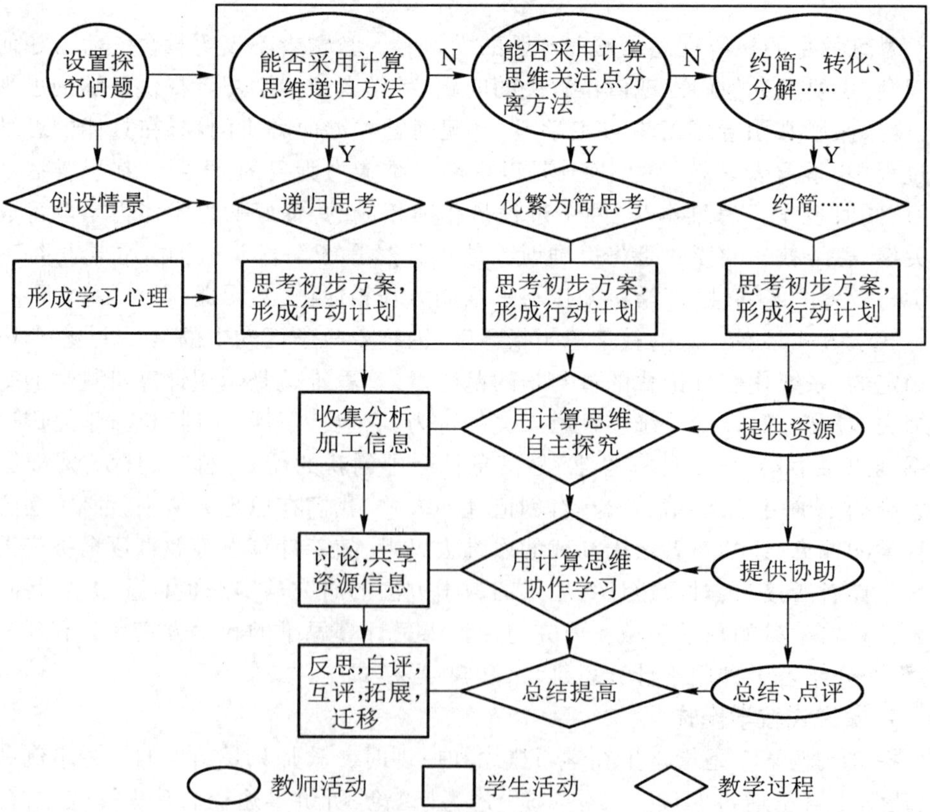

图 4.7 探究式学习模式

究性问题展开。教师首先创设教学情境、提出探究性问题，以此调动学生的学习积极性、激发其学习动机。然后启发学生通过计算思维的方法(递归，关注点分析，抽象和分解，保护、冗余、容错、纠错和恢复，利用启发式推理寻求解答，在不确定情况下的规划、学习和调度等)来解决问题。当学生掌握这一思维方法以后，教师再启发学生运用所学方法自主探究地解决更深层次的问题，并通过小组合作的方式运用计算思维达到知识巩固和迁移的目的。

探究式学习模式实施步骤如下。

(1) 深入挖掘课程教材，提出探究式问题。依据探究式教学模式，第一步的关键是教师设置基于计算思维的探究性问题。作为教师，设计探究性问题首先要能吸引学生的注意力，并仔细分析各种例子的代表性、应用性和兴趣性。例子要具有计算思维特征，使学生在兴趣中，从思维层面接受新知识。

(2) 运用计算思维的各种方法，启发学生思考。依据探究式教学模式，第二步的关键是教师运用计算思维的各种方法，启发学生也运用计算思维的方法思考解决问题。在这一步骤中，学生根据教师提出的问题，思考解决问题的方法。发挥主导作用的教师要把控课堂，适时为学生提供帮助，运用计算思维的各种方法启发学生，提供学习策略上的引导。

(3) 实时提供资源，帮助学生自主探究学习。依据探究式教学模式，第三步的关键是教师提供学习资源、方法等，启发学生运用计算思维的各种方法，自主探究更深层次问题的解决方法。在掌握了前面所学的技巧和方法之后，学生此时已经能够灵活运用所学知识进行该类问题的求解。教师需要尊重学生的个性发展，继续启发学生思维，让他们主动、积极地进行自主探究学习，使其能举一反三，在“学中做”过程中进行思维训练，让学生在思考中学习，在学习中运用新的方法破解难题，培养学生分析问题、解决问题的能力，锻炼学生数学建模能力，巩固知识的同时拓展技能和技巧。

(4) 提供协助，让学生小组协作运用计算思维解决问题。依据探究式教学模式，这一步的关键是教师提供问题解决的工具、协作策略的指导等，让学生小组协作讨论、共享学习资源、内化知识和学习方法，建构自己的学习框架，同时体验所学的知识，达到巩固并迁移知识的目的。

(5) 总结拓展。依据探究式教学模式，总结拓展步骤的关键是教师进行问题的点评、总结，提出拓展性问题和迁移性知识等，让学生运用所学方法讨论、反思、互评、迁移、拓展知识。

2. 任务驱动教学模式

所谓“任务驱动”就是学生在教师的帮助下，紧紧围绕一个共同的任务活动中心，在强烈的问题动机的驱动下，通过对学习资源的积极主动应用，进行自主探索和互动协作的学习，并在完成既定任务的同时，引导学生产生一种学习实践活动。

所以，任务驱动教学就是任务、教学者、学习者三者之间相互作用的结果，整个

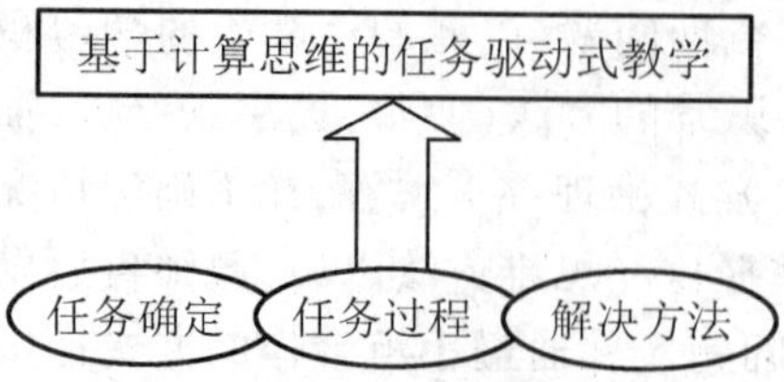

图 4.8 任务驱动教学模式建构依据

教学过程由“任务”为主线，将教学者和学习者联系起来。基于计算思维的任务驱动教学则以确定任务为核心，以培养学习者运用思维方法完成任务为准绳，需要学习者在完成任务的过程中实施科学思维的方法解决问题。因此，如图 4.8 所示，应该从任务的确定、任务过程、解决方法三个方面构建基于计算思维的任务驱动式教学模型。

通常，任务驱动教学的基本环节有：

(1) 创设情境，使学生的学习能够在与现实情况基本一致或相类似的情境中发生。

(2) 确定任务，在创设的情境下，选择与当前学习主题密切相关的真实性事件或任务作为学习的中心内容，让学生面临一个需要立即去解决的现实问题。

(3) 自主学习、协作学习，由教师向学生提供解决该问题的有关线索，强调发展学生的“自主学习”能力。

(4) 效果评价，对学生是否完成当前问题的解决方案的过程和结果以及对学生自主学习及协作学习能力这两方面进行评价。

以计算思维能力培养为目标的任务驱动式教学模式，强调运用计算机的概念来认知问题、建立模型、解决问题，在教学环节中关注以下几方面。

(1) 基于计算思维的教学任务设计。

在任务驱动式教学中，用于驱动学生学习的“任务”的设计至关重要，“任务”设计的理念和效果将直接影响教学效果。传统的任务设计往往陷入极端，任务设计得太容易或太难；任务设计得太详细或过于简单，都不利于任务式驱动教学的有效开展。基于培养学生计算思维的任务驱动教学法的任务设计强调以下三点。

首先，任务设计要考虑实施任务的学生及其计算思维的培养。教师作为任务的设计者，要明确教学内容所涉及计算思维的内容，结合学生的特点，在系列任务的设计、难易程度的选择、实施进度等方面，做到以“学生为中心”和以“培养学生计算思维能力为中心”。

其次，任务设计要有较强的针对性。与传统的任务驱动教学法不同，不仅仅是为特定的任务解决特定的问题，更重要的是对于特定的问题，运用计算思维中的哪些方法去解决。这不但要求教师引导学生在总体要求的框架上如何用计算思维解决问题，而且在把目标分解成小的“任务”时也要引导学生采用计算思维来解决问题，同时注意引导学生联系计算思维知识点之间的关系。

第三，任务设计要注意计算思维中相关知识的重点和难点。运用计算思维解决学科的相关问题是一个逐步积累的过程，任务设计时要考虑哪些计算机学科的概念是学生已熟悉的、哪些是新的概念以及它们在相关课程解决问题的实例等。同时要注意任务设计的大小，所包含的计算机学科概念的多少及其前后的联系等因素。

(2) 基于培养学生计算思维的任务实施。

好的教学任务设计只是万里长征的第一步，教学效果的好坏最终还是由教学任务的实施效果来决定的。教学任务的实施过程就是学生在任务驱动下的学习过程。与传统的驱动式教学模式不同,基于培养学生计算思维的任务实施强调一开始从思想上让学生认识到计算思维在实施任务过程中的重要性，除了从教学方法的介绍、教学任务的总体情况等方面使学生对自己的学习任务有一个总的认识,同时要求学生在任务实施过程中应当运用计算思维中的哪些相关概念方法来解决问题,并启发学生运用这些方法可以解决专业中的哪些问题,让学生感受到自己获得的是方法,而不是知识,从而激发学生的学习热情,改变学生被动学习的状况。

在任务实施的过程中,教师与学生要积极交流,学生要把碰到的困难,特别是在运用计算思维解决问题时所受到的困惑反映给教师，而教师要及时地通过学生反映的情况了解任务实施的情况,及时帮助学生解决问题并调整教学任务。教师在任务实施的过程中不要对如何完成任务做过于详细的讲解，应当把精力放在帮助学生正确理解计算思维涉及的相关概念、方法以及对任务实施的监控等方面。

(3) 教师角色和思维的转变。

在以培养学生计算思维能力为目标的任务驱动式教学模式中，教师的角色不仅是教学任务的设计者、任务实施的指导者和监督者,还是计算思维的普及者。其责任有三个方面:一是课前教师要有针对性地进行教学任务设计,特别是注意涉及计算思维运用的教学内容的设计;二是课堂上教师要引导学生完成任务,在该过程中不仅要引导学生学习知识、培养其自主学习的能力去解决任务中的特定问题,而且要注重引导和培养学生掌握计算思维及运用计算思维解决学科问题的能力。三是做好考核和总结,针对任务的设计,教师应当采取恰当的考核办法考核学生完成任务及其计算思维运用的情况。教师要改变传统的观念,不能仅以完成任务为考核的唯一目标,要注重学生是否真正掌握了计算思维的运用,能否做到触类旁通,同时,教师要及时总结和点评学生完成任务的情况。

3. 实验教学模式

在计算机学科的教学中,实验课是一种很重要的课堂教学形式。无论是硬件设计,还是软件编程,都需要在实验室或机房中完成,需要经历设计、操作、验证等学习环节。

改变传统的课堂教学模式，从单纯性的课堂理论教学转入互动式机房实践教学,以“自主体验”的方式展开课堂教学内容,可以利用有限的学时,使学生充分领会计算思维的基本思想与方法,提升运用计算机求解实际问题的能力。在实验课的教学环节中,也要体现“以学生为中心”的教学理念,以计算思维训练为目的,精讲多练;以案例为线索,采用“讲练结合,边讲边练”的教学手段,融合知识重点。

以程序设计为例,有四种典型的实验教学模式。

(1) 模仿型实验。

模仿型实验是学习者采用“临摹”手段来体验编写程序的过程。对于学写程序而言，可以像小时候学写字时的“描红”一样，首先将现有的案例程序读懂，然后尝试着写出类似的程序。通过模仿型实验的训练，达到初步认识程序的目的。

模仿型实验的构建原则是：教师通过“案例”介绍基本语句和语法，学生经过举一反三的练习学习编程的方法和技巧，学会用程序设计思维方式分析和解决问题。构建模仿型实验主要针对简单程序的体验学习。

(2) 验证型实验。

对于程序设计的初学者来说，验证型实验是一种最直接、最有效的体验方式。当学生还对程序“懵懂不清”的时候，通过验证型实验，可以为他们开启程序设计的大门。通过验证型实验的训练，学生尽快学会并建立起程序设计的思维方式，了解编程基本思路和方法，掌握基本语句的使用及程序的执行过程。

验证型实验的构建原则是：根据案例提出的问题，教师通过分析问题提出解决方案，并给出全部程序代码及测试数据，由学生对程序进行编译运行，观察并验正运行结果。构建验证型实验主要针对基本语法、语句及程序基本结构的体验学习。

(3) 改装型实验。

改装型实验是学习者独自解决实际问题的开始。学生对较复杂的问题进行解析，将已学的知识、算法和技能进行重新组合，寻求解决问题的具体方法。通过改装型实验的训练，学生在巩固已学的知识的同时提高了综合应用知识的技能。

改装型实验的构建原则是：教师让学生针对“案例”提出的问题进行分析并提出解题方案，并引导学生用已掌握的算法和技巧为较复杂的问题搭建出解题方案。改装型实验主要是针对常用算法和复杂程序的体验学习。

(4) 独创型实验。

独创型实验是构建思维教学空间的关键环节。要培养聪明的学习者，就要给学生提供足够的思维空间，设法激励和引导学生自主思维，并加强综合训练，扩展学生思维发展的学习空间。

独创型实验的构建原则是：教师提出实际问题及具体要求，引导学生正确地思考，并通过对问题的分析和讨论设计出恰当的数据结构及解题算法，最后独立完成编码及程序的调试。

程序设计是实现计算思维的一种手段，程序设计课程的教学重点是帮助学生获得解决问题的途径与经验。实验教学要体现“以学生为中心”的教学理念，通过学生自我体验有助于引导学生正确的思维，使学生由被动接受知识变为主动获取知识，自我发展，成为一个聪明的学习者。在教学中，教师应加强对计算思维能力的培养，使学生学会用程序设计的方式进行思考，给学生提供足够的思维空间，设法激励与引导学生去思维，主动去获取和建构知识，使学习变得轻松、高效，教学效果得到真正提高。

第三节　计算思维教育实践

计算思维是当前国际、国内的计算机科学界、哲学界、教育学界关注、关心的重要课题，计算思维教育的研究与实践对我国的计算机教育有重要的意义。

计算机是人类创造出来为人类本身的生活、工作等服务的高效智能化科技装置，与数学、物理等传统科学学科不同，它不具备自然界的属性。我们在计算机课程的教学过程中基本上都是从计算机科学基本的数制符号到抽象程序代码进行描述和表达，从计算机的逻辑结构到它的系统结构，从计算机软件到计算机网络，计算机学科的整个知识结构极为复杂。计算机学科又是一个随时都在变化发展的学科，知识点也在不断地更新。从这些特点可以看出，在计算机学科教学领域，思维教育比知识教育更重要。

在第一章第六节，我们阐述了理论、实验、计算三种学科类，理论思维、实验思维、计算思维就是与这三个学科类对应的学科思维。计算思维作为三大科学思维之一，是21世纪人们必须具备的思维能力。计算思维培养应该是计算机学科教学的目标之一，它的目的在于既保证学习者掌握课程知识，又让学习者潜移默化地运用计算思维方法达到解决专业问题、技术问题、生活问题、工作问题，最终内化这种高级思维能力，成为综合型的创新人才。

一、计算机导论课程中的计算思维教育实践

计算机导论是计算机科学与技术专业本科生的一门先导课程。主要讲述计算机科学的特点、历史渊源、发展变化、知识组织结构和分类体系。通过该课程的学习，使学生了解计算机科学的意义、内容及研究方法；了解算法、数据存储、计算机硬件基础、操作系统、网络、程序设计语言、数据结构、软件工程、数据库、信息安全等领域中的基本概念；形成基本的计算机实验与应用能力。

计算思维是建立在计算过程的能力和限制之上，不管这些过程是由人还是由机器执行。计算方法和模型使我们敢于去处理那些原本无法由个人独立完成的问题求解和系统设计。作为计算机专业的先导课程，计算机导论课程中渗透计算思维，是实现计算思维教育的有效途径。周以真教授倡导计算思维教育，提出为大学新生开设一门称之为“怎么像计算机科学家一样思维”的课程，即以计算思维为基础的计算机导论课程。

周教授在卡内基梅隆大学开设课程的提纲

1. 计算领域的宏大视野

主要内容：计算思维将是21世纪中叶所有人的一种基本技能，这种技能就像今天人们普遍掌握的3R(阅读、写作和算术)技能一样；到那时，我们每个人都能像

计算机科学家一样思考问题。

2. 计算思维中的两个A

主要内容:介绍计算思维中最根本的两个概念:一个是抽象(Abstraction),另一个是自动化(Automation)。这两个A代表了计算思维的本质,反映了计算的最根本问题:什么能被有效地自动进行?

3. 计算思维的表述

主要内容:①计算思维是通过约简、嵌入、转化和仿真等方法,把一个看来困难的问题重新诠释成一个我们知道问题怎样解决的思维方法;②计算思维是一种递归思维,是一种并行处理,是一种把代码译成数据又能把数据译成代码的多维分析推广的类型检查方法;③计算思维是一种采用抽象和分解来控制庞杂的任务或进行巨大复杂系统设计的方法,是一种基于关注点分离的方法;④计算思维是一种选择合适的方式去陈述一个问题,或对一个问题的相关方面建模使其易于处理的思维方法;⑤计算思维是按照预防、保护及通过冗余、容错、纠错的方式,并从最坏情况进行系统恢复的一种思维方法;⑥计算思维是利用启发式推理寻求解答,即在不确定情况下的规划、学习和调度的思维方法;⑦计算思维是利用海量数据来加快计算,在时间和空间之间,在处理能力和存储容量之间进行折中的思维方法。

4. 计算思维的影响

主要内容:介绍计算思维对其他学科的影响,包括对统计学、生命科学、经济学、化学和物理科学等学科领域的影响。

5. 计算思维的特征

主要内容:计算思维的六大特征:概念化,不是程序化;根本的,不是刻板的技能;是人的,不是计算机的思维方式;是数学和工程思维的互补和融合;是思想,不是人造物;面向所有的人、所有的地方。

6. 计算思维在卡内基梅隆大学

主要内容:介绍计算思维在卡内基梅隆大学各学科领域的应用,包含在科学、工程、艺术、社会科学、商业、公共政策、计算机科学、软件工程等学科领域的应用;卡内基梅隆大学计算机科学学院拥有的教员、学生人数等基本情况的介绍;该校计算机科学学院的特色,包括研究的类型、地位,计算机科学中的女性,支持的文化,组织结构,CSD协作网,以及算法与复杂性、人工智能、计算机体系结构、数据库、大规模分布式系统、机器学习等计算机科学的研究领域与应用领域(含大型项目);学位的设置;课程的设置等。

7. 计算机科学中的深层次问题

主要内容:P= NP?什么是可计算的?什么是智力?系统的复杂性指的是什么?

8. 结束语

主要内容:重复第一部分关于计算思维的观点,建议将向全世界所有的人传播计算思维!

由此可以看出,周以真教授提出的"计算机导论"课程已经将有关计算机操作排除在课程之外,该课程强调的是抽象与自动化,以此来反映计算的本质。该课程还花费了大量的篇幅介绍了计算思维对其他学科的影响,以及作者所在学校的特色,而涉及计算机学科的核心知识并不多。该提纲更像是周教授为她所在学校全体新生开设的专门介绍计算思维的课程讲义。

美国其他大学计算机专业在计算机导论课程中会涉及更多的计算机专业知识。布鲁克希尔(J. Glenn Brookshear)教授编写的《计算机科学概论》是一本经典教材,至2011年已出版至第11版本。

《计算机科学概论》教材的主要内容

1. 绪论

主要内容:算法的作用;计算机器的由来;算法的科学;抽象;社会影响。

2. 数据存储

主要内容:位和位存储;主存储器;海量存储器;用位模式表示信息;二进制系统;整数存储;小数的存储;数据压缩;通信差错。

3. 数据操控

主要内容:计算机体系结构;机器语言;程序执行;算术/逻辑指令;与其他设备通信。

4. 操作系统

主要内容:操作系统的历史;操作系统的体系结构;协调机器的活动;处理进程间的竞争;安全性。

5. 组网及因特网

主要内容:网络基础;因特网;万维网;因特网协议;安全性。

6. 算法

主要内容:算法的概念;算法的表示;算法的发现;迭代结构;递归结构;有效性和正确性。

7. 程序设计语言

主要内容:历史回顾;传统的程序设计概念;过程单元;语言实现;面向对象程序设计;程序设计的并发活动;说明性程序设计。

8. 软件工程

主要内容:软件工程学科;软件生命周期;软件工程方法;模块化;行业工具;质量保证;文档编制;人机界面;软件所有权和责任。

9. 数据抽象

主要内容:数据结构基础;数据结构的实现;定制的数据结构;类和对象;机器语言中的指针。

10. 数据库系统

主要内容:数据库基础;关系模型;面向对象数据库;维护数据库的完整性;传

统的文件结构;数据挖掘;数据库技术的社会影响。

11. 计算机图形学

主要内容:计算机图形学的范围;3D 图形的概述;建模;渲染;处理局部照明;动画。

12. 人工智能

主要内容:智能与机器;感知;推理;人工神经网络。

13. 计算理论

主要内容:函数及其计算;图灵机;通用程序设计语言;不可计算的函数;问题复杂性;公钥密码学。

在国内,许多高校都在积极开展计算思维的教学研究,重新审视与梳理计算机导论课程,基础思想都是围绕使用计算手段求解问题的全过程来规划教学内容。陈国良院士主编了教材《计算思维导论》,以代替传统的计算机导论教材,并在南方科技大学和深圳大学开展教学实践。

《计算思维导论》教材主要内容

1. 计算思维基础知识

主要内容:计算思维各种定义;计算思维的详细描述、特征和本质;计算思维在不同学科中的应用。

2. 计算理论与计算模型

主要内容:计算概念;计算理论;计算模型和停机问题;计算科学的数学基础。

3. 算法基础

主要内容:算法的起源、定义、特征和描述方法;常用算法设计方法;算法的性能评价和分析方法。

4. 程序设计语言

主要内容:程序设计语言的发展历史、分类以及各种代表性语言。

5. 计算机硬件基础

主要内容:数据及转换;数据的存储与表示;布尔逻辑与门电路;计算机硬件组成;计算机网络。

6. 计算机软件基础

主要内容:计算机软件基本概念;操作系统;办公软件;数据库;数据挖掘;软件工程;人工智能;神经网络。

7. 计算文化与计算机职业道德教育

主要内容:计算文化;网络文件;计算机职业道德;计算机伦理;计算机知识产权;网络隐私;计算机犯罪。

二、大学计算机基础教学的计算思维教育实践

“大学计算机基础”课程是本科生进入大学后首先学习的计算机课程。近年来,

许多高校都把该课程列为必修的公共基础课程之一。课程的名称很多,有称作计算机入门,也有称为计算机文化等,但实际上,内容基本上是相关领域知识的浓缩版,压缩在一起,网络讲一点,人工智能、数据库也讲一点,实际效果并不好,学生的学习兴趣也不大。

大学计算机基础课程还存在一个问题,就是"狭义工具论",也就是认为计算机基础教学就是教学生怎么将计算机作为工具使用,这种现象在文科类的教学中更多一些。这种教学观点在计算机技术和操作尚不普及的时候有实际意义,但随着计算机应用的普及和基础教育在信息技术教育方面投入的增加,"狭义工具论"的实用价值越来越小。

应该说,大学计算机基础课程教学在实现大学教育目标方面起着非常重要的作用。表现在:计算机不仅为解决专业领域问题提供有效的方法和手段,而且提供了一种独特的处理问题的思维方式;计算机及互联网提供了极其丰富的信息和知识资源,为终身学习创造了广阔的空间以及良好的学习工具;学生普遍掌握互联网和办公软件的使用方法,为提高交流表达能力和团队合作能力打下了基础;提升了学生在信息社会里的道德规范与社会责任感。

2010年7月,首届"九校联盟计算机基础课程研讨会"在西安交通大学举行,会议就如何在新形势下提高计算机基础教学的质量这一核心问题展开讨论,并形成了一系列共识,发表了"九校联盟计算机基础教学发展战略联合声明"。声明的核心要点是:必须正确认识大学计算机基础教学的重要地位,需要把培养学生的"计算思维"能力作为计算机基础教学的核心任务,并由此建设更加完备的计算机基础课程体系和教学内容,为全国高校的计算机基础教学改革树立标杆。

1. 计算机基础课程的改革理念

联合国教科文组织国际21世纪教育委员会针对大学教育提出了要教学生"四会",即学会认知(learn to know)、学会做事(learn to do)、学会做人(learn to be)、学会共处(learn to live together)。因此,大学教育最主要的目标还是学生综合素质与能力的培养。教育部高等学校计算机基础课程教学指导委员会提出了大学计算机基础教学四个方面的能力培养目标:

(1) 对计算机的认知能力。掌握计算机、网络及其他相关信息技术的基本知识和原理;理解计算机分析问题、解决问题的基本方法;具备在实际应用中综合应用这些知识的能力,具有判断和选择计算机工具与方法的能力。

(2) 应用计算机解决问题的能力。能有效地掌握并应用计算机工具、技术和方法,解决专业领域中的问题。

(3) 基于网络的学习能力。熟练掌握与运用计算机与网络技术,能够有效地对信息进行获取、分析、评价和吸收。

(4) 依托信息技术的共处能力。掌握与运用计算机与网络技术,能够有效地表达思想,彼此传播信息、沟通知识和经验;掌握基于信息技术的团队协作方式;充分认识互联网的参与性、广泛性和自律性，自觉遵循并接受信息社会道德规范的约束，并自觉承担相应的社会责任。

从这些目标中可以看出，计算机基础教学不仅是大学通识教育的重要组成部分，更在大学生全面素质教育和能力培养中承担着重要的作用。以计算思维为核心的计算机基础课程教学改革，将实现计算思维与大学计算机基础教育的融合，给计算机基础教学工作者一种新的视界和思考。对于接受计算机基础教育的学生而言，在未来的工作和生活中有大量的机会接触和应用计算机，培养计算思维能力，有助于应对未来各种应用环境的瞬息万变，建立一种长期的可持续发展的计算机技术应用能力，也有利于促进其专业领域的发展。

目前，不少高校从教学内容、实验设计、教学资源、课程考核标准等方面开展了基于计算思维的大学计算机基础课程的改革，教学改革的中心是以构建个人可持续发展的计算机应用能力为理论基础的计算思维能力的培养。

(1) 教学内容。

“大学计算机基础”课程的很多内容都对计算思维提供了很好的诠释和生动的案例。在教学内容的组织上，首先归纳出知识单元，然后梳理出知识单元中所涉及的计算思维内容，要求教师改变传统单一知识讲述的教学方法。在传授知识的过程中，引出思考点，将知识传授转变为基于知识的思维传授，讲授可见的、可以实现的思维，凸显计算思维能力的引导。例如，讲授计算机系统组成时，介绍图灵机模型思想；讲授操作系统时，介绍进程控制、存储管理等引出的思维；讲授计算机网络时，介绍协议、约定引出的思维；讲授数据模型时，介绍关系引出的思维；讲授信息安全时，介绍验证码的产生和它引出的思维。

(2) 实验设计。

传统教学策略在设计实验内容时，更多的是增加学生的感性认识和培养上机实验动手能力，缺少趣味性和综合性，忽视了计算思维能力的培养。由于大学生对新鲜事物好奇，有着丰富的想象力，因此，实验内容设计要尽量趣味化，贴近生活，给学生留出创新思维的空间，强调问题抽象、求解思路和形式化描述。在实验内容设计时，除要求学生完成一般基本的题目，还应适当给出一些综合性的题目，让学生带着思考做实验，以给学有余力的学生创造更多的学习机会。

(3) 教学资源。

随着信息技术尤其是网络技术的不断发展和成熟，大学生除了在图书馆、阅览室等处学习之外，还迫切需要更为开放的资源环境。因此，如何将分散、无序、多样性的各种教学资源整合起来，建立便于检索、内容丰富、门类齐全的教学资源库，为教师的教与学生的学提供丰富可靠的信息资源支持，成为推动信息技术走进课堂、服务教学的关键。

教学资源建设所要解决的一个本质问题，就是如何为学习者提供全面的支持服务，建立起科学的学习支持服务体系。开放式教育是一个全新的教育领域，学习支持服务系统的建设为学生的个性化学习带来可能，运用计算思维的关注点分离方法,化繁为简,合理筛选资源信息,充分发挥教师的指导和调控作用,建立教与学之间的信息沟通渠道。建设网上学习中心、教学资源共享平台、精品课程平台等,都是有效地提供课程的教学资源的方式。学生在学习中遇到问题,可以很方便地通过访问这些共享的资源来解决学习中的问题,提高学习的效率。教师可以利用这些平台,为学生提供丰富的辅助教学资源。

(4) 课程考核标准。

课程的考核标准,应该体现大学计算机基础课程在高等教育中的基础性地位。其中,对于技能性要求的内容,要求学生必须达到考核标准,具备在信息化社会中熟练使用和操作计算机的能力，这些技能型知识的学习通过大学计算机基础实验课程来完成。对于思维性训练的教学内容,则应该精心设计考核内容,检验学生通过课程的教学获得了哪些思维方法,检验学生抽象问题、解决问题的思路。

2. 计算机基础课程内容设计

大学计算机基础课程主要讲授计算机系统平台、信息处理、计算机网络、程序设计基础、数据库基础等领域的基础知识与基本技术。课程的培养目标要求学生不仅掌握计算机科学与技术的基础知识，还应初步具备利用计算机分析和解决问题的意识与能力，为学生终身学习以及更好地使用计算机及相关技术来解决本专业领域问题奠定基础。

尽管不同学校的大学计算机基础课程面向不同类型的学习者，在教学内容的设计安排上有所不同,但作为非计算机专业大学生计算思维能力培养,都需要关注以下这些内容：

(1) 基于通用计算平台的思维。包括“计算机是如何工作的”、“程序在计算机中是如何被执行的”等蕴含在计算平台中的基本思维。

(2) 从多门课程中凝练出的共性思维。包括蕴含在不同课程,如操作系统、数据库、计算机网络等课程中的具有普适意义的计算思维。

(3) 将不同方面的知识贯通起来所形成的贯通性的思维。它能打通知识间的屏障,解决术语上的差异、抽象的不同层面等问题,对于提高计算思维能力很重要。

(4) 为各学科计算手段的研发或应用奠定基础的思维。如关于问题求解算法的思维、关于计算平台设计的思维、关于应用新型计算平台的思维等,这对今后适应计算机学习和工作环境很重要。

因此,作为非计算机专业的计算思维能力培养体系,大学计算机基础教学课程应该重视思维性、素养与知识性、技能与实用性相结合。

(1) 思维性。计算思维作为计算机学科的普适思维对各学科学生的创新性培养都是重要的,复合性、创新性人才需要计算机学科的基本思想和方法,大学计算机基础课程要培养这些普适性的思维。

(2) 素养性与知识性。一定的知识与素养是理解并建立起思维的必要条件,知识主要是指与思维相关的知识,素养主要是指信息与信息处理方面的素养。大学计算机基础课程要将思维、知识与素养有机结合。

(3) 技能性与实用性。大学计算机基础课程要培养学生应用计算机的技能,这是指能够利用计算机进行工作的通用能力,而不是指掌握一种或几种软件和技能的培养。

自 2009 年开始,哈尔滨工业大学面向 2009 级非计算机专业(以工学为主)新生开展了大学计算机课程的教学改革。课程的改革不是简单地将名称“大学计算机基础”改为“大学计算机”,更主要的是教学主旨转向了思维性教学,并依据前述理念、内容设计和教学方法开展了教学。

哈尔滨工业大学的“大学计算机”课程提出了“有关计算机的思维”、“应用计算机的思维”和“计算机学科的素养”三个教学方向。

(1) 有关计算机的思维。

- 计算机技术发展路线图蕴含的思维
- 关于 0 和 1 的思维
- 关于程序、指令及其执行的思维
- 关于计算机系统的思维
- 关于操作系统的思维
- 计算机语言发展路线图蕴含的思维(语言与编译器)
- 关于互联网计算的思维(协议与执行器及分层)

(2) 应用计算机的思维。

- 关于信息处理的普适思维(协议、编码器与解码器、分层处理、分离处理的思维等)
- 关于算法类问题求解的思维框架
- 关于系统类问题求解的思维框架
- 关于数据库的思维(聚合信息成库、基于数据库的信息处理与分析)
- 关于互联网应用的思维(信息搜索、发布、虚拟世界与现实世界的交互)

(3) 计算机学科的素养。

- 计算机基本应用素养
- 程序设计与算法的基本素养
- 文章编排的基本素养
- 信息搜索与信息发布的基本素养
- 信息安全的基本素养

哈尔滨工业大学的“大学计算机”课程定位于非计算机专业大学生计算机教育的第一门课程,着力于培养学生的计算思维及信息素养,是一种基础性、素养性课程,而不是流行软件产品的使用培训课程。课程从思维而非细节的角度,使学生对计算机本身及其应用方式有一个全面的了解和理解,为其今后的创新活动打下坚实的基础。

根据“大学计算机”课程的教学方向和课程定位，学校又从思维性教学的角度给出了“大学计算机”课程的教学内容，如图 4.9 所示。该教学内容的设计基于两个出发点：一是计算思维及其牵引的相关知识和基本素养，二是计算机系统(硬件系统/软件系统/网络系统/数据库系统等)及其应用。

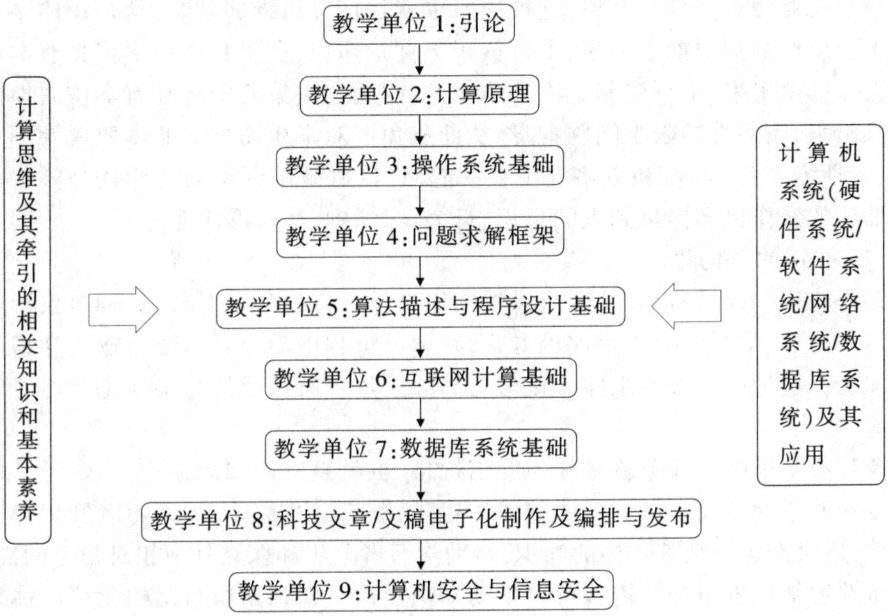

图 4.9 “大学计算机”教学内容

课程分为 9 个教学单元，即引论、计算原理、操作系统基础、问题求解框架、算法描述与程序设计基础、互联网计算基础、数据库系统基础、科技文章/文稿电子化制作及编排与发布、计算机安全与信息安全。课程覆盖了计算思维(思维牵引的知识)讲授和基本素养培养两个方面。如问题求解框架单元讲授算法类问题求解的思维和系统类问题求解的思维；算法描述与程序设计基础单元讲授程序设计语言的基本知识、算法设计与程序设计的基本知识，训练学生程序设计的思维，培养程序设计与算法的基本素养。

课程中的实验内容相对独立，自成系统，包含 13 个单元，如认识和熟悉计算机、操作系统的基本应用、常用外部设备的安装与应用、科技文章的编排、信息检索、信息发布、算法与程序设计、数据库系统语言 SQL 的应用等。每个实验单元包含 4—5 个实验项目，深度、难度分级，从而更好地面向具有不同应用基础的学生。通过实验教学，学生能熟悉计算机硬件及组成，熟悉软件与网络的操作与使用，掌握日常学习与工作的基本技能。

3. 计算机基础课程教学的抽象设计实践

计算思维的本质是抽象和自动化。自动化在程序设计学习领域可以有比较具体和直观的呈现,而抽象的概念本身也比较抽象,在计算机基础课程中能将抽象问题显性化,是十分重要的。

计算思维是将所研究的问题抽象表示为形式化、程序化和机械化的对象,成为可以用于机器做批处理的对象,这种抽象也就是计算思维的精髓。从知识体系中将具有本质属性的知识抽象出来,不再依赖于背景知识;在工具操作中将具有本质属性的操作抽象出来,不再受制于工具功能;在问题解决策略中将具有本质属性的策略抽象出来,而不再局限于问题本身。从而避免了对本质属性和非本质属性不加以区分,将所有知识、操作和策略混淆在一起。计算机基础课程的目标就是要将这种关于抽象的操作机理内化到人的意识、行为、习惯中,从而形成能力。

(1) 知识的结构化。

课程知识、教材知识以及课堂讲授知识是学习者的学习对象,这种对象形成了各种学习内容、学习资源以及评价方式,在学习过程中学习者需要对输入知识进行认知加工,这种由学习者主体直接参与的加工过程所形成的结果才是学习者的知识技能。

课程教学最终的任务就是知识的结构化,也就是所谓知识建构。大学计算机课程建设和改革就是要了解学习者的建构规律,顺应这些规律,为学习者知识建构提供条件,适时推送引领其建构的知识,帮助学习者分析和探究其中相对稳定的部分。

将课程知识重组和结构化可以帮助知识建构。知识重组与结构化可以体现学习者在学习过程中对课程知识的深入理解,对知识点之间、知识单元之间以及知识领域之间的关联,对上下位关系、并列关系以及网络关系有一定的领悟,厘清其关系中的因果性、共存性、共通性、互动性等。

例如,在讲授文字处理 Word 的文档编辑时,在教学中必将涉及许多文本编辑和格式设置的知识点的讲授。表 4.1 罗列了若干知识点。在一些常见的教材和课程

表 4.1　格式文档的知识点体系结构

知识点	菜单选项卡	选项	设置
加注释	引用	脚注	下一条脚注
标题设置	开始	样式	设置各级标题
封面生成	插入	页	选择封面
分节	页面布局	页面设置	选择分隔符/分节符
建立目录	引用	目录	选择目录、插入
建立页眉页脚	插入	页眉和页脚	页眉/页脚/页码

教学中,按照菜单、命令的界面排列位置分别介绍命令的效果,或者按照文本编辑操作分类分别讲授各自的功能。其中的问题就在于分类效果或零散功能的讲授是否有利于记忆和掌握,是否有利于知识的建构和应用,是否有利于抽象与内化。

可以这样设计:以生成一个规范的文件或论文格式为任务,将表 4.1 中的各个子知识点用一个任务关联起来,按照一定的先后顺序,按照一定的因果关系,组成一个完整的知识组织或结构,既凸显了每个子知识点在具体任务中的角色作用以便于记忆,又将这些原本各自独立的知识点重新组织了起来。而最关键的是帮助学习者将很多知识点或某个知识点形成了有意义的知识网络。

(2) 课程知识的可复用性概括。

随着计算机科学与技术的高速发展,工具软件层出不穷,软件功能不断提升。大学计算机基础课程教学内容更新周期越来越短。纵观近 20 年来的课程内容及教材,应用软件的变化,软件性能的变化,操作界面的变化,发生变化的次数已数不胜数。但同时也可以看到有一些基本不变的,像基础概念中的数制和运算、计算机硬件体系结构和软件系统基本构成、应用软件的分类、程序语句结构中的方法以及在数据组织中的队列、栈、树等都是稳定不变的。课程中,像文字处理中的文本基本编辑、文本查找替换、格式设置以及图形表格等对象的操作,尽管方式方法不断改变,但基本功能并没有大的变化。

同时也可以看到,各种文字处理系统,如微软 Word、金山 WPS 等所有具有文字处理功能的系统,都具有上述这些基本不变的功能。对这些在工具进化中稳定不变的功能的理解实际上就是一种对本质属性的抽象。有了这种理解,就可以避免就事论事,避免被动的教与学,避免追着软件走、追着版本走、追着菜单走。人们已经意识到,这种被动的学习虽然也是知识的学习,但脱离了特定的条件,如软件的变更、版本的升级、菜单的更新,就注定造成知识的提前老化。鉴于诸如此类问题,在课程教学中对各种文字处理系统、各种电子表格系统、各种数据库系统、各种程序语言环境等作一定的总体分析,探究可复用知识的本质,其抽象、概括的思维意识会得到训练和提高。

(3) 技术操作与控制。

大学计算机基础课程作为高校基础课程的起始课,是从实践中提炼出来的综合性课程。由于教材的引导以及在教学过程中教师的注意力普遍都在营造操作型课堂,造成教师在教学活动中习惯于下达各种操作口令,操作技能中所包含的动作技能被模仿、被重复、被强化和熟练。在紧张而单调的训练中,学生紧盯屏幕上的菜单和命令,机械地操作着鼠标和键盘,思维逐渐变得迟钝僵化。这种教学方式省时、省力、省脑,教师习以为常,学生司空见惯。但结果是这些从记忆型学习和跟随型操作中走出来的学生,普遍缺乏自主思考、独立面对的能力,在新问题和新技术面前难以产生有效的应对策略。

操作技能中的动作技能的确是要通过练习和实践来掌握,但绝不意味着就是单纯的重复。表4.2列举的是某校计算机基础课程的操作技能教学要求，可以看到，表中所列的每个技能点都由多个知识点或有关操作组成，同样也可由它们替代和分别实现，至少可以达到同样的目的。例如，在Word中不使用模板技术，通过一次次地做各种设置也可以达到相同的效果；在PPT中不使用母版技术，通过手工设置也可以达到应用的效果。但是，Word中模板技术的使用，如果仅仅停留在设置模板的操作技能和步骤上，仅仅做一些机械的、重复的操作练习，其教学效果肯定也是机械和死板的。如果减少模板设置的重复练习，引入Word模板技术的应用背景，是否可以采取使用模板技术的效果比较以及模板的核心技术点的讲授，使学生站在设计模板的角度认识模板技术，将动作技能转换成更高级的技能。

表4.2 操作技能教学要求(部分)

技能点	教学要求	练习要求
信息检索中使用多关键字、逻辑算符	选讲	必做
使用专业网络数据库	选讲	选做
硬盘合理分区	必讲	无
Word中使用模板	选讲	选做
PPT中使用母版	选讲	选做
Excel中使用函数和逻辑表达式	必讲	部分选做

因此，在教学中单纯讲授和练习动作技能，尽管学习者可以掌握此操作本身，但这种技能只有“技”的成分，而没有“能”的成分，不能达到熟能生巧，更不能将一般的动作技能上升为高级技能。由于高级技能是在一般应用技能之上的带有一定技巧和难度的高级使用，是通过学习主体思维加工后的具有更高操作技能要求的动作技能，所以不仅要有操作练习，还应当有教师的引导，因为教师的点化是可以起到点睛之功效的。

教学中的应用案例为这种技能方法综合运用提供了很好的范例。对于操作技能特点突出的案例进行教学，首先选择一个任务(或技能点)，然后明确以不同形式表现出的操作对象和操作目标，在任务目标驱动下比较各种技术方案，优选最理想的，进而设计最合理的技术路径，聚焦最关键的控制环节，并以高效的操作方式、方法完成任务。与此同时，也应当归纳总结各种不同方案的共同之处，认清各种方案的本质属性，这就形成了逻辑技能；分析各种方案的差异之处，发现其优劣，择其优者，这就形成了技艺技能。教学实践表明，运用恰当的综合案例将涉及的操作技能有序合理地运行，对操作控制能力的实际提升是行之有效的。

三、程序设计教学的计算思维教育实践

尽管在现代计算机还没有发明出来的时候就已经有了计算思维，但确实是在计算机普及应用的今天，计算思维才被越来越多的专家、学者所关注和重视。尽管计算机科学的许多领域都与计算思维相关联，但在算法与程序设计方面，计算思维的体现最密切，也最直观。

1. 算法设计与计算思维

算法设计中的每一种策略作为问题求解方法，可应用于多个领域，具有明显的计算思维特征。对若干典型算法设计策略在问题求解上的通用性讨论，揭示其所体现的计算思维内涵，可以加深对算法思维的理解，也有利于算法思维教育的实现。

(1) 贪心策略。

假如商场搞促销活动，允许你带一个规定大小的背包进入商场免费拿取任意的商品(见图 4.10)，这是经典的背包问题。你可以预先将所有的商品按价值从大到小排列，然后依此顺序装包。无奈你的背包是限重的，价值高的商品可能很重，先装价值最高的商品，可能导致你装的商品很少，而总价值反而不高。一种方法是以价格/重量的比率排序，以价格/重量比从高到低为序将商品装入背包，从而希望装入背包的商品总价值最高。这种每次价值最大或价格/重量比最大为依据装包的思想就是贪心策略。

图 4.10　背包问题

贪心策略的基本思想是把求解问题的任务分解为若干个步骤，但算法在每一步骤的决定可能是“短视的”，即该步骤所采取的行动或者选择是局部最优而非全局最优。尽管对于一些问题通过每一步的局部最优选择可以得到全局最优解，但对许多问题并非如此。在实际问题求解中，即使不能得到最优解，仍可以选择使用贪心策略，原因是该策略常常可以给出可接受的问题解。

贪心策略是最接近于人类日常思维的一种问题求解策略，已在人类生活的各个领域得到广泛的应用。例如，公司雇人要雇最能干的人，大学招生要招最好的学生，世界小姐的选举也是这样，在规定范围内不断地比较，选择最符合要求的人选。该策略最突出的优点是效率高，方案容易实施。从计算思维的角度，贪心策略为我们提供了如下方法指导：首先，以当前和局部利益最大化为导向的问题求解策略简单易行，具有广泛的适用性，特别是在复杂的环境中，当其他方法都失效的时候，该策略往往可以正常地发挥作用；其次，以短视的、急功近利的方式解决问题，往往以整体利益的损失为代价。为此，在采用贪心策略求解一个问题之前必须充分估计由此所带来的损失，在问题求解效率和解的质量之间进行适当的折中。

(2) 分治策略。

分治策略求解问题的基本思想是把一个问题分解为若干与原问题同结构的、但规模较小的子问题,然后以递归的方式求解这些子问题,并通过合并子问题的解得到原问题的解。分治策略的一个要点是子问题与原问题结构相同,因此子问题也同样可以利用分治策略进行求解。

分治策略是解决工作和生活中常见问题的一种基本方法，在第三章我们作为工程方法的一种也作过阐述。从计算思维的角度,分治策略提供了如下通用思维方法:在实践中,我们通常会掌握一些简单或者规模较小的问题的求解方法,或者这些小规模问题的解是直观的、易知的,这时可以采用分治策略重复使用这些已有的知识,来求解复杂的大规模的问题。具体来讲,面对难以处理的复杂问题,通常可以通过把问题分解转化为相互之间具有一定联系的、其解决方法已知的子问题,通过合并子问题的解得到原问题的解。该思想方法在组织管理和军事等领域得到广泛的应用,例如,人类社会组织中的分级管理,就是通过把规模庞大的人群的管理分解转化为若干规模较小的人群管理的办法来实现的。

(3) 动态规划。

动态规划是一种有效的组合优化问题求解技术，其基本思想源自分治策略的启发,与贪心策略正好相反。该方法隐含地搜索所有可能的解空间,通过把问题分解为一系列的子问题,由子问题的解逐步建立起规模更大的子问题的解。与分治策略相比,动态规划策略中的子问题之间具有密切的联系。子问题的计算顺序必须保证后面计算的子问题的解可从前面已计算其答案的子问题的解获得。

用动态规划解决问题首先要有效地找出子问题，可以通过这个子问题推导得出原问题的解,通常子问题的实质是和原问题相同的,只是规模上的缩小,也就是说子问题和原问题可以有相同的表示形式,问题可通过不断地缩小规模(一般都会有一个界限)能找到子问题的解。

在图 4.10 所示的背包问题中,要求是能用背包带走的物品的价值最大。定义 $m[i,w]$为:用第 1,2,3,…i 个商品装入质量≤W 的背包的最大价值。则 $m[i,w]$的取值情况分析如下:

① $m[0,w]=0$,背包的质量为 w,里面没有物品,所以它的价值为 0;

② $m[i,w]=0$,背包质量为 0,所以里面无法装东西,不论前面的 i 是多少,总价值为 0;

对于任意的第 i 个商品,有两种情况:放进背包或者不放。

如果 $w_i>w$,不要第 i 个商品,则:

③ $m[i,w]=m[i-1,w]$,因为第 i 个商品的重量大于背包的容量,所以不可放入。

如果 $w_i\leqslant w$,那么:

④ $m[i,w]=\max(m[i-1,w],m[i-1,w-w_i]+v_i)$,其中 v_i 是第 i 个商品的价值。

对于第 i 个商品,有两种可选择方案:如果放入背包中,那么 $m[i,w]=m[i-1,w-w_i]+v_i$,也就是 i 的前一个的最大值加上自己的价值;如果不要第 i 个商品,那么 m [i,w]=m[i-1,w],也就是i的前一个的最大值。因为背包问题最后要取得最大的价值,所以就选两种情况中价值最大的。

在这个问题中,定义了子问题:m[i,w]。对于每个子问题,都可通过上面的分析求出。通过③、④可以发现,每一次求取子问题,问题的规模就被缩小。要么在w上减小,要么在i上减小。最后问题的规模会被缩小为m[i,0]和m[0,w]。而这两个的值都为0,只要逆向思维反推回去,就能逐步得到问题的解。

从计算思维的角度,动态规划策略提供了如下方法指导:一项复杂任务常常包括多个子任务,并且这些子任务之间通常具有一定的联系,按照规模从小到大逐步完成这些子任务,直至完成目标任务是一种容易接受的、以渐进方式解决问题的有效方法。当然,为了顺利完成一项任务,需要注意对其子任务的完成顺序提出一定的要求。动态规划策略已经在经济管理、生产调度、工程技术和最优控制等方面得到了广泛的应用。

(4) 回溯和分支限界策略。

回溯法是一种选优搜索法,按选优条件向前搜索,以达到目标。例如,要解决走迷宫问题,如图4.11所示,从进口a位置到出口p位置,每向前探索一步时,发现原先选择达不到目标或不是最优时,就退回一步重新选择,这种走不通就退回再走的技术称为回溯,而满足回溯条件的某个状态的点称为"回溯点"。在背包问题中,利用回溯法不断尝试装入背包的商品,当发现装不下或不是价值最大时,就退回尝试其他的选择,以获得最优解。分支限界策略是首先要确定一个合理的限界函数,并根据限界函数确定目标函数的界,一旦某分支的目标函数值超出目标函数的界,就认定此结点生成的解不会比目前已得的更好,则将其丢弃。

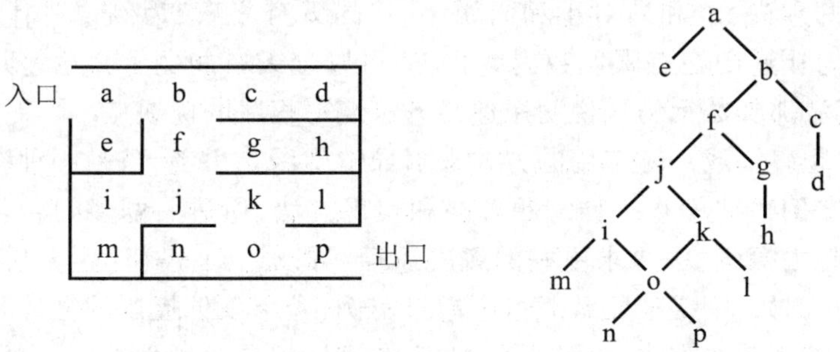

图4.11 迷宫与回溯

回溯和分支限界策略适用于问题的解空间具有树形结构的问题的求解。其基本思想是通过对树状解空间的有序搜索获得满足要求的问题的解,并在搜索过程中通过判断继续搜索当前分支是否可能得到更好的解,而中止或者继续对当前分支的搜索,从而提高问题求解的效率。该策略可视为人类生活经验的抽象和总结。比如为了在家里寻找某件物品,我们要搜索所有的房间,并总是忽略那些可以断定目标不在其中的房间,以加快寻找的速度。其中,判断目标是否在房间中的依据就相当于回溯和分支限界策略中的限界函数。

从计算思维的角度,该策略提供了如下方法指导:对未知世界的探索往往是一个试错的过程,回溯和分支限界策略给出了在一类问题上实施试错法的具体方法。在如何提高试错法的问题求解效率上,该策略给出了明确的指导,即在试错的过程中充分利用人类已有的知识和经验。在科学和工程实践中,科学家和有经验的工程师在面临困难时不会首先考虑回到问题的原点,而是倾向立足于当前的实际、修改最近采取的行动中那些导致当前困境的行动。这种行为实际上也体现了回溯和分支限界策略的基本思想。

2. 程序设计课程中计算思维教学策略

在程序设计教学过程中,程序设计的语言规则既枯燥、繁琐,且又抽象,具体语法规则的学习和记忆往往会影响学生对语言内涵的理解和思维的体验。从培养学生计算思维的角度出发,程序设计教学应该将计算思维的本质——抽象和自动化作为一条主线,贯穿于程序设计的教学中。从问题出发,抽象成解决问题的算法描述,然后用程序设计语言实现问题求解的自动化,使得程序设计课程从过去讲授一个个孤立的语法知识点转变为讲授计算思维和问题求解的过程,以达到突出思维方法训练的目的。这样的教学策略,是把原来的面向语法为中心的程序设计教学转变为面向问题求解的程序设计教学,计算思维就更容易为学生所接受。

用生活实例解释概念,是教学策略之一。如在讲解算法和基本控制结构之前,可从生活中的问题求解出发,介绍计算机求解问题与生活中的问题求解的异同,进而引出算法的概念、算法的特性及算法的描述方法。在讲解递归函数时,可以生活中的问题“查字典”为例介绍递归的概念,并以“老和尚讲‘从前有座山,山上有座庙,庙里有两和尚,老和尚对小和尚说……’的无穷故事”为例说明什么是无穷递归,以及如何让递归在有限次数内终止,还可以梵天塔的例子介绍递归的实现,最后以计算斐波那契数列为例说明用递归方法编写程序的优缺点。

采用一题多解或一题多用的方式来引导学生深入思考,也是一种教学策略。教学中,一些实例往往不止一种解题思路和实现方法,通过一题多问、一题多解带动学生去发掘、去探索、去寻求更好的解决途径,可以达到提高学生分析和解决问题能力的目的。例如,围绕猜数游戏这个趣味实例,介绍条件控制的循环和嵌套循环。以问题和任务驱动的方式,由浅入深、循序渐进地引导学生由编写小规模的程序逐步发展到编写规模较大的程序,由“只能猜一次”(选择结构程序)到“直到猜对为止”(循环结构程序)到“最多猜三次”(加强了循环测试条件)到“可以连续猜多个数”(嵌套的循环),再到“用户输入了非法数据如何处理”(提高程序的健壮性),从而将前后章节的知识点关联起来,形成一条问题求解的思维主线。

下面通过实例来阐述程序设计教学过程中转变语法知识点讲授为计算思维和问题求解的讲授。例如,函数与《三国演义》毫不相关,但下面的教学案例,就是通过《三国演义》的故事来阐述函数的重要作用。

教 学 实 例

首先介绍《三国演义》中有这样一段描写:"懿问曰:'孔明寝食及事之烦简若何?'使者曰:'丞相夙兴夜寐,罚二十以上皆亲览焉。所啖之食,日不过数升。'懿顾谓诸将曰:'孔明食少事烦,其能久乎?'此话音落不久,诸葛亮果然病故于五丈原。"

其次阐述,诸葛亮自己给自己套上的枷锁。他的行事原则就是"事无巨细","事必躬亲",管理学的观点是极其排斥这种做法的,认为工作必须分工,各司其职,每人发挥专长。

第三,将《三国演义》与程序设计进行对照联系。对于一个软件项目来说,用户能看到的只有功能、界面、运行速度、价格等。虽然可以在main()里书写任意行数的代码,完成全部功能,提供友好界面,保证运行速度并尽量压缩成本。但这样的main()就好比诸葛亮,"事必躬亲",即便神机妙算,也是"其能久乎"。这样的程序将造就很多的"不可能":不可能稳定可靠,不可能精简高效,不可能与时俱进,不可能控制进度……面对上述的诸多不可能,怎么办?答案是给程序一个好的结构!而函数和模块正是C语言为实现一个好结构程序的两样武器。

第四,将程序设计与生活进行联系。生活的思想,在程序设计里也适用。程序设计是一门艺术,主要体现在算法设计和结构设计上。就如同建筑,假设结构不科学,外表再华丽的大楼,也难逃倾覆的命运。只有当函数和模块在程序设计中的重要性解释清楚以后,学生才有兴趣和愿望去进一步了解如何定义和使用函数,以及如何调试程序。

3. 非计算机专业学生的计算思维培养

在信息时代的大背景下,计算机不仅是一种工具,更是一种文化。所以,计算机知识不只是计算机专业学生的专利。非计算机专业的学生,包括文科生,不仅需要掌握计算机基本操作技能,更应该通过计算机基础教育取长补短,培养科学素养,提高工作中认识问题、解决问题,以至于研究创新的能力。在开设的计算机基础课程中,程序设计课程不仅是教学中的重难点,其课程本身也集数理思维模块化设计思想、对比优化策略等众多值得研究的方式、方法于一体。因此,通过学习程序设计可以锻炼学生的计算思维,培养学生的逻辑思维和抽象思维能力,培养学生像计算机科学家一样思维,最终提高学生的研究创新的能力。

针对非计算机专业学生,特别是文科学生的程序设计课程教学,可以关注以下教学策略与方法。

(1) 在绪论中,教师可以用最通俗的语言,以讲故事的方式,向学生展现计算机及程序设计的无穷魅力,让学生了解计算机对人类生活的影响,程序设计扮演什么样的角色,程序设计语言是怎样的语言,人与计算机是如何进行通信的,从而引起学生对于学习程序设计的兴趣,并让学生明确学习该课程的意义,了解该课程的教学计划和学习方法。

(2) 提供良好的上机学习环境。上机实践是培养学生计算思维的重要手段。教师应该少讲，使学生有更多时间实践练习。对于基本的语法介绍，可以采用学生课外预习，教师课内抽查提问，课上作重点提示的方式。教师应加强环节教学、引导教学、互动教学，引导学生自主学习。

(3) 设计有趣的实验题目。在不同知识阶段，教师要用心选择既能阐述该知识点又有趣的题目。例如在 C 语言中讲解 switch 和 if…else if 多分支结构时，可以用“工资上税”这种接近生活的题目来让学生了解什么是多分支结构；纵向比较 switch 结构有 break 语句和没有 break 语句的不同，横向比较 switch 结构和 if…else if 结构的异同。在讲解两重循环时，可以用经典的打印星型图来分析外循环和内循环的无关和相关性，从而让学生发现规律，找到解决问题的思路。

(4) 强调算法和算法的多样性，逐步完善程序功能，优化编码。从着手解决一个问题开始，就要让学生“打草稿”：先画出解决问题的流程图，并逐步优化流程。同时，教师要尊重学生不同的认知感，起步阶段只要求结果一致。在学生逐渐学习领悟后，可引导他们分析自己的代码。对程序的功能，不苛求学生一步完善，而是引导学生利用工程的思想，先建立主体框架，然后再逐步增加附属要求。例如，在测试程序时，提示学生如果有人输入指定外的数据时，程序该做如何反应。通过教师的引导，学生会考虑到是程序功能完善的问题，继而反复修改、测试他的程序，直到教师挑不出问题为止。

(5) 重视课后练习，分阶段进行课程设计。程序设计往往课时少、内容多，需要学生加强课后练习。在不同学习阶段，教师应设计一些有代表性并贴近生活的题目，以小组形式完成，即使学生已很好地温习该阶段的知识，也可以从整体上锻炼学生把握小项目的能力，把程序设计学习变为学生快乐的、有竞争意识的经历。

4. 基于计算思维教育的程序设计课程设计

计算思维不是狭义的计算机编程，而是运用计算机基本概念去求解问题、设计系统和理解人类的行为。大学应以学生计算思维的培养为核心，使计算思维如同实证思维、逻辑思维一样，成为每个学生应该具备的基本科学思维能力。

如何把计算思维引入程序设计课程，在许多高校开展了相关的实践与探索。下面介绍上海交通大学计算机科学与工程系在开设“程序设计思想与方法”课程的具体做法。

“程序设计思想与方法”课程真正重点是程序设计“思想”和“方法”，而不拘泥于仅仅讲授一门程序设计语言及其应用。课程以“发现(接受)问题—分析问题—寻求多种解决方案—对各种解决方案比较选优—实现解决方案”的“问题求解驱动式程序设计”训练方法，尽可能逼近解决实际问题的模式。此外，从典型(基本)问题和综合(复杂)问题两个层面，揭示领域相关和领域无关各种问题的本质，并有针对性地讲授不同计算机制解决问题的方法。

除了课程内容讲授，实践环节也是非常重要的一环。可以采用个人回家作业、个人小作业和小组大作业相结合的组织方法，帮助学生实践运用课程所学的知识，既提高个人独立分析问题、解决问题的能力，又提高个人通过团队合作集体解决问题的能力。

“程序设计思想与方法”课程的目标是：

(1) 在程序设计思想方面，使学生通过这门课程的学习之后，能够理解计算在解决科学问题中的作用，重视计算作为科学发现的基础工具，探索不同算法在效率和性能方面的影响，理解实用的基本程序设计原则，基本理解不同程序设计语言解决实际问题的可能性和基本理解计算的限制和不可解问题等。

(2) 在程序设计方法方面，培养学生能够分析和抽象问题，设计和实现针对科学问题的有效软件解决方案，有效地使用通过函数说明所描述的软件库，理解基本数据结构的使用和功能，完成有明确使用目标的程序并适当地可视化其结果，阅读和改写已存在的程序等。

如表 4.3 所示，“程序设计思想与方法”课程三分之二的时间(34 学时)用于课堂教学，三分之一的时间(17 学时)用于实践环节。

表 4.3　“程序设计思想与方法”课程教学安排

<table>
<tr><th>教学内容</th><th>学时</th><th>课堂教学学时</th><th>讨论内容</th><th>作业内容</th><th>自学内容</th></tr>
<tr><td>计算机科学简介；Python 语言简介</td><td>3</td><td>2</td><td rowspan="13">课堂教学中结合回家作业、小作业和大作业中存在的问题展开课堂讨论</td><td rowspan="13">本课程每次课后会布置回家作业，并设置若干个小作业和一个大作业。小作业主要帮助学生巩固课堂上的知识点；大作业着重培养学生的求解问题能力，使学生能用计算思维的方法解决一些实际问题</td><td>计算机科学的发展</td></tr>
<tr><td>值和类型、变量赋值、类型转换</td><td>4</td><td>2</td><td>Python和编程思想</td></tr>
<tr><td>串、表、元组、字典</td><td>8</td><td>4</td><td>基本数据结构</td></tr>
<tr><td>函数和参数</td><td>6</td><td>4</td><td>函数和参数</td></tr>
<tr><td>条件和循环语句；递归</td><td>6</td><td>4</td><td>程序控制结构</td></tr>
<tr><td>仿真和优化(Monte Carlo 方法)</td><td>2</td><td>2</td><td>仿真和优化的基本方法</td></tr>
<tr><td>计算语言学简介</td><td>4</td><td>2</td><td>结合学科实际如何应用计算思维</td></tr>
<tr><td>数据结构及其应用：遍历和搜索</td><td>5</td><td>3</td><td>搜索技术</td></tr>
<tr><td>图及其科学应用</td><td>5</td><td>3</td><td>基于图的建模</td></tr>
<tr><td>程序设计语言和范型</td><td>2</td><td>2</td><td>面向对象程序设计思想</td></tr>
<tr><td>算法设计、正确性和效率</td><td>2</td><td>2</td><td>算法和效率</td></tr>
<tr><td>不可计算性、难解性和不可判定性</td><td>2</td><td>2</td><td>计算的极限</td></tr>
<tr><td>计算模型：并行、并发及其他模型</td><td>2</td><td>2</td><td>不同的计算模型</td></tr>
</table>

在“程序设计思想与方法”课程的教学中,教师主要介绍了计算思维的基本概念,讲解了程序设计的基本思想和方法。其中包括:

(1) 以 Python 作为开发工具,通过授课和程序演示,使学生能更好地理解和运用“计算思维”求解问题的思想和方法,并能够编写一些简单的但可解决实际问题的程序,以提高学生应用“计算思维”方法求解问题的兴趣。

(2) 在课堂教学中还引入讨论,使学生能更好地理解将“计算思维”融入不同学科和领域问题求解中的重要性。

(3) 让学生自行了解要解决问题的背景知识,寻找合适的工具和构件库,培养学生自主学习的意识和独立实践的能力。

(4) 通过若干个人回家作业和五个个人小作业的训练,培养学生运用所学知识独立分析和解决实际问题的能力,并在实践中不断加深对“计算思维”的理解。

(5) 通过 3—4 名学生组成的小组,利用初步所学的计算语言学知识,合作设计和开发一个具有用户界面、词典和核心程序组成的汉语句子分词原型系统。该系统完成后要求接受真实的语料(来自 2010 年上海世博会官方网站)的训练和测试。同时,小组成员还要参加最后的大作业答辩,在答辩中展示系统的功能和自己的设计和实现能力。通过大作业的训练,使学生了解和体会团队合作精神在解决大型、复杂问题中的重要性。

通过以上的教学实践,一方面提高了学生进行程序设计的兴趣,另一方面也提高了他们个人和小组合作设计和开发程序的能力。所开发的系统具有可视化的用户界面和后台数据处理的功能, 突破了以往大学一年级新生所开发的原型系统的规模和难度,同时也是一次利用多学科知识解决实际问题的有益尝试。

第五章　中小学计算思维教育

计算轶事

费根鲍姆与专家系统

爱德华·费根鲍姆(Edward Albert Feigenbaum)1936 年生于美国新泽西州的威霍肯,生父是波兰移民,但在费根鲍姆一岁时就去世了。他的继父是一个面包店的会计,正是这位继父激发了费根鲍姆对科学的兴趣。继父带费根鲍姆参观博物馆成就了他对科学事物的最初记忆。

继父面包店有一台笨重的机电式门罗计算器(Monroe calculator,是 20 世纪初的发明),费根鲍姆对它产生极大好奇与兴趣,同时对科学事业极为憧憬。1952 年,费根鲍姆进入卡内基理工学院(现在的卡内基梅隆大学)学习机电工程。在一位教授鼓励下同时选修了一些其他课程。也就是在这时,费根鲍姆接触了冯·诺依曼的博弈论思想。

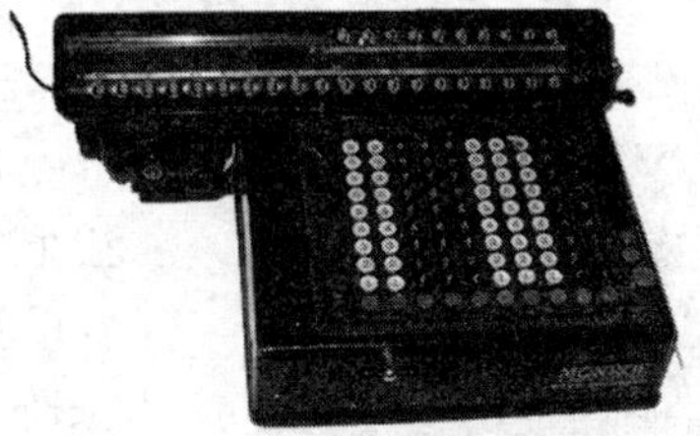

图 5.1　机电式门罗计算器

1955 年,费根鲍姆在卡内基认识了赫伯特·西蒙(Herbert Alexander Simon,1978 年诺贝尔经济学奖获得者),而后在他的工业管理研究生院攻读博士,并与他一起开展计算机模拟人类思维的试验。

博士学生毕业后,费根鲍姆前往伯克利大学任教,1965 年又前往斯坦福大学进入那里的人工智能实验室工作。在斯坦福,费根鲍姆与乔舒亚·莱德伯格(Joshua Lederberg,该校的遗传学系主任、诺贝尔奖获得者)、卡尔·杰拉西(Carl Djerassi,奥地利籍美国化学家,质谱分析专家)一起合作,开发了世界上第一个真正的专家系统 DENDRAL。DENDRAL 中保存着化学家的知识和质谱仪的知识,可以根据给定的有机化合物的分子式和质谱图,从几千种可能的分子结构中挑选出一个正确的分子结构。

DENDRAL的成功不仅验证了费根鲍姆关于知识工程理论的正确性，还为专家系统软件的发展和应用开辟了道路，逐渐形成具有相当规模的市场，其应用遍及各个领域、各个部门。现在，专家系统已成为我们日常生活中不可分割的一部分，它帮助我们操作股票、设计车辆、安排航班线路，甚至策划战争。随着大数据概念的提出，专家系统会有着越来越广泛的用途。

专家系统渗透着人类智慧可以用计算机快速而便捷地实现的基本思想，也是人类思维机械化表达的一种方式。学习与认识专家系统，目的不只是设计与开发专家系统，更广泛的意义在于深刻理解计算的思想。在2003年我国普通高中信息技术课程标准中，专家系统作为《人工智能初步》模块的一个内容，成为了高中学生的选学内容。

第一节 计算机教育追溯

计算思维是关于计算的思维，计算思维用计算的观点来指导人的行为。尽管计算思维与计算机的思维并不相同，计算思维也不是发明了计算机以后才有的思维，但计算思维确实与计算机关系密切。

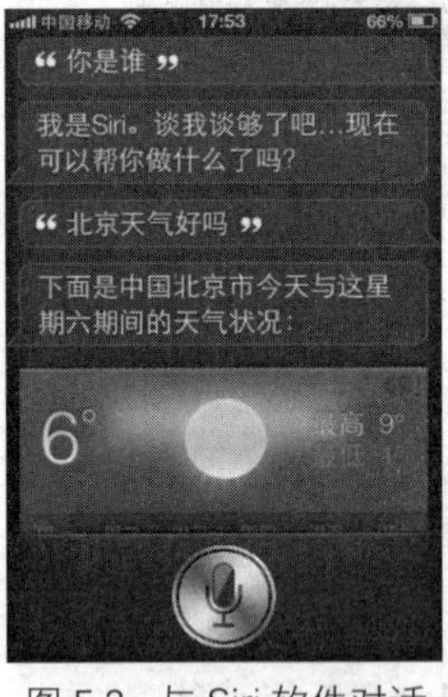

图 5.2 与 Siri 软件对话

计算机科学发展至今，应用已十分普及，智能化程度也已非常高，但计算机本身仍不具备思维。随着 iPhone 等智能手机的应用与普及，诸如 Siri 等智能语音助手软件(见图 5.2)促使我们感觉到计算机是有思维的，但实际上这些仍是表象，其本质还是人通过构造性的设计给予计算机的。但计算机的这些特性，给我们研究计算思维提供了很好的载体。通过比较人脑计算和机器计算，特别是通过研究计算机的计算过程，解剖计算机的计算机制，可以发现与梳理计算思维的特征，从而开展计算思维教育。

计算机学科知识与技能教育以及渗透计算思维的教学方式是开展计算思维教育重要途径，这在第四章已作论述。计算思维教育不是为了让受教育者成为计算机科学家，而是让受教育者学会像计算机科学家一样地思考。在计算机已广泛应用的信息时代，这一能力要求对学生而言非常重要。在中小学阶段，与计算机关系最为紧密的则是信息技术课程。因此，信息技术课程应该成为展开计算思维教育的天然的渠道。

在我国，中小学信息技术课程的前身是计算机课程。1982 年，原国家教委决定在清华大学、北京大学、北京师范大学、复旦大学和华东师范大学等五所高校的附属中学开始计算机选修课程的试验工作。自此，我国普教系统实施计算机课程正式掀开了大幕。

2000年10月25日，教育部在北京召开了“全国中小学信息技术教育工作会议”,这是我国中小学信息技术教育全面发展的标志性会议。会议决定:从2001年开始,用5—10年的时间,在中小学普及信息技术教育,并将信息技术教育课程列为中小学生的必修课程。会后发布了三个文件——《教育部关于在中小学普及信息技术教育的通知》、《教育部关于在中小学实施“校校通”工程的通知》、《教育部关于印发〈中小学信息技术课程指导纲要〉的通知》,对此后十年我国信息技术教育促进教育现代化发展起到了至关重要的作用。

一、从计算机课程到信息技术课程

我国中小学信息技术课程是从计算机课程发展过来的。这一发展过程,符合人们对信息技术在教育中作用的认识，也符合中小学信息技术教育观念从计算机教育到信息素养培养的转变。王吉庆教授将这一观念转变过程划分为四个阶段:计算机文化、计算机工具、多媒体及网络文化、信息素养。结合这一观点,根据教育的载体和内容的不同,我们把从计算机教育到信息技术教育的发展用文化观、工具观、素养观三个视角来描述。这三“观”有一定的时间顺序,但也有交叉与融合,因为从教育实践来看,并不是素养观的教育就不能讲工具,文化观的教育同样也在培养学生素养。

1. 文化观

1981年8月,前苏联的计算机教育学家伊尔肖夫在瑞士洛桑举行的第三届世界计算机教育应用大会上所作的著名报告“程序设计——第二文化”中提出了人类生活在一个“程序设计的世界”的看法。他指出,科学上的发现、社会组织工作、人们的日常生活与学习都按照一定的过程进行,都是一种有序的生活,善于还是不善于编排与执行自己工作、生活与学习中的程序是人们能不能有效地完成各种任务、是否能够得到一种有条理生活的重要关键。因此,现代人除了传统的读、写、算意识与能力外,还应该具有一种可以与之相比拟的程序设计意识与能力,这就是说具有第二种文化——程序设计文化，而计算机程序设计的学习可以帮助人们从小培养一种程序设计意识与能力。

图5.3　作者与西摩·佩珀特教授在一起

美国心理学家及计算机教育家西摩·佩珀特（Seymour Pepert)(见图5.3)于1980年提出了计算机可以具体化形式思维,进一步提出“组合思维”(combinatorial thinking)的观点。他组织一些计算机工作者研究开发了一种计算机语言——LOGO语言,让学生掌握这种容易学习、结构良好、程序运行过程可见的程序设计语言,用它来命令计算机做各种各样的事情，并且观察运行过程，验证指令是否正确。经过“设想—验证—查错—认识”的反复过程，学生得到正确的认识和正确的学习与研究方法。

在社会发展到了信息社会以后，人们工作与活动都离不开使用计算机，因此人类需要一种除了读、写、算文明以外的新的文明基础，即计算机文化。同时，比较人类思维活动与计算机程序工作原理，可以发现两者有着共同的特点：都要对自己的活动进行程序设计。因此，以程序设计为代表的中小学计算机课程，就是在这种背景下开设的。

我国在全世界计算机教育关于“程序设计是第二文化”的背景下开始进行计算机教育实验。1982 年，教育部听取了参加 1981 年世界计算机教育应用大会的代表团的汇报，决定在全国 5 所大学的附属中学进行计算机教育试验工作，以选修课形式开设计算机课程。1983 年，教育部在总结试点学校经验的基础上，制定了计算机选修课的教学大纲，规定教学内容是计算机的工作原理和 BASIC 程序设计语言。这一时期就是以“程序设计是第二文化”的“文化论”为核心思想，以“BASIC 语言”为主要课程内容开展课程教学。到了 1987 年颁布的《普通中学电子计算机选修课教学纲要（试行）》是以程序设计语言学习为主线，适当地降低了对于程序设计技巧部分的要求，同时增加了计算机应用方面的内容，以符合社会的实际需要。

《普通中学电子计算机选修课教学纲要（试行）》

随着科学技术的发展，新技术方面的课程已进入普通中学，电子计算机课已成为普通中学开设的一门选修课程。

（一）教学目的与要求

电子计算机选修课的教学，在于使学生初步了解电子计算机在现代社会中的地位和作用，锻炼学生应用电子计算机处理信息的能力，提高学生的逻辑能力及创造性思维能力。通过电子计算机选修课的教学，要求学生初步了解电子计算机的基本工作原理及系统构成，会用一种程序设计语言编写简单程序，初步掌握电子计算机的操作并了解一种应用软件的使用方法。

（二）教学内容和时间安排

1. 电子计算机概述（7—10 课时）

（1）电子计算机简介（电子计算机的发展、特点、作用、应用）

（2）电子计算机基本原理和系统构成（电子计算机的工作过程、基本组成、软件系统）

2. 程序设计语言（以 BASIC 为主）（20—30 课时）（框图、输入输出、过程、条件分支、数据、循环、数组、图形、函数）

3. 电子计算机操作与应用（18—20 课时）

（1）电子计算机操作（磁盘操作命令、文件管理命令等）

（2）应用软件介绍（数据库、电子表格、字处理，任选一种）

随着多媒体技术与计算机网络技术的发展与广泛应用，计算机文化的观念也在发生变化,逐渐地向着信息技术的使用能力转变。由于计算机多媒体技术、超媒体技术以及计算机网络的广泛应用，明显改变了人们的阅读习惯以及获取信息和传播信息的手段,因此,有专家把对多媒体技术、超媒体技术以及网络技术的重要性上升到了文化层面,提出了相应的“多媒体文化”、“超媒体文化”及“网络文化”概念,未来的人们能不能应用多媒体和网络,会成为人们有没有现代文化的区分点。

2. 工具观

工具观的基本观点是:计算机是一种经常使用的信息处理工具,通过对计算机的学习,可以使学生具有一种使用信息处理工具来帮助自己进行脑力劳动的意识,并掌握使用这些工具来解决学习与生活中的各种问题。因此,工具观在部分继承了计算机文化观的基础上,认识到计算机与信息技术作为一种工具的特点。基于这样的理念，计算机课程中的教学内容安排了大量以计算机通用工具软件为代表的操作方法与应用介绍。

1986年第三次全国计算机教育工作会议后，计算机教育试点在原有基础上进一步扩大,并颁发了第二个试验教学大纲。新大纲在计算机工具观的影响下,新增了文字处理、数据库和电子表格三个计算机应用的内容,而且还鼓励有条件的地区和学校开展计算机辅助教学,组织有关人员开发教育软件。

1991年以后，计算机技术飞速发展，我国中小学计算机教育同时也发生了质变。作为计算机教育的一项重要工作,计算机课程明确地作为一门正式课程在全国实施。1994 年国家正式颁发了《中小学计算机课程指导纲要》,规定了课程的性质、教学目的、课时安排、教学内容和教学要求等内容。1997 年颁发了《中小学计算机课程指导纲要(修订稿)》,并于 1998 年秋季正式实施。《中小学计算机课程指导纲要(修订稿)》中增加了一些新的教学内容,如 Windows、网络通信、多媒体、常用工具软件等,对有些教学内容和教学要求,如程序设计语言模块、计算机在现代社会中的应用和对人类社会的影响模块等作了必要的修改和调整。

3. 素养观

信息、物质、能量是社会发展的三大动力。以物质与能量为基础发展的工业社会,产生了印刷技术与文字媒体的文化。处于信息时代的公民应该能够很好把握信息、物质、能量这三个人类社会发展的基本要素及它们之间的关系,应该对信息技术及其对于人类文化的影响有本质的认识,应该能具有在信息社会学习文化、取得知识与信息的基本的意识与能力,也就是具有一种“信息素养”或者“信息文化”。可以说,“信息素养”是“计算机文化”、“超媒体文化”以及“网络文化”的概括与发展,同时也有远见地考虑到了未来可能出现的新信息技术对于人们获取信息方式的影响问题。

素养观的特点是:将培养学生的信息素养作为信息技术教育的主要目标,完成了计算机教育向信息技术教育转变，实现了信息技术与课程整合同信息技术课程建设共同发展。

二、课程教学内容梳理

1984年的《中学电子计算机选修课教学纲要(试行)》中规定,计算机选修课程的目标是:“初步了解计算机的基本工作原理和它对人类社会的影响;掌握基本的BASIC语言并初步具有读、写程序和上机调试的能力;逐步培养逻辑思维和分析问题、解决问题的能力”。从课程目标中就不难理解,计算机文化观指导下的计算机课程主要集中在程序设计上。

1984年,当时的人民教育出版社根据《中学电子计算机选修课教学纲要(试行)》编写的计算机教材共分“计算机简介、BASIC语言、数的进位制和逻辑代数”四个部分。

1987年颁发《普通中学电子计算机选修课教学纲要(试行)》以后,中学计算机教学内容增加了文字处理、电子表格和数据库等应用软件。1992年在上海地区使用的高中计算机教材是上海科技教育出版社出版的《高级中学计算机》。从该教材目录可以了解当时的高中计算机课程教学内容,仍是以BASIC语言为主,但也引入了dBASE数据库作为应用软件介绍。

1992年版上海《高级中学计算机》目录

第一章 信息、信息处理与计算机概述

§1.1 信息与信息处理

§1.2 现代化的信息处理工具——电子计算机

§1.3 微型电子计算机

§1.4 电子计算机与人类

第二章 算法与BASIC语言简介

§2.1 算法与算法描述

§2.2 BASIC语言基本概念

§2.3 BASIC语言

第三章 顺序结构的程序设计

§3.1 PRINT语句

§3.2 提供数据的语句

§3.3 顺序结构的程序设计

第四章 分支结构的程序设计

§4.1 分支问题

§4.2 IF-THEN语句

§4.3 分支结构的程序设计

第五章 循环结构的程序设计

§5.1 循环问题

§5.2 循环结构的程序设计(一)

§5.3　FOR–NEXT 语句
§5.2　循环结构的程序设计(二)
第六章　数组与子程序
§6.1　数据处理与数据结构
§6.2　数组
§6.3　子程序与程序设计模块化
第七章　数据处理与 dBASE 简介
§7.1　概述
§7.2　数据库文件的建立
§7.3　数据库文件的维护
§7.4　数据库文件的使用
§7.5　命令文件简介

就课程价值而言,计算机课程的社会价值主要强调的是了解计算机对人类社会的影响。就学生个体来说,主要强调的是程序设计作为一种文化对于个体的作用,强调解决问题能力的重要性。

但是,尽管课程强调的是利用算法解决问题的能力,实践中却逐步异化为只讲授程序设计语言,教师在语言的难度和深度上的教学有所加强,与生活的联系则较少,这种现象自然而然引发广大师生和专家的再思考。

应该说计算机文化观阶段的课程价值显得比较单薄,具有一定历史局限性。但是在当时的技术水平下,这种认识仍然有力地推进了计算机课程的起源和发展,文化观作为一种单纯的价值取向,应该说即使在今天的社会中,在信息技术课程价值体系中仍然具有一定的价值和地位。

在 1985 年召开的第四届世界计算机教育大会上,英国专家明确提出应当把计算机作为一种工具来应用,这一观点得到了普遍的认同。人们逐渐认识到计算机是一种工具,对于大多数人来说,普及计算机教育主要是把计算机作为一种资源,作为一种工具来掌握就足够了。应该说工具观是对文化观的一种发展和提升。

计算机工具观阶段的计算机课程价值主要是强调计算机的应用价值, 特别是强调学生学习应用软件,强调学生计算机使用能力的培养,特别是几个常用软件的学习,包括数据库、字处理和电子表格等。

1994 年的《中小学计算机课程指导纲要(试行)》中对中小学的计算机课程的教学目标进行了分学段规定,其中中学目标为:“认识计算机在现代社会中的地位、作用及对人类社会的影响。了解电子计算机是一种应用十分广泛的信息处理工具,培养学生学习和使用计算机的兴趣;初步掌握计算机的基础知识和基本操作技能;培养学生逐步学会使用现代化的工具和方法去处理信息;培养学生分析问题、解决问题的能力、发展学生的思维能力;培养学生实事求是的科学态度和刻苦学习克服困难的良好品质,进行使用计算机时的道德品质教育”。同时,在这个纲要中具体规定了计算机课程内容共包含以下五个模块。

(1) 计算机的基础知识。

(2) 计算机的基本操作与使用。

(3) 计算机几个常用软件介绍,包括字处理软件、数据库管理系统软件、电子表格软件、教学软件和益智性游戏软件。

(4) 程序设计语言,包括 BASIC 语言程序设计基础和 LOGO 语言等。

(5) 计算机在现代社会中的应用以及对人类社会的影响。

从以上的目标及内容规定上可以清晰地看出，这个阶段的计算机课程的工具性占据主要地位。受到“什么知识最有用”的价值观的影响,这个阶段的计算机课程明显表现出倾向于实用主义的课程取向,强调计算机课程要教会学生掌握在生活、学习和工作中必须具备的知识与技能。信息技术的快速发展以及大众化发展,使得人们感受到了计算机普及应用的可能性和重要性。学会用计算机成为计算机课程的价值定位,工具性定位使得计算机课程内容局限于软件操作。

2000 年的《中小学信息技术课程指导纲要(试行)》中对于中小学信息技术课程的主要任务的描述是:“培养学生对信息技术的兴趣和意识，让学生了解和掌握信息技术基本知识和技能，了解信息技术的发展及其应用对人类日常生活和科学技术的深刻影响。通过信息技术课程使学生具有获取信息、传输信息、处理信息和应用信息的能力,教育学生正确认识和理解与信息技术相关的文化、伦理和社会等问题,负责任地使用信息技术;培养学生良好的信息素养,把信息技术作为支持终身学习和合作学习的手段,为适应信息社会的学习、工作和生活打下必要的基础。”

该课程纲要是国内第一次提出信息技术课程的概念，彰显了从计算机课程向信息技术课程的转变。该课程纲要中突出了获取信息、传输信息、处理信息和应用信息的能力,特别是明确地提出了培养学生的信息素养作为课程目标之一。应该说它作为新世纪所颁发的课程纲要,对于信息技术课程的指导意义是明显的。如下所列的是 2002 年由新世纪出版社出版的小学《信息技术》教材的目录,该教材在广东省某地区使用。

小学《信息技术》目录

小学第一册

　第一单元　和电脑交朋友

　第二单元　中英文输入训练

　第三单元　电脑小画家

小学第二册

　第一单元　用电脑写文章

　第二单元　文件的管理

　第三单元　轻轻松松网上行

　第四单元　常用工具软件介绍

小学第三册

第一单元　制作演示文稿

第二单元　综合应用信息技术

从该套教材的目录可以看出，小学信息技术课与原计算机课最大的不同在于教学内容不是从软件的功能出发学习软件的介绍与使用，而是从学生应用的实际出发来学习使用应用软件。特别是该教材还设计了“综合应用信息技术”单元，内设八个活动，每个活动都是需要完成一项任务，在完成任务过程中学习信息技术。例如，“可爱的家乡”就是其中一个活动，这个活动要求学生制作一份简报，介绍自己的家乡。在这个活动中，学生需要学习如何利用网络收集素材，如何应用 Word 软件制作一份图文并茂的简报。

到了 2003 年，教育部公布了《普通高中技术课程标准(实验)》，高中信息技术课隶属于技术课程范畴，属于国家必修课，独立设课，包括一个必修模块与五个选修模块，每个模块 2 学分，学生需要修满 4 学分才能取得高中毕业资格。在这个课程标准中，对于信息技术课程的价值定位则更加倾向于信息处理能力，课程标准目标则更加立体化和全面化。在《普通高中技术课程标准(实验)》中就明确提出：普通高中信息技术课程的总目标是提升学生的信息素养。

《普通高中技术课程标准(实验)》的三维目标

(一) 知识与技能

1. 理解信息及信息技术的概念与特征，了解利用信息技术获取、加工、管理、表达与交流信息的基本工作原理，了解信息技术的发展趋势。

2. 能熟练地使用常用信息技术工具，初步形成自主学习信息技术的能力，能适应信息技术的发展变化。

(二) 过程与方法

3. 能从日常生活、学习中发现或归纳需要利用信息和信息技术解决的问题，能通过问题分析确定信息需求。

4. 能根据任务的要求，确定所需信息的类型和来源，能评价信息的真实性、准确性和相关性。

5. 能选择合适的信息技术进行有效的信息采集、存储和管理。

6. 能采用适当的工具和方式呈现信息、发表观点、交流思想、开展合作。

7. 能熟练运用信息技术，通过有计划的、合理的信息加工进行创造性探索或解决实际问题，如辅助其他学科学习、完成信息作品等。

8. 能对自己和他人的信息活动过程和结果进行评价，能归纳利用信息技术解决问题的基本思想方法。

(三) 情感态度与价值观

9. 体验信息技术蕴含的文化内涵，激发和保持对信息技术的求知欲，形成积极主动地学习和使用信息技术、参与信息活动的态度。

10. 能辩证地认识信息技术对社会发展、科技进步和日常生活学习的影响。

11. 能理解并遵守与信息活动相关的伦理道德与法律法规，负责任地、安全地、健康地使用信息技术。

上述三个层面的目标相互渗透、有机联系，共同构成高中信息技术课程的培养目标。在具体的教学活动中，要引导学生在学习和使用信息技术、参与信息活动的过程中，实现知识与技能、过程与方法、情感态度与价值观等不同层面信息素养的综合提升和协调发展，不能人为地割裂三者之间的关系或通过相互孤立的活动分别培养。

按照教育部的有关规定，在义务教育阶段，信息技术作为必修内容，隶属于综合实践活动课，而大部分省份遵循《中小学信息技术课程指导纲要(试行)》，并参照高中的课程标准理念，以独立科目的形式开展信息技术的课程教学。广东、上海、江苏等省份还相继发布了地方性的义务教育信息技术课程标准或指导纲要，规范了地方信息技术课程的实施。

三、计算思维教育挖掘

考察中小学的计算机教育到信息技术教育的发展历程可以发现，尽管现在我们提出计算思维教育，但在早期的计算机教育中，仍是有计算思维教育的成分。1984 年我国刚开始在中学开展以计算机原理和 BASIC 语言为主的计算机选修课程教学的时候，就已经提出课程目标是“掌握基本的 BASIC 语言并初步具有读、写程序和上机调试的能力，逐步培养逻辑思维和分析问题、解决问题的能力”。

1. BASIC 语言学习中的计算思维

计算机文化观强调的课程价值主要集中在程序设计内容上，并且以此来扩展其价值，特别是强调通过程序设计的学习来提升解决问题的能力，这与文化观的主要观点“程序设计是第二文化”是一致的。应该说，当时的计算机课程价值定位是了解计算机基本原理以及培养逻辑思维能力、问题解决能力，而课程内容则主要确定为程序设计。

当时的计算机教育受环境的局限，以 BASIC 语言学习为主。20 世纪80 年代，开展计算机教学活动所配置的计算机主要是没有硬盘的 APPLE Ⅱ [见图 5.4(a)]，或者

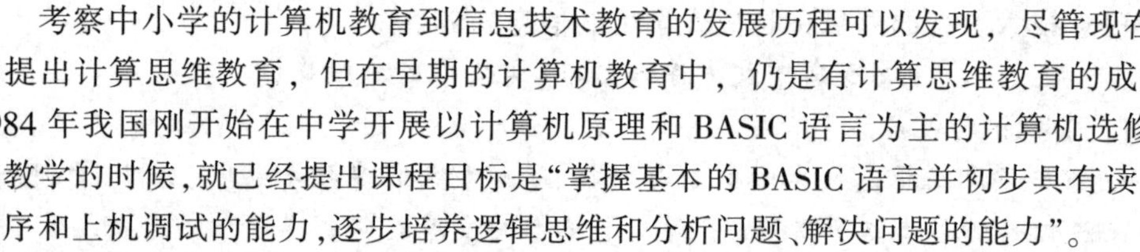

(a) APPLE Ⅱ 计算机　　(b) LASER 310 计算机

图 5.4　早期学习 BASIC 语言用的计算机

是根本没有磁盘驱动器的 LASER 310[见图 5.4(b)],后期才开始有少量的 IBM PC 或国产的长城 0520。早期的计算机基本上不能运行应用程序,只适合于开展 BASIC 语言程序设计教学。

当时计算机教育在内容上以 BASIC 语言为中心,在教育目标上则是将计算机文化的观点发挥到了极致。学习程序设计语言可以培养学生运用算法来解决实际问题的能力,这种解决问题的方式是计算机所独有的,也只有通过对计算机程序设计语言和程序设计方法的学习才有可能获得这种解决问题的能力。从某种意义上说,用算法与程序设计解决问题的能力甚至比数值计算的能力更为重要。因此,在基础教育中开展程序设计语言和程序设计方法的学习是培养全面发展的、能迎接信息化社会挑战的新型人才所必需的,不仅不能削弱而且还要加强。如果用计算思维教育的观点来看,通过具体编程语言,学习用程序设计语言解决计算问题,这一学习过程就是计算思维的培养过程。

下面一题是当时学习 BASIC 语言典型的练习题。

编写一程序,能产生如下图形(见图 5.5)。要求:

(1) 不能只用 PRINT 语句。

(2) 必须使用双重循环语句。

```
    1
   222
  33333
 4444444
555555555
```

图 5.5　打印图形

这样的练习题,尽管它的实用价值不大,但对于学习 FOR-NEXT 语句所表达的循环结构是很有帮助的,同时,对于学习 BASIC 语言中 PRINT 语句的细节(例如,是否应该使用“;”)也是很有效果的。再者,通过这样的学习,学生可以体会到,作为计算机而言,要处理有重复出现的图形,可以采用循环的方法;通过这样的学习,学生可以对图形的结构进行抽象,找出重复的规律;通过这样的学习,学生可以用构造化的方法编制程序;通过这样的学习,学生可以站在计算机的角度,理解计算机是如何工作的。所以,这样的学习已经渗透了计算思维教育,只是在当时并没有从思维教育的角度开展教学,而是更多地关注语言的细节。

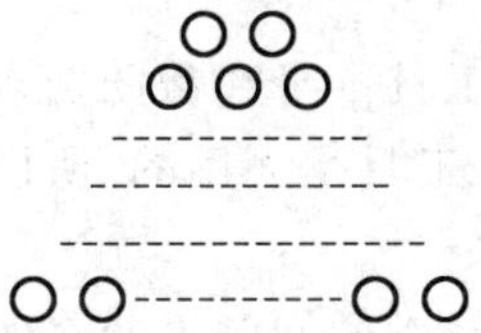

图 5.6　管子堆放示意图

再举一例。下面这堆管子(见图 5.6)共 N 层(N 为自然数),试编一程序,计算这堆管子共有多少根。

从本质上看,这一题与上一题一样,使用了相同的算法结构, 只是将上一题打印数符操作改为了计数。从表面上看,这样的题目更具有实用价值,可用于解决实际问题。但实际上,这样的实用价值仍然建立在书本上,在实际的工作与生活实际中,并不存在这样的计算。从当时来看,这样的题目还算是好题目,因为从当时的知识背景来看,普通民众是无法理解计算机的广泛应用,也无法想象计算机如今天这样深入人们的生活之中。

所以,尽管现在看来,将借助计算机解决问题简单理解为使用程序设计解决问题的观点非常狭隘,但是,在当时的背景下,这种学习不失其应有价值,对普及计算机教育起到了非常重要的作用。

2. 计算机工具教学的出现与思维教育的缺失

计算机作为工具的学习，是典型的实用主义，强调的是计算机课程要教会学生掌握在生活、学习和工作中所必须具备的计算机知识与技能。同时，课程价值不仅仅简单地停留在技能培养上，也强调了学生学习和使用计算机的兴趣，以及使用计算机的道德品质教育等，在计算机课程价值体系上则显得更为全面和系统。

但是，由于对计算机工具性的认识仅仅停留在工具软件的使用上，使得很多的计算机课程的教材变成"用户手册"或者"使用说明书"。随着微软的办公系列软件的普及，中小学计算机课的教学活动越来越像"微软培训班"，而忽视了对计算机学科本质的追求。

从本质上来说，一个好的工具的设计与制作是由无数的事实和经验所总结出来的一个认知事物或解决问题的框架，工具隐含着理论与方法。工具使用越方便、越简单，其隐含的理论与方法一定越丰富。然而，当计算机软件为操作者提供越来越友好的操作界面以后，学习的难度降低了，对学习者而言，所需要的思维要求也降低了。学习者知道计算机能够处理加工信息，或者说计算机可以计算，但如何计算则不需要关心了。所以说，以计算机工具观展开的计算机教育在计算思维教育方面是缺失的。

当然，思维与工具并不是对立的，工具的学习与使用也需要主动思维。在运用主动思维使用工具时需要把握几个方面：首先是要搞清楚为什么，只有理解一个工具为什么会存在，它所解决的本质问题到底是什么，它存在的环境是什么等问题时，我们才会在使用时少犯错误；其次，一定要运用自我的思考能力对工具进行重新构造，即在理解工具的自身要素前提下将工具进行分解，根据不同的场景将多种工具组合使用；第三，运用主动思维解决问题时一定要超越工具而不要受到工具的限制，到了这个层次就说明工具已经内化成为思维的一部分，这时候使用工具只是一种习惯。

各种各样的工具都是为了帮助人们解决问题而产生的，工具本身在帮助别人理解问题、解决问题时是非常有价值的。一旦脱离了主动思维，工具是无用的。所以养成思维习惯的重要性要远远超过寻找各式各样的工具。

事实上，当只是机械使用工具成为学习目标之后，工具教学的问题也随之而来，因为基础教育不同于职业教育，不能仅仅教授学生掌握一些技能而已，也不仅仅是为了学生学了马上就能够应用。信息技术课程不能仅仅局限于工具的作用和意义上，还需要探求信息技术学科本身对学生素质和思维养成的意义。

3. 信息素养与计算思维

信息素养理论对于我国信息技术课程价值的转变发挥了很大的作用。当计算机工具观占据主要的地位时，人们对为什么学习信息技术比较迷茫，同时，工具观视角也使得信息技术课程价值的技能化倾向比较严重。信息素养理论的引入，使得人们充分认识了信息技术课程的价值，因为信息素养与读、写、算一样，是人所必须具备的基本素养。同时，信息素养强调的信息处理的意识与能力，使得信息技术学习有了方向，操作是为信息处理服务，从而使得信息技术课程价值不再偏向于技能化，人们开始逐渐地认识到信息技术课程不仅仅是一个“技能培训班”，是同样具有丰富内涵的学科课程。

信息素养概念的酝酿始于美国图书检索技能的演变。1974 年，美国信息产业协会主席保罗·泽考斯基(Paul. Zurkowski)率先提出了信息素养这一全新概念，并解释为：利用大量的信息工具及主要信息源使问题得到解答的技能。信息素养概念一经提出，便得到广泛传播和使用。世界各国的研究机构纷纷围绕如何提高信息素养展开了广泛的探索和深入的研究，对信息素养的概念界定、内涵和评价标准等提出了一系列新的见解。

1998 年，美国图书馆协会和教育传播协会制定了学生学习的九大信息素养标准，概括了信息素养的具体内容。

标准一：具有信息素养的学生能够有效地和高效地获取信息。

标准二：具有信息素养的学生能够熟练地和批判地评价信息。

标准三：具有信息素养的学生能够有精确地、创造性地使用信息。

标准四：作为一个独立学习者的学生具有信息素养，并能探求与个人兴趣有关的信息。

标准五：作为一个独立学习者的学生具有信息素养，并能欣赏作品和其他对信息进行创造性表达的内容。

标准六：作为一个独立学习者的学生具有信息素养，并能力争在信息查询和知识创新中做得最好。

标准七：对学习社区和社会有积极贡献的学生具有信息素养，并能认识信息对民主化社会的重要性。

标准八：对学习社区和社会有积极贡献的学生具有信息素养，并能实行与信息和信息技术相关的符合伦理道德的行为。

标准九：对学习社区和社会有积极贡献的学生具有信息素养，并能积极参与小组的活动探求和创建信息。

归纳起来，可以这样简单地描述信息素养：信息素养是指个体访问和理解各种信息资源的能力。作为一个具有信息素养的公民，必须能够认识到什么时候需要信息，能够在需要的时候检索、评估和有效地利用这些信息。

《普通高中技术课程标准(实验)》是这样描述学生的信息素养表现：对信息的获取、加工、管理、表达与交流能力；对于信息及信息活动的过程、方法、结果进行评价的能力；发表观点、交流思想、开展合作并解决学习和生活中实际问题的能力；遵守相关的伦理道德与法律法规，形成与信息社会相适应的价值观和责任感。

罗列并分析以上对信息素养的描述，可以发现，随着信息技术教育的提出并取代计算机教育，随着信息素养的提出并作为信息技术课程目标，信息技术课程的教学重点由原来的技术转向了信息。这一转变使得课程教学更远离计算思维教育，因为从以提升信息素养为目标的信息技术课程来看，关心的是信息获取、加工、管理、表达、交流能力，关心的是围绕信息的一切活动，而计算机只是信息处理的一种工具而已。然而，信息技术课程依然与计算以及计算机有着千丝万缕的联系。其一，计算无处不在，随着信息技术的发展，计算在工作与生活中的作用越来越大，讲信息，离不开计算；其二，尽管信息技术的表现形态多种多样，但计算机仍是最通用的、最本质的计算工具，也是最典型的信息处理模型。从信息技术课程教学实际来看，以计算机为核心课程教学内容仍然占据着很大的比例，不少信息技术课程，尽管课程名称已不再是“计算机”，但课程内容除了增加有“信息”概念及相关内容以外，仍然以如何运用计算机加工处理信息为主线。考察普通高中信息技术课程标准，学习内容分为一个必修模块和五个选修模块(见图 5.7)。其中，必修模块“信息技术基础”是以信息处理为主线，而五个选修模块“算法与程序设计”、“多媒体技术应用”、“网络技术应用”、“数据管理技术”和“人工智能初步”中，计算机学科仍是主角。

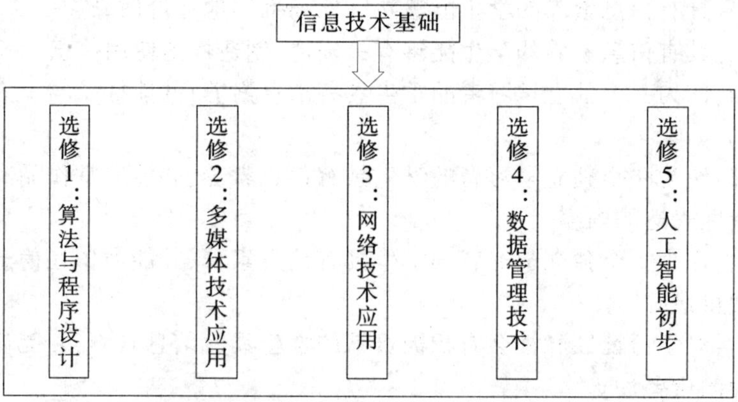

图 5.7　普通高中信息技术课程

《普通高中技术课程标准(实验)》规定的选修模块 5(人工智能初步)是由知识及其表达、推理与专家系统、人工智能语言与问题求解三部分组成(见图 5.8)。通过该模块的学习，学生应能描述人工智能的基本概念，会使用一种人工智能语言解决简单问题，把握其基本特点；能利用简易的专家系统外壳开发简单的专家系统；知道人工智能对人类学习、生活的影响；通过感受人工智能技术的丰富魅力，增强对技术发展前景的向往和对未来生活的追求。

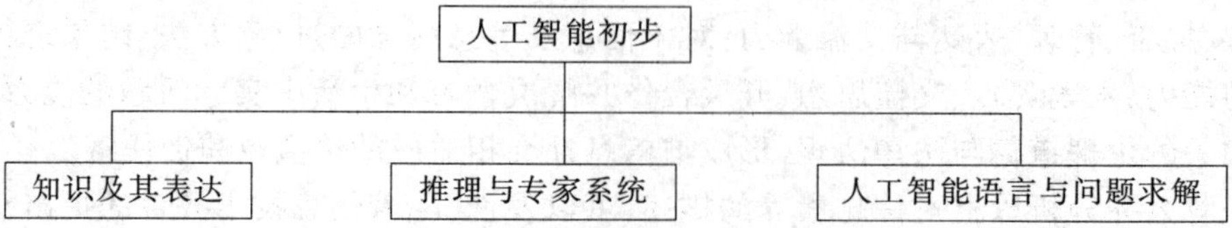

图 5.8　人工智能初步

浙江教育出版社2006年出版的《人工智能初步》中介绍了一个专家系统实例BAGGER。

专家系统 BAGGER

BAGGER是一个综合性的专家系统，该系统通过机器人来进行工作。假定我们要求机器人模仿超市营业员完成物品装袋的动作。我们先不要求机器人采用装袋方法是最佳的，但是希望它具有简单的物品装袋的专门知识。例如，大瓶的可乐要放在袋底，但每袋中放置的可乐不可过多；冰淇淋要用冷藏袋保护；要先放置好大件的物品以后，再在空隙处放入小件物品。

整个装袋过程可以分成四个阶段：

(1) 审核订货。系统对顾客选购物品的清单进行审核，核对是否遗漏选购必要的配套物品，以便提醒顾客添购。

(2) 大件物品装袋。系统将大件物品装袋。特别注意到，如果有大的瓶装物品，那么要先将它装袋。

(3) 中件物品装袋。系统将中件物品装袋。如果其中有冰淇淋，那么要将冰淇淋先装入冷藏袋。

(4) 小件物品装袋。如果袋中有空位，那么系统就必须将小件物品装入袋中的空位。

学生通过BAGGER专家系统，学习了知识表示、正向推理、反向推理、匹配、不精确推理等技术，了解了专家系统的工作原理。这一过程，以信息为视角，学生学习的是信息加工的过程，信息系统通过对信息的加工，可以作出正确的决策。以计算为视角，学生学习的则是以计算机为信息处理载体的专家系统加工数据的过程以及所使用的策略与算法，同时学生也能体验计算机与人在解决问题过程中的异同点。作为计算机科学家开发的具有一定智能的专家系统，需要具备计算思维；而学生在学习其原理和工作过程中，计算思维也渗透其中。

第二节　信息技术课程的思维价值探索

假如你是一位信息技术教师，课上要让学生搜索一些关于气候变化的信息，考虑到这不是传统的计算机技术课程，不能干巴巴地将“搜索引擎”、“关键词”、“与、或、非”等计算机知识填到学生的脑袋里，你要做的是结合气候变化的问题引导学生使用搜索引擎，让学生在解决问题中学会这些信息技术知识。看看在这个教学活动中会涉及哪些东西呢？

首先，这堂课的教学包含了计算机知识，这是你的根本目的，是你的核心竞争力。当信息技术与语文、数学等课程整合的时候，信息技术是学生学习的工具，信息素养一定程度上是学习的副产品，而在信息技术课程中计算机知识是核心。在围绕信息技术开展的基于问题、任务或项目的教学中,要解决的问题、要完成的任务必须以信息技术学习平台为依托,因为你不能孤零零地教技术操作,你要指导学生在真实的情境中用技术来解决问题,这里的核心是解决问题过程中的技术。

其次,这里包含地理、社会等其他传统学科的知识,如果你对气候变化等"学科外"的知识一无所知,那么你就无法指导学生利用计算机知识进行这方面的探索。因此你要把握其他各个学科的知识, 以便运用各种与生活相关的其他学科知识把干瘪的远离生活的计算机知识镶嵌到学生的生活中,完成学习过程。

在实际的教学过程中,或许有的学生早已熟练掌握了搜索的技巧而对你的"唠叨"不耐烦,而有的学生却迷惑于你熟练说出的"搜索引擎"、"谷歌"等陌生的词语而充满沮丧。这是与信息技术作为大众化工具特征发展的必然趋势,也是信息技术课无法回避的教学内容困惑。

在实际教学过程中, 或许有的学生因不理解气候变化的相关专业知识而影响关键字的选择,从而最终影响搜索效果,而有的学生会把更多的注意力放在了气候变化的学科知识学习上而忽略了搜索引擎知识与技能的学习。这也是信息技术课无法回避的教学过程困惑。

根据信息技术课程的教学目标,除了要求学习知识与技能以外,还非常强调能力的培养。《普通高中技术课程标准(实验)》中对信息技术课程目标就有三种能力的培养:"对信息的获取、加工、管理、表达与交流的能力;对信息及信息活动的过程、方法、结果进行评价的能力;发表观点、交流思想、开展合作并解决学习和生活中实际问题的能力"。《上海市中小学信息科技课程标准(试行稿)》中规定的课程目标也指出了要求培养学生"具有利用信息技术发展思维、学会学习、自主探索、合作交流和解决问题的能力"。然而,能力标准作为计算思维在课程中的落脚点和表现形态,其内涵还是思维。

思维是智力与能力的核心。思维作为人的一种特质是内隐的,而各种能力是不断通过行为和活动成为外显的。例如,对言语信息的感知、对知识概念的记忆和关联想象可称为知识技能;对技术方案的实施、掌握与控制称为操作技能;对问题解决过程中人的思维定向、控制和调节称为策略技能。上述能力都围绕着思维来开展,也就是这些能力涉及了思维的本质与效用。作为信息技术学科,应该在课程中建立思维的表达体系,通过能力要求来助推思维品质的提升。

一、信息技术课程中的算法思维

在信息技术课程中,学生学习"算法与程序设计"相关内容,是通过算法设计并以某种计算机语言实现算法解决问题的过程来完成学习任务的。与数学教育相类似,算法学习同样可以作为思维训练的工具,以培养和训练学习者的算法思维。

在第二章,我们分别讨论了算法和思维的概念。学习算法,本质上是学习如何构造能够解决特定问题的规则和操作序列集合,同时,也是培养算法思维。算法思维是解决问题的过程性思维方式，表示这样一个过程：它由一系列规定好的有限操作步骤组成，并能解决特定的问题。因此，可以将算法思维理解为发现并确定问题，分析问题的构成要素，对问题进行分析分解，为问题的解决提供相对有效的途径和方法。

具体而言，算法思维就是能清楚地说明问题解决的方法，能够将一个复杂的问题转化成若干子问题并将其进一步简化，以达到解决问题的目的，这也是科学和设计领域的一项重要技能；算法思维就是能清楚地理解问题解决的规则，能够认识到问题的起点、边界和限定范围，按部就班地完成任务或解决问题；算法思维就是能清楚地分析问题解决的优劣，能够设计与构造操作步骤更少、更经济的算法。

1. 算法思维是问题求解的思维方式

所谓问题解决，就是人在面临着问题情景时，为处理这个情景而产生的一系列认知加工活动。算法思维，是一种问题求解的思维，是一种将解决问题的方案用"程序化"或"机械化"表达的过程，从而使得运用计算机解决问题变成可能，同时也形成了解决问题的一般策略。构造、设计算法的过程是解决问题的过程，学习者面对呈现的问题，依据已学的知识，提出解决问题的方案，并用规范的算法语言描述，最终通过算法的实施来检验问题解决的效果。

分析、实施算法的过程是解决问题的过程。算法的序列特性保障了问题解决是根据一定的次序按步骤地、有条不紊地进行的，在每一时刻都知道下一时刻该怎么办，从而使得算法的执行规则非常简单而机械，并且一定能在有限次的操作后获得结果。因此，算法学习可以使学生经历算法化的过程，感受算法精神，体验算法思维。算法思维的训练，有利于培养学生的行事逻辑能力，即问题解决过程中思维的一般形式和一般规律迁移、运用能力的培养。

2. 算法思维是形式规整的思维方式

计算模型是构造性的，算法也是构造性的，算法具有形式化和符号的特征，即采用一种有限的确定性符号系统来对问题和问题解决过程进行符号化、形式化描述。算法的确定性表明，算法的每一步操作，顺序和内容都必须确切定义，而不得有任何歧义。因此，算法思维体现了严谨的、规整的逻辑思维。

将事物或过程用形式化语言准确描述是算法思维的重要表现之一。在自然语言体系中，往往因场合、语调以及词语分隔的差异，会出现许多二义性，例如"打死老虎"就有打死了"老虎"和打"死老虎"二义。在算法学习中，需要将生活中的自然语言转换为确定化的算法语言，既需要学习者解决形式化工作，也需要解决表达唯一性工作。此外，算法设计中也需要全面考虑并罗列各种条件和各种情况，并分别对各种情况提供操作要求。

算法思维的培养将有助于人们对条理性思维习惯的偏好。当人们在面对纷繁复杂的信息思考问题时，往往喜欢通过流程框图来表达问题，理清关键要素，并运用算法高速而有效地解决问题，这就是算法思维在人们日常生活、工作中的渗透。

3. 算法思维是人机共存的思维方式

算法可以通过程序来实现,算法具有明显的自动化特征:第一,运算速度快;第二,数据存储量大;第三,数据计算准确性高;第四,有严格的顺序性。针对一个计算问题,用程序来解决还是人脑来解决,往往会采用不同的方法或算法。例如,数学中的"鸡兔同笼"问题,传统方法是需要通过问题分析并排列方程来求解,反映了数学训练的一种方式,也反映了人脑计算的方法。但作为计算机算法的实现,依据计算机高速运算的特性,往往采用穷举算法来求解才是合理的方法。

由此可见,算法思维体现了人机共存的思维方式。算法的学习,不仅是算法设计的过程,也是算法优化的过程,更应该以全局的观点把握合理的算法核心。人的思维和机械"思维"各有所长,人机共存的思维方式则是辩证地认识人与计算机的关系,并恰当地赋予计算机的思维,让计算机为人类服务。所以,算法的教学,需要突破简单的问题求解,挖掘人机共存的算法思维内涵,在算法学习的同时培养全局意识和创新精神。

4. 算法思维与计算思维

算法思维和计算思维都是针对计算机学科提出的思维方式。与计算思维不同的是,算法思维是从算法的视角描述计算机处理数据、解决问题的基本逻辑方法,算法思维更强调计算过程的有序步骤以及与这种有序步骤相关的构造、执行等问题。

在计算机广泛应用的今天,人们通过程序指挥计算机解决各种问题,而所谓的程序仅仅是用某种计算机语言所描述或表达的算法。算法设计则是程序设计的核心和基础。从这个意义上说,算法是信息处理的核心之一,算法思维方式是信息技术的最基本的思维方式。

二、信息技术课程中的工程思维

根据美国工程教育协会(ASEE,American Society for Engineering Education)的定义,工程是一种把科学和数学原理、经验、判断和常识运用到造福人类的产品制造中的艺术,是生产某种技术产品或系统以满足特定需要的过程。《现代汉语词典》对工程的释义是"土木建筑或其他生产、制造部门用比较大而复杂的设备来进行的工作"。由此可知,通俗地说,工程就是包含了设计和制造的大型的生产活动。

我们简单比较一下科学、技术与工程。科学是对未知世界的发现、理解和认识,是以发现为核心,追求真理;技术是人们改造世界的各种可能的方法、技巧和工具,是以发明创新为核心,追求构思与诀窍。科学活动的本质特征是反映客观存在的,技术活动的本质特征是探寻变革存在的具体方法,工程活动的本质特征是创造存在和超越存在。通俗地说,科学关心的是"是什么"、"为什么"的问题,技术关心的是"可以怎样做"、"能怎样做"的问题,而工程关心的是"可以做什么"、"应不应该做"和"应怎么做"的问题。

计算机科学与技术是对描述和变换信息的算法过程,包括其理论、分析、设计、效率分析、实现和应用的系统的研究。相应计算机学科的基本问题是:什么能(有效地)自动进行,什么不能(有效地)自动进行。计算机学科不仅不排斥工程的方法,相反广泛采用了其他学科行之有效的工程方法,如在软件开发时采用开发工具、环境和规范,进而形成软件工程学。

1. 工程思维

从思维方法来看,传统的科学思维与技术思维都是理论性的,强调思维的逻辑性、客观性与真理性。与此相反的是,工程思维是实践性的,更强调思维的整体性、人文性和实践性,思考的方法可能是逻辑的,也可能是非逻辑的,即形象的、顿悟的、经验的。理论思维是认知型的思维方式,其基本特征是力求逻辑自洽、规避自相矛盾。工程思维就是在工程的设计和研究中形成的思维,是一种筹划性的思维。工程思维是工程技术人员综合运用逻辑思维、形象思维和顿悟思维分析和解决问题的思维能力,工程思维是运用各种知识解决工程实践问题的核心。

工程活动是一项复杂的系统性活动,各种各样的工程活动有着各自的特点和独特的内在结构。但是无论多么复杂的工程活动都必须经历设计规划、建设实施以及消费使用三个阶段。由此可以对应,工程思维按内在结构可以分为三个方面:工程设计思维、工程实施思维、工程消费思维(见图 5.9)。

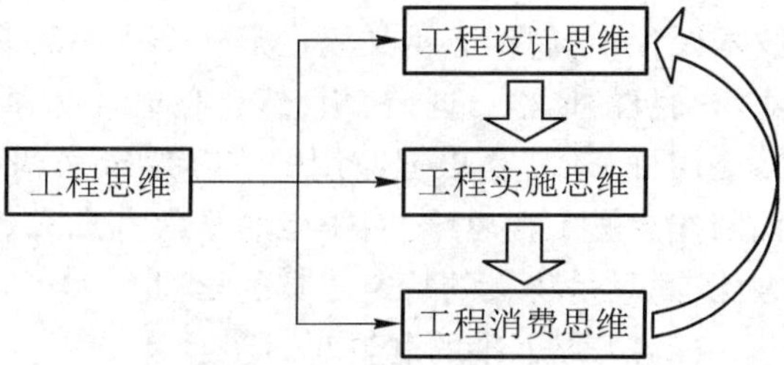

图 5.9　工程思维组成

在这三类思维中,工程设计思维涉及的主要任务是完成工程建设的准备工作,主要内容包括立项、可行性分析、融资、设计、决策、风险评估、招标、授标等。这种思维面临的是潜在可能性与现实可行性的转化契机, 寻求工程理想与工程实在两者间矛盾的解决。显然,工程设计思维是人们基于已掌握的知识、理论、技术和方法设计开发新的物品的过程,是目前基础教育中理论思维的有效拓展。

工程实施思维是根据常规性、稳定性、安全性、可控制性等方面来实现工程设计,并且在工程实施过程中加以必要的修正,使之适应实际的要求。因此,工程实施思维是思维方式的重构,也是使用价值的重构。工程实施思维正是目前基础教育所缺失的,同时也是学生解决学习生活中的实际问题所必备的重要思维方式。

当某项工程竣工时,它的价值还只是潜在的,只具有可能性意义上的价值。如果建成的工程不能进入消费阶段,那么这项工程的价值就是没有实现的价值。工程消费思维就是关注工程成果消费过程可以涉及的一系列的心理活动:效用优化选择的心理支持和大众检验, 即社会公众消费工程成果的根本原因是因为工程成果比原先的效用更好,使用价值更高。因此,工程消费思维强调的是工程消费公众从终极需要的角度对工程成果的设计要求、效能、性能、简便型、安全性和可靠性等评价,并重新指导工程的设计与实施。

2. 工程思维教育价值

我国的传统文化是重视理论,技术次之,工程更次之。在基础教育中,具体的体现是重视研究"是什么"、"为什么"的理论思维。但是,理论思维的产物并不能直接付诸实践,在实践前必须进行筹划性思考,即进行筹划型的工程思维。因此,工程思维能使理论思维有效地在实践中得到良好的应用。

(1) 工程思维的全局观。

工程思维的全局观表现为系统性和综合性。工程是一个系统,其中每一个部件都是相互关联的,工程思维的系统性,表现在无论是工程设计还是工程实施,都要用系统的观点来思考。同时,工程思维具有很强的综合性。因为在人类的实际生活中,有许多问题都不是能够以纯理论演绎可以解决的。运用工程思维解决问题时,必然要根据自然科学的各种原理和工程实践知识及经验,从不同角度、不同层次和不同路径上对思维对象进行综合性观察、分析、研究,达到解决问题的目的。在信息技术课程中,制作演示文稿也是一个小小的系统工程,首先需要根据应用目标规划演示文稿的风格、选择模板,然后收集素材和制作,最后还要测试其播放效果。在实际应用中,还需要根据应用的实际效果来调整内容及呈现方式。显然,通过演示文稿制作渗透工程思维,对学生的学习有意义。如果仅学习演示文稿制作软件的使用方法,则只是狭义的特定工具的学习。

(2) 工程思维的逻辑观。

工程思维的逻辑观表现在操作实施上的实践性和缜密性。工程思维是以解决具体问题为目标的, 任何一个工程项目都是依据工程思维方法, 经历以下这些环节:"工程目标分析→方案设计→方案论证决策→工程实施→检验、反馈、修正",这些操作环节体现了解决工程问题的逻辑顺序, 在这个过程中不仅需要将理论知识联系到生活实践中,而且也培养了人们的工程实践能力。同时,工程思维有很强的缜密性。尽管工程思维需要多层次、多角度地对思维对象综合思考,但工程的操作实施不仅有严格程序要求,而且每一环节、每一步骤都有严格的工艺要求。程序设计是典型的工程思维体现。程序设计过程依据工程项目的实施环节进行,程序设计实现了算法并在计算机上验证, 程序编制过程中需要严格遵守相关规则才能通过语法和词法分析,程序的调试也是工程实施思维中有关修正的具体体现。

(3) 工程思维的方法观。

工程思维的方法观体现在设计上的实用性和创新性。工程思维是从工程实践和现实生活中提出问题,运用科技成果改造客观世界,它所要解决的都是真实的、实际的工程问题,体现了工程思维是一种介于理论思维与实践之间的筹划型思维,是一种实用性思维。同时,工程的基本涵义是创造、发明、设计和建造,是一种创造性活动,工程思维具有创新性。工程思维在分析、解决问题中,既有概念或设想的孕育,构思的渐进性完善,又有顿悟、豁然开朗的突破性飞跃,即思维过程的质变。在信息技术实现中,体现其思维方法观的例子比比皆是:计算机设计中内存与外存的关系,视频信息压缩中速度与质量的平衡,因特网中IP技术的使用,多点触摸屏技术在电子产品中的广泛使用,都表现出工程思维在方法观上实用性和创新性。

3. 工程思维教育与信息技术课程

长期以来,工程一直被看作是技术的分支。近年来,随着工程逐渐成为社会主流的活动形态和实践方式,加上技术哲学的经验转向,才导致工程与工程哲学的凸显,并最终从技术和技术哲学中分离出来。从工程的活动形态来看,工程可分为制作工具的实践活动和用工具完成预定目标的实践活动。如何制作信息技术工具以及如何用信息技术工具解决实际问题都是信息技术课程的学习内容，这些学习过程一定渗透工程思维。

计算机界人士长期以来一直认为程序设计语言是进入计算机学科各领域的优秀工具,也是获得计算机重要特征的有力工具。早期在中小学开展BASIC语言和LOGO语言学习为主的计算机课程,正是以认识计算机特征为目的的。受多方面的局限,当时的课程没有从工程设计思维、工程实施思维、工程消费思维的角度认识程序设计语言学习和运用的价值,而是过多地关注具体语言的细节。

以应用软件为学习对象的计算机课程,虽然强调了应用,但仍然关注软件操作细节的学习,使得课程学习内容与社会上的软件培训班相似,缺乏从工程思维的角度培养学生思考问题和解决实际问题的方法。随着计算机软件的丰富与普及,以及计算机操作的人性化,仅重视工具操作,缺乏思维和方法的计算机课程面临改革是必然的。

信息技术课程不仅在课程目标上实现了从掌握计算机知识和技能到信息素养的转变,课程形态、教学内容、教学模式、评价方式、教材等方面都有了较大的发展与改进。信息技术课程将课程内容拓展到信息以及信息处理,基于工程思维与信息技术的天然关系,工程思维培养应该成为信息技术课程的核心目标之一。

算法思维是一种基于数学的思维,具备理论思维的属性。同时,算法思维也包括了真实问题的解决过程,具备工程思维的属性。在信息技术课程中,相比算法思维,工程思维有两个特点:其一,更具有普遍性,涉及信息技术课程中更多的学习领域;其二,更关注技术和工具,强调用信息技术工具有效地解决问题。因此,探索信息技术课程中工程思维的学习价值,将会拓展人们对信息技术课程目标的认识,促进信息技术课程成熟发展，最终使广大学生通过课程学习获得终身有用的思维方式和能力。

三、信息技术课程中的批判性思维

批判性思维是20世纪80年代以来在以美国为代表的西方教育界受到高度重视的一种认知思维能力,它是创造或处理信息和思想的技能,是理智地使用那些技能指导行为的习惯。一个拥有良好批判性思维的人能够: 提出问题,表达问题;评估和甄别所得信息;有效阐述并测试解决方案和结论;与他人沟通。批判性思维与写作、沟通、逻辑等能力一样,是一个人所必须具备的基本能力。

批判性思维能够支持对信息的处理与决策, 这是由批判性思维本身的特性所决定的。在信息时代里,所有的知识与信息几乎都是触手可及,一个人如果不能从自主建构丰富生活的立场来对知识与信息进行批判性思维,就很难客观、公正地把握信息。运用批判性思维,可以通过解释、分析、评估、推论以及自我校准来判断信息的清晰性、正确性、相关性、重要性,并在此基础上做出决策和行动。可以说批判性思维贯穿于信息的获取、加工和评价的全过程,它可以帮助我们确定什么样的信息是有用的,消除因个人偏见所产生的、对信息获取、解释与评价有阻碍的消极影响,对信息的价值、意图以及合法使用等方面进行评价与思考。信息的处理与决策,依赖于计算,正确的计算方法和过程,可以保证信息处理的正确性。所以,计算思维与批判性思维有很多的相通性,它们都是关于人的思维,它们都是用于指导问题解决的思维,它们都是保障信息或数据加工处理有效进行的思维。

1. 批判性思维内容

当前批判性思维一词的使用非常频繁,但却没有统一的定义。原因之一就是批判性思维所包含的内容比较广泛,它涉及逻辑学、心理学、决策论等诸多学科内容的具体运用,以至于模糊了它的内容。大部分学者认为,批判性思维包含两种成分:其一,一种产生信念和处理信息的技巧;其二,一种以智力活动为基础的,使用这些技巧来指导行动的习惯。或者将批判性思维看作是批判性思维智力技能和批判性思维精神的结合(见图 5.10)。

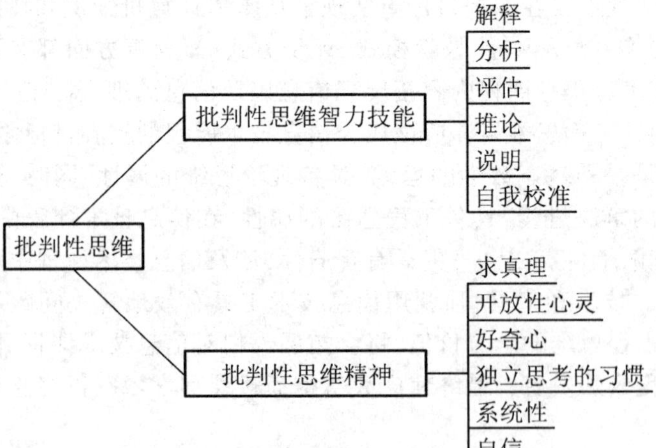

图 5.10 批判性思维

(1) 批判性思维智力技能。

根据美国和加拿大 46 位人文科学、自然科学、社会科学和教育领域的专家于 1990 年发表的“批判性思维:一份专家一致同意的关于教育评估的目标和指示的

声明”指出,批判性思维技能包括以下六个方面:

解释(interpretation),能够准确地理解信息,洞察信息所传递的目的、意义、价值等,并且能够剔除不相关或者有混淆的内容,通过一定的表达方式将信息的内容、目的、意义、价值等进行澄清。

分析(analysis),能够辨识信息之间的关系,找出支持某个主张、意见或论点的理由,得出推论。

评估(evaluation),对陈述的可靠性、信息之间的关联性,证据或者前提的正确性、推理的逻辑强度和正确性进行评价。

推论(inference),在上述基础上形成推测和假说。

说明(explanation),陈述推理的结果以及该推论结果所依据的证据、概念、方法以及情境,以便向自己或者他人证明过程和结果的正确性、可靠性。

自我校准(self-regulation),能够有意识地对自己的认知活动过程和结果进行监控,并且自我校正所揭露的错误和不足,能对思维过程进行自我监控和管理。

(2) 批判性思维精神。

批判性思维精神是一种对认知对象积极地进行评判的心理状态、意愿和倾向,是个体的批判性意识,能够使个体时刻用批判、辩证的眼光看待问题。批判性思维精神由以下六个要素构成:

求真理(truth-seeking),是指为信念、价值行为所做的坚持。主要表现为:即使所追求的信念、价值行为不受鼓励,仍然对继续调查保持公正和客观的态度,不会轻易地放弃。

开放性心灵(open-mindedness),能够意识到自己所掌握的知识或者自己思想的局限性。主要表现在两个方面:其一,当别人的观点、思想与自己存在分歧时,能够容忍分歧,并能够很敏感地感觉到自己存在偏见;其二,当自己的观点、思想存在论据不充分或有争议时,愿意重新考虑和修订自己的观点,能够用新的方法考虑问题,寻求新证据或新观点。

好奇心(inquisitiveness),是指对外部事物持有疑问的倾向。主要表现为:无论事物的外部表现是否显性,都重视信息获取,知道事情是如何进行的。

独立思考的习惯(thinking independent),即愿意个人独立、自主地进行钻研问题。主要表现为:能深入地、独立地对问题进行分析钻研,对所提供的相关信息进行重新的组织。

系统性(systematicity),是指能够对复杂的工作保持秩序和规则。主要表现为:面对复杂的事物能做到有条不紊,头脑清醒,对事物进行谨慎的判断,通过计划来处理复杂的问题,并能够根据计划预测行为的结果。

自信(self-confidence),是指个体相信自己推理能力的心理倾向。主要表现为:相信自己所作判断的正确性,并能够意识到自己的观点、思想以及所研究问题的价值。

2. 计算思维与批判性思维

尽管计算思维和批判性思维来源于不同的学科，但两者仍然存在着天然的联系。在今天这样一个海量信息的时代里，人们面临着如何在纷繁芜杂的信息资源中找到自己所需信息的挑战。计算思维可以指导人们为信息获取和加工提供便捷，而批判性思维可以指导人们有效地甄别信息并做出正确判断。因此，信息技术教育过程中，计算思维学习和批判性思维培养可以同步发展。

(1) 批判性思维与逻辑。

逻辑不仅是计算思维的主要工具和方法，也是批判性思维的核心和精髓。批判性思维的本质是逻辑思维，在批判性思维中，逻辑是必不可少的工具。

在信息技术课程中，逻辑也十分重要，因为逻辑是信息技术的基础。其一，信息技术的实现是以逻辑运算为基础的，二进制逻辑运算就是计算机的工作基础；其二，运用信息技术工具需要逻辑判断，关系型数据表达就是现代信息技术处理数据的基本逻辑，人们就是通过各事物属性的逻辑关系来加工与管理数据的；其三，信息技术强大的信息处理功能背后，是以对信息的逻辑化分类为基础的，以文件夹和菜单为代表的数据和操作的树结构就是信息的层次逻辑表征。

因此，信息技术课程的学习过程，蕴含着训练逻辑思维，培养计算思维，同时也构建了批判性思维的基础。信息技术课程需要使用和遵循批判性思维的具体方法和策略，也需要有批判性思维的方式和习惯。倡导信息技术课程中批判性思维技能和方法的训练，也有助于信息技术学科的发展。

(2) 批判性思维与问题解决。

问题解决是信息技术课程教学中特别关注的问题，也是计算思维针对信息处理的指导思维。问题解决的一般过程包括表征、策划、执行和控制。问题的表征就是将问题转换为问题解决者内部的心理表征；解决方案的策划包括确定必须进行的操作和步骤；解决问题的执行包括在策划中详细说明的各种操作或运算任务；解决问题的控制涉及对相关监控和调节的元认知过程。

在问题表征过程中，需要批判性地审视自己的假设是否合理，对问题的理解是否恰当，并在解题过程中随时根据情况修正对问题的表征。批判性思维要求学习者采用适合自己的方式和方法去控制、转换信息，形成对问题的表征。可以说，批判性思维是保证形成正确乃至巧妙的问题表征的关键。同样，发现问题解法的过程，是在问题表征的基础上在问题空间中进行搜索的过程。这个过程中，批判性思维有助于问题解决者批判性地理解和吸收这些信息，并进行有效的监控和调整。

计算思维是人的思维，不仅关注人脑计算解决问题，也关注采用机器计算解决问题。在信息技术课程学习过程中，批判性思维不仅渗透于问题解决的表征、策划、执行和控制过程中，还在如何处理人脑计算与机器计算的关系中发挥作用。

3. 信息技术课程中的批判性思维教育

培养批判性思维有两条路径：一是开设专门的批判性思维课程；二是把批判性

思维的培养与各类学科教育相结合。国外一些大学已经将批判性思维发展成为一门成熟的课程,旨在使受教育者获得一套具体的、可操作的思维技能和方法。目前在我国的基础教育中,通过与各类学科教育相结合渗透批判性思维培养是行之有效的方法,其中信息技术课程可以成为学生批判性思维培养的途径,这是因为一方面批判性思维渗透于信息技术教育之中,另一方面批判性思维的特征决定了关注批判性思维将促进信息技术课程的发展。

第一,批判性思维是一种怀疑的、审慎的心态,是一种理性精神、思维品质和人格特征,甚至是一种积极的生活方式。这种心态不盲目地相信权威和教条,不会简单地去相信自己的所见所闻,而是主动地运用自己的知识和智力去分析各种论证、推理并作出自己的判断,有选择地接受他人的观点。这种思维品质应该是信息技术教育所倡导的,并成为飞速发展的信息技术外表下的核心思维,因为这种思维品质可以促使人们不断地学习新技术和新应用,同时又能谨慎地对待现代信息技术对自然的影响。

第二,批判性思维是评估或建构的过程,是一种价值判断的过程。批判性思维需要对陈述的可靠性、信息之间的关联性、证据的正确性、推理的逻辑性进行评估,在此过程中有可能推翻已有的陈述,提出新的陈述。批判性思维的这种价值判断与建构贯穿于信息技术课程的教学之中,指导师生对信息技术中涉及的机器思维和人的思维发生冲撞作出正确的价值判断。关注批判性思维,有利于促进信息技术课程中的技术学习和信息处理的融合,使学生正确地把控技术与自然的关系,而不是仅仅完成技术操作的训练。

第三,批判性思维是多种思维方法和方式的综合运用。它不仅需要思维者拥有解释、分析、评估、推论、说明、自我校准的技能,还要求思维者拥有追求真理、开放性心灵、好奇心、独立思考、系统性、自信心等精神。信息技术课程作为一门开放的、综合的、发展的、实践的课程,需要有逻辑与非逻辑的、演绎与归纳的,乃至联想与发散的多种思维方式和方法,通过对批判性思维的研究,可以探索批判性思维对信息技术教学的指导作用,并重新审视思维培养在信息技术课程中的地位。

基于批判性思维的信息技术教育不是简单地学习信息技术操作,不是抽象地讲述批判性思维的内涵,不是孤立地进行批判性思维技能的教学,而是把基于批判性思维的信息技术教育整合到具体的应用场景中,指导学生把批判性思维应用到他们熟悉与关切的真实生活中,在切实的信息技术应用经历中体验批判性思维所具有的价值。

批判性思维作为一种思维方法是信息技术教育中指导人们如何处理信息的核心内容,帮助人们从海量信息与信息沉溺中解脱出来,使人能够针对情境开展有目的的、经济的信息活动。所以,信息技术教育应该建立在批判性思维的基础上,批判性思维的引入为信息技术课程的学科思维赋予新的价值,成为信息技术课程新的课程目标追求。

第三节 中小学计算思维教育的国际视野

2011年,隶属于ACM的美国计算机科学教师协会(CSTA)在K—12阶段(即幼儿园至12年级阶段)计算机科学课程示范模型(第2版)的基础上,公布了《CSTA K—12计算机科学标准(2011)》。这份文件提供了一个贯穿幼儿园到高中的计算机科学标准,并且把计算思维培养作为计算机科学课程的主要课程目标。这是美国继大学教育中开展计算思维教育以后在中小学开展计算思维教育的具体行动。

几乎是同时期,英国的中小学信息技术教育也由ICT(信息通信技术)转向计算机科学。2010年起,英国社会各界对ICT教育现状提出质疑,社会各界提出了各种有关信息技术课程的研究报告,如2012年英国皇家学会(Royal Society)发布了题为"关闭还是重新开始:英国中小学中计算的方式"(Shut down or restart? The way forward for computing in UK schools)的报告。2010年CAS组织(the Computing at School Working Group,中小学计算工作组)发布了"学校中的计算:国家中的地位"(Computing at school:the state ofthe nation)的报告。

CAS是一个由英国计算机学会(British Computer Society,BCS)、微软、谷歌以及英特尔等联合组成的研究团体,致力于促进学校中的计算机科学课程的教学。在2012年,CAS公布了一个计算机科学课程的方案——《计算机科学:一门中小学课程》(Computer Science:A Curriculum for Schools)。该方案是在"关闭还是重新开始:英国中小学中计算的方式"以及"学校中的计算:国家中的地位"两个报告的基础上起草的,主要内容包括五大部分:第一部分,学校中计算机科学的重要性;第二部分,在计算机科学中重复出现的关键概念;第三部分,学生应该能够执行的关键过程,即计算思维;第四部分,学生应该知道的范围和内容;第五部分,计算机能力标准的水平描述。

一、计算机科学教育的兴起

在美国,20世纪60年代中期,斯坦福大学利用该校的计算机教学系统,展开中小学计算机教育的实验;麻省理工学院则利用其计算机教学系统,以幼儿园儿童为实验对象,进行LOGO语言的教学实验。这应该是在中小学最早开始的计算机教育。

20世纪70年代以后,随着大规模集成电路的研制成功,微型电子计算机面世,计算机教育的发展速度加快,计算机教育不仅在大学普遍实施,在中学也时常可见。1970年,美国拥有电子计算机的公立中学数目占公立中学总数的34.4%,1975年上升为58.2%。尽管计算机教育普及迅速,但当时的计算机教育主要是计算机文化教育。2003年10月,美国计算机协会(ACM)课程委员会专职小组提出了一个系统的计算机科学课程模型，为美国中小学学生能连贯地学习系统的计算机科学课程提供了一套解决方案，标志着中小学计算机科学教育的兴起。2006 年 ACM 又完成了第二版的修订。《CSTA K—12 计算机科学标准(2011)》就是在此基础上制定的。

1. 信息技术、教育技术与计算机科学

随着计算机应用的日益普及，随着学校信息技术与课程整合应用的不断加强，随着教师教育技术能力越来越得到重视，也随着教育技术专业人士对计算机教育及信息技术课程越来越关注，计算机科学、计算机教育与相关领域内容的学习越来越模糊。教育者和政策制定者也受困于"技术应用"、"技术素养教育"、"信息素养"、"计算机科学教育"等不同的提法。因此，理解信息技术、教育技术、计算机科学等基本概念及区别，对认识计算机科学教育的兴起是有益的。

计算机科学(Computer Science)是指计算机和算法过程的研究。包括计算机的原理、硬件和软件的设计、计算机的应用和对社会的影响。计算机科学教育包括如下要素：设计软件和硬件，数字化制品，抽象、逻辑、算法应用和实施，程序范式和语言，基本原理，网络、图、数据库和信息索引，信息安全和隐私，人工智能，计算和机器的关系，计算局限，信息技术应用和信息系统，以及计算的社会影响等。

教育技术(Educational Technology)与计算机发生关联，主要在于教育技术提倡在课堂学习中使用计算机，或者说是运用计算机技术(包括硬件和软件)去学习其他学科。例如，科学老师可以使用预先存在的计算机模拟专业物理原理，帮助学生更好地理解；英语老师可以使用字处理软件帮助学生提高编辑和校对的技能，当教育技术和这些工具的运用联系起来时，计算机科学就和设计、创造、测试、修改和核对等工具恰当地联系起来。

信息技术(Information Technology)是人们为操作和共享不同形式的信息而对技术的一种运用。虽然信息技术包括学习计算机，但它也强调技术自身的特征。信息技术专家承担的责任是选择合适的硬件和软件产品，并将那些产品和现实需要与基础设施整合起来，安装、编制和维护技术资源。因此，信息技术的学习内容关注以下方面：安装、保护和管理计算机网络；安装、维护和使用软件；管理和保护现实与虚拟世界中的数据；管理通信系统；设计、实施和管理网络资源；开发和管理多媒体资源和其他数字媒体。

信息技术是一个应用研究领域，是由其知识的实践运用所驱动的，然而计算机科学除了实践外还加入了科学和数学。计算机科学的某些实践方面可以与信息技术共享，例如，文本、图片、声音、视频，但信息技术关注的是学习怎样使用和应用这些工具，而计算机科学关注的是这些工具是如何设计的，它们工作原理是什么。计算机科学和信息技术有很多共同之处，但其中任意一个不能完全取代另一个，例如，运算法则的复杂性是计算机科学的基本思想，但或许这些内容不会出现在信息技术课程中。表 5.1 罗列了信息技术课程和计算机科学课程的区别。

表 5.1 信息技术与计算机科学的区别

信息技术	计算机科学
人是课程的中心	计算是课程的中心
计算机系统怎么被使用	计算机系统怎么工作的
关注的是信息技术系统的发展，特别是最终使用者的应用	关注的是算法思维、一个真实世界的问题被分解的方式，建构一个解决问题的方案
焦点是通过使用一系列的应用软件来建构一个应用的解决方案	通过编写新的软件或其他设计来开发新的系统
重心在于选择和评价恰当的软件	重心是建设新软件(或硬件)的原则和技术，其中程序是很重要的技术
信息技术支持人类的活动	计算是一面“镜子”，透过它我们能够以一种新的方式理解自然世界和思想的实质
倾向应用，职业	倾向学术

事实上，计算机与计算机科学也有本质的区别。相对与计算机科学，计算机仅是一种工具，一种为人们数据加工提供方便的计算工具。当然，这里指的计算是指广义的计算。正如曾提出结构程序设计思想的计算机科学家戴克斯彻(Dijkstra)教授给出的著名论断：“计算机科学不只是计算机，就如同天文学不只是望远镜。”

2. 计算机科学教育兴起的背景分析

计算机科学和技术已经进入我们的经济、生活和技术产业的各个核心地带，数字化时代也正改变着世界和劳动力发展，作为一个受过良好教育的公民，在步入计算强度日益增加的世界，并为工作做准备时，他们就必须对计算机科学的基础知识有一个深入的了解。

然而出人意料的是，随着计算机在社会经济发展中的地位越来越突出，美国的中小学计算机教育并不如人意。美国计算机协会(ACM)和美国计算机科学教师协会(CSTA)发布“一无所获：数字时代 K—12 计算机科学教育失败的研究报告”(Running on Empty: The Failure to Teach K—12 Computer Science in the Digital Age)，对 2009 年和 2010 年美国计算机科学教育融入各州教育标准和实施情况作了详细研究。

报告反映了 K—12 有关计算机教育的基本情况：各州更关注计算机技能方面的内容(例如，在其他活动中使用计算机)，很少有标准是关注计算机科学概念方面的内容，而这些内容确实是学生创新和在此领域深入学习的基础(例如，某种算法的理解)；只有 14 个州有支持计算机科学教学的州高中教育标准（即超过 ACM/CSTA 的国家计算标准模型的 50%内容），其他三分之二以上的州在中学阶段很少采用计算机科学标准;只有九个州将计算机科学课程列入必修毕业学分,融入在科学或数学中。

在这种情况下,直接导致国家计算机科学人才培养与实际需求之间产生落差。从每年美国高中 AP 课程“计算机科学”报考人数的下滑就可以看出高中阶段对计算机科学课程的不重视。AP 是 Advanced Placement 的缩写,美国大学预修课程,是指由美国大学理事会(The College Board)提供的在高中授课的大学课程,美国高中生可以选修这些课程,在完成课业后参加 AP 考试,得到一定的成绩后可以获得大学学分。高中学生选修 AP 课程的情况是对他们大学专业选择的反映。现存计算机教育标准所带来的困惑限制了计算机科学教育的改革。一些州的标准抛开计算机科学的概念强调技术素养。有些计算机科学标准也只是作为其他学科的一部分。对于学校教育来说,标准是实施的基本框架, ACM/CSTA 发布的《CSTA K—12 计算机科学标准(2011)》,建立了整合计算思维教育的 K—12 计算机科学课程,在高中阶段则允许开设学术严谨独立的计算机科学课程。

在英国,出现的问题与美国的相似。英国教育标准办公室(Office for standards in Education,简称 Ofsted)于 2011 年 12 月发布了报告“学校中的 ICT 2008—2011”(ICT in schools 2008—2011)。该报告调查了英国的 167 所中小学校,通过大量的调查数据揭示了现行 ICT 课程的实施现状以及存在的问题。该报告认为,目前的 ICT 教学是远远不足的,信息技术教师缺乏足够的信心和能力来教授更加严肃的课程,而学生在学校里没有机会发展自己的编程能力。该报告的数据显示,在英国参加有关 ICT 课程的普通中等教育证书考试(GCSE 考试)的学生数量自从 2007 年就开始急剧下降。在 2007 年有 81 100 名学生参加考试,而 2011 年只有 31 800 名学生参加考试,降幅达到 61%。在获得 ICT 课程的 A 水平数量上也有下降,在 2007 年有 10 885 名学生获得了 A 水平,而在 2011 年只有 8830 名学生获得了 A 水平,降幅达到了 23%。

来自学生学习状况的调查表明, 英国中小学生对于目前的 ICT 课程普遍感到不满意, 他们厌烦了传统的微软办公软件的教学内容, 认为目前的 ICT 课程是呆板、无趣的。特别是随着最新的信息技术发展以及苹果终端设备的普及,英国中小学生期待获取一些更符合目前实际需要和更加能够彰显个性来发挥其创造性的课程内容。

社会各界普遍质疑目前中小学校的 ICT 课程能不能够满足数字化产业发展的需要。2011 年 7 月,英国政府文化、传播及创意产业部(Culture,Communication and the Creative Industries)于 2011 年 11 月发布“下一代报告书”。这份报告指出现在所处的数字科技发展时代,传统产业必须转型,才能帮助英国脱离经济萧条的危机。英国政府警告学校:“教授如何使用计算机的课程又称作信息通信技术(ICT)。这些课程被认为不够严谨,所以必需要重新规划”。“现在学校里所提供的计算机课程已经过时了,而且也太过于简单。”在这样的背景下,英国政府开始重新审视其 ICT 课程，考虑在中小学开设计算机科学课程。

英国规划的中小学计算机科学的教学希望以如下三种方式满足学生的需求：

(1) 学生获得更深层关于计算的基础知识。随着计算的无处不在，这些关键性的基础知识对他们的一生都有帮助。

(2) 让学生接触一个不断促进革新的领域。尽管面临着当前经济的挑战，但这个领域的工作前景依然强劲。

(3) 学生获得重要的知识和技能，这些知识和技能有利于他们在高等教育中获得成功。

计算机科学教育以布卢姆认识分类学中的高级认识能力为基础，包括设计、创新、问题解决、针对问题分析多种可能的解决方案、合作、呈现技能。在计算机科学学习过程中，培养了学生的逻辑思维和问题解决技能，这些技能可以用于解决现实世界中有关数学和其他方面的问题。此外，对于那些在高中阶段学习过计算机科学，并具有前期技术经验的学生，他们能很好地为以后的学习做好准备。

计算机科学支持着技术部门，为国内经济发展和其他经济部门做出了巨大的贡献，这些经济部门需要具有创新能力的、高技能的计算机科学毕业生。计算机联系着每个人的日常生活，维护数字化设施、完成选举投票、保护国家安全以及使能源设施更有效等许多问题都依赖于计算和具有计算专业技能的工作者。

3. 计算机科学教育兴起对信息技术课程产生的影响

我国的信息技术课程起源于计算机课程，世界各国的信息技术课程发展历史也基本相同。在计算思维教育倡导下，欧美计算机科学教育重又兴起，无疑可促进我国信息技术课程的改革与发展。

首先，计算机科学教育的兴起，为解决目前信息技术技术课程诸多困惑提供了可能的解决方案。信息技术的飞速发展，为人类使用信息技术提供了极大的方便，但也给以信息技术使用技能学习为主要内容的信息技术课程稳定性带来了巨大的挑战。学习内容的不稳定影响了信息技术课程的健康发展，而计算机科学教育从科学的视角理性地向学生展示学科的基本框架和基础概念，对信息技术学科自身基本框架和核心概念的探求提供了思路。

其次，计算机科学教育的兴起，可以促进信息技术课程从技能教育转变为思维教育。目前的信息技术课程普遍存在着“只见技术不见人”和“什么实用教什么”的现象。前者反映我国课程实现中存在着过度的技术化取向问题，后者反映了功利主义的课程价值认识。其实，这两种现象所反映的本质都是相同的，即以简单技术掌握为第一要义，虽然强调了用信息技术解决实际问题，但也仅是解决如何操作软件以达到学以致用，缺乏从学生人生发展的高度看待信息技术课程所应有的价值。计算机科学教育以计算思维为主线，实现了不同学段学生围绕计算实现所涉及的知识、技能、过程与方法。从表 5.1 可以看出，尽管计算机科学与信息技术有区别，但两者都是围绕计算机这一现代化计算工具展开课程教学的，由此，计算思维教育也可以成为信息技术课程的教育内容。

第三,计算机科学教育的兴起,对信息技术课程的核心价值探索有启示作用。从计算机科学教育看信息技术课程，促进我们从信息技术课程中信息素养培养转向对信息技术工具本身的关注,反思计算机课程,重视计算教育。这是一种“基础的回归”,把学习计算机科学看成是学习数学或英语一样的基础知识。我们将重新审视飞速发展的计算机技术、网络技术、多媒体技术,探索信息技术课程相对稳定的教育价值。

二、英国中小学计算机科学课程

依据 2012 年 CAS 发布的“计算机科学:一门中小学课程”报告,计算机科学课程将学生的学习内容分为五个部分:算法、程序、数据、计算机、通信与因特网。课程针对四个年龄段规定了学生应该掌握的学习内容。

英国计算机科学课程的学习内容

1. 5—7 岁学段

● 算法

◇ 算法是一个为实现目标而预先定义步骤的指令集合

◇ 算法可以用简单的格式表示

◇ 算法可以描述日常活动,可以由人类和计算机执行

◇ 计算机比人类还需要更精确的指令

◇ 步骤是可以重复的,一些步骤可以由一系列更小的步骤组成

● 程序

◇ 计算机是由指令序列控制

◇ 一个计算机程序,就像故事的叙事部分,计算机工作就像是解说员解说,计算机没有智力,所以盲目地叙述指令

◇ 特定的任务可以通过创建一个计算机程序完成,一些计算机允许用户创建他们自己的程序

◇ 计算机通常接受输入,按存储顺序执行指令序列,并产生输出

◇ 程序可以包含重复的指令

● 数据

◇ 信息可以以多种形式存储和通信,如数字、文字、声音、图像、视频

◇ 计算机使用二进制开关(开/关)来存储信息

◇ 二进制(是/否)可以直接提供有用的信息(例如,存在或不存在),并可用于决策

● 计算机

◇ 计算机是用于存储指令序列的电子设备

◇ 计算机通常接受输入和产生输出,在 PC 机的各方面的例子

◇ 许多设备都包含计算机

● 通信与因特网

◇ 万维网包含大量的信息

◇ Web 浏览器是一个使用查看网页的程序

◇ 每个网站都有一个唯一的名称

◇ 输入网站地址查看一个特定的网站,浏览网页之间使用超链接访问网站

2. 7—11 岁学段

● 算法

◇ 算法可以用流程图表示,或明确的指令表示

◇ 算法包括选择(if 语句)与重复(loop 语句)

◇ 算法可以被分解,其中分解的每一部分本身包含一个算法

◇ 算法应无歧义地精确表示,以避免错误

◇ 算法应根据计划要求开发,然后测试,测试中发现错误就要校正

◇ 对一个算法进行分割,可以更容易规划、测试和纠错

● 程序

◇ 计算机程序是一个指令序列,这一指令序列要求计算机完成指定的任务

◇ 一个程序是用某种编程语言(如 Scratch)编写的一个有序的语句集

◇ 选择机制,根据一些数据项的值,决定语句序列执行的选择

◇ 重复机制,利用一些数据项的值来控制时间序列是重复多少

◇ 可以通过程序模拟来回答"假设"类的问题

◇ 程序可以使用可视化工具创建,程序有不同的数据类型和不同控制结构

◇ 程序是明确的,无歧义的,避免错误是必要的

◇ 程序要按计划开发,测试时发现有错就纠正

◇ 好程序一定是可读性好的,可以使用代码和注释

◇ 网页是由 HTML 脚本构建的,它是以浏览器为载体运行的

◇ 对计算机编程,就像把"智能"输入计算机。

● 数据

◇ 同样的信息可以有多种表示

◇ 介绍二进制表示

◇ 程序中的常量和变量之间的差异

◇ 数据和信息之间的差异

◇ 结构化的数据可以被存储在由行和列组成的表中，表中的数据可以被排序、可以被搜索,搜索可以在表中一个或多个列中进行

◇ 数据可能包含错误,这会影响搜索结果和以数据为基础的决策,通过验证和确认环节可以减少错误

◇ 个人信息应准确、安全地存放,使用时受到目的的限制

● 计算机

◇ 计算机是执行程序的装置

◇ 应用软件是用来执行完成用户任务的计算机程序

◇ 操作系统是一个软件，管理应用软件和硬件之间的关系

◇ 计算机是由若干个硬件组件组成的一个特定的角色

◇ 操作系统和应用软件都储存数据

◇ 嵌入式计算机设备（如数码相机）、手持式计算机设备（如个人电子计算机和智能手机）也具有以上这些特征

◇ 各种不同的操作系统和应用软件通常在相同的硬件上运行

◇ 用户可以阻止出错，或解决出现的问题（如计算机硬件连接，防止病毒）

◇ 生活中与计算机相关的社会和伦理问题

● 通信与因特网

◇ 互联网将计算机连接在了一起，可用于分享交流，互联网不是网页，网页也不是互联网

◇ 网络中连接计算机所采用的设备或技术

◇ 网络支持多种服务（如 Web、电子邮件）

◇ Web 服务器与浏览器之间的关系，网站和网页之间的关系

◇ URL 的格式

◇ 搜索引擎的作用是允许用户查找特定的网页

◇ 技术角度的安全问题

3. 11—14 岁学段

● 算法

◇ 算法是通过一种精确的步骤来解决问题的

◇ 一个问题可以用几种不同的算法解决。

◇ 一种算法来解决一个问题，其选择依据取决于具体的解决方案

◇ 算法和数据的精度需要

● 程序

◇ 编程是一个解决问题的活动，不同的程序可以解决同样的问题

◇ 变量赋值

◇ 程序运行可以用不同类型的数据，如整数、字符、字符串

◇ 在程序语句中使用关系运算符和逻辑控制符，以及优先级

◇ 使用函数和过程（定义和调用），包括函数和过程参数、程序多次调用同一过程

◇ 阐述程序的工作过程

◇ 理解程序语法错误和语义错误之间的区别，发现并纠正这两类错误

● 数据

◇ 二进制操作介绍

◇ 无符号整数、文本、声音、图像、视频的表示

◇ 同样的数值可以表示不同的内容，如位可以被解释为用于BMP文件或电子表格文件;一字节8位的值可以被解释为一个字符或一个数

◇ 计算机表示的数据往往需要双向转换,例如声音转换成MP3文件,MP3文件转换为声音

◇ 同一样事物在计算机中有不同的表示方法,如一首歌,可以表示为一个扫描图像的乐谱,是像素;可以表示为一个Midi文件;可以表示为一个WAV或MP3文件,不同的表现形式,适合不同的用途

● 计算机

◇ 计算机是执行程序的装置

◇ 计算机是通用设备(可以做许多不同的事情)

◇ 不是每台计算机看上去都有传统计算机的外表(大多数电子设备包含计算设备)

◇ 计算机基本结构:CPU,存储器(如硬盘,内存),输入/输出(如鼠标,键盘)

◇ 计算机是非常快的,还会变得越来越快

◇ 计算机可以“假装”同时做几件事

● 通信与因特网

◇ 网络使许多计算机一起工作

◇ 当一个终端用户请求网页理解,包括:在网络浏览器和服务器交换信息;请求消息(HTTP请求);一个网页的HTML结构;服务器做什么;浏览器做什么

◇ 数据是如何在互联网上传输的,包括:包和包交换;简单的协议

◇ 搜索引擎如何工作以及如何有效地搜索,并了解搜索查询的布尔运算符

4. 14—16岁学段

● 算法

◇ 算法的选择受到需要操作的数据结构和数据值的影响

◇ 熟悉几个经典的算法(排序和查找)

◇ 算法的设计,包括编制能力、验证能力、测试能力和代码纠错能力

◇ 完成同一项任务,不同的算法可能有不同的性能特性

● 程序

◇ 逻辑表达式的操作,如真值表和布尔值的变量

◇ 二维数组

◇ 高级语言编程

◇ 过程调用过程

◇ 程序控制读写文件数据

◇ 记录程序,有助于解释他们是如何工作的

- 数据

◇ 十六进制

◇ 补码整数

◇ 字符串操作

◇ 数据压缩;无损和有损压缩算法(如 JPEG)

◇ 利用离散的二进制表示的问题,包括:量化(数字表示不能代表完整的准确性,如灰度图像可能有 16 位,或 256 位,但总是一个有限数量的离散步骤);采样频率(数字表示不能代表连续的空间或时间)

- 计算机

◇ 与或非逻辑门,加法器,触发器,寄存器

◇ 冯·诺依曼结构:CPU,内存,寻址,取执行周期和低级别的指令集。汇编代码

◇ 编译器和解释器是什么

◇ 操作系统(控制程序运行,并提供文件系统)和虚拟机

- 通信与因特网

◇ 客户机/服务器模型

◇ MAC 地址,IP 地址,域名服务,插件

◇ 一些"真正的"协议。例如,使用 Telnet 与 HTTP 服务器进行交互

◇ 路由器

◇ 死锁和解锁

◇ 冗余和纠错

◇ 加密和安全

三、美国 K—12 计算机科学标准

美国计算机科学教师协会 CSTA《计算机科学标准》提供了一个完整的计算机教育框架,旨在使美国 K—12 课程中计算机科学的教育与大学学术科目同步,并使社会大众获得接受计算机科学教育的机会。通过此框架,各州教育部门和学区可以检视它们的课程,帮助青少年更好地学习计算机科学。

该标准提出了学生在各学习阶段必须要掌握的计算机科学知识和技能，它定义了 K—12 计算机科学教育一系列学习标准,提出了实施步骤的建议。通过实施该标准,力求达到:

(1) 在小学阶段,向所有学生介绍计算机科学的基本概念。

(2) 在中学阶段,开设计算机科学课程,并要求学生完成一个计算机科学、数学或科学的毕业学分。

(3) 鼓励学校向学生提供更多的计算机科学课程。为有兴趣的学生提供宽泛和深入的计算机学习机会,帮助他们为进入工作领域或大学学习做好准备。

(4) 提高所有学生学习计算机科学的机会。

1. 课程模型与目标

《计算机科学标准》为 K—12 的计算机科学建立了一个三级课程模型。K—12 计算机科学课程标准是符合学生学习发展规律以及学科知识学习梯度的课程模型,三个级别中的每一级都代表专门的年级和课程,水平 1 为幼儿园至 6 年级的学生提供学习标准,水平 2 为 6—9 年级的学生提供学习标准,水平 3 为 9—12 年级提供了具体的标准。图 5.11 是课程模型的整体结构。

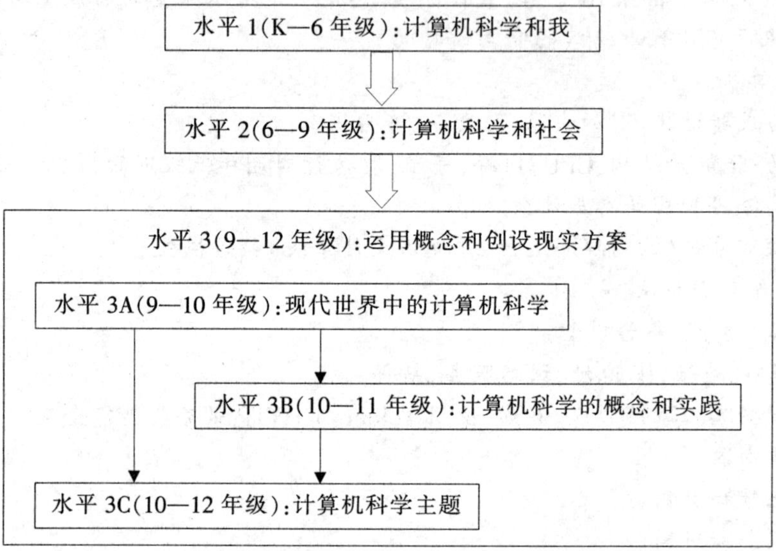

图 5.11　计算机科学标准的组织与结构

其中,水平 1(K—6 年级)主要中针对小学生的要求,水平 2(6—9 年级)主要是针对初中生的要求,而水平 3(9—12 年级)则主要针对高中生的学习要求。水平 3 被分成三个具体课程, 每个课程聚集计算机科学的不同方面。3A 和 3B 课程是 3C 课程的前导课,而 3C 课程是针对美国 AP 课程中的计算机科学专业的课程,或者是基于项目的课程,计划在大学选学计算机相关专业的学生,可以选修 3C 课程中的计算机科学 AP 课程,其他学生可以选学 3C 课程中的基于项目课程。学习 3C 课程可以在达到 3A 课程和 3B 课程要求以后进行。

计算机科学课程具有下列通识目标:

(1) 课程应该使学生准备好去理解计算机科学的本质和它在现代世界的地位。

(2) 学生应该理解计算机科学的概念和技能。

(3) 学生应该能在他们的问题解决中运用计算机科学技能(尤其计算思维)。

(4) 计算机科学标准应该在他们当前学校中补充 IT 和 AP 计算机课程。

根据这些标准实施,高中毕业生将会成为知识丰富的计算机用户和评论家,还会成为影响 21 世纪生活各个方面的计算机应用软件的设计者和创建者。

2. 三级水平描述

(1) 水平 1(推荐为 K—6 年级)计算机科学和我。

这部分内容通过整合基本技能和计算思维概念向小学生介绍了计算机科学的基本概念。标准中所设计的学习经验可以激发、鼓励和帮助学生认清计算(computing)是世界重要的一部分,这些内容需要设计成活动学习、创造性学习和探究性活动,并被嵌入到社会科学、语言艺术、数学和科学中。

K—6 年级学生需要了解计算工具是怎样帮他们解决问题,与他人交流、获取与组织信息,与他人合作的。他们还需要探究关于不同信息资源的有效性问题,学习成为数字化社会中负责任的公民。此外,合理和安全地使用计算机和网络也要告知给这年段的学生。

(2) 水平 2(推荐为 6—9 年级)计算机科学和社区。

初中生逐步意识到计算的普遍存在。通过这些方式,计算机科学使交流和合作变得更容易。学生开始用计算思维来讨论现实世界中的相关问题。此外,依据标准设计的学习经验应与学生的个人经验相关,以拓宽他们问题解决的视野。在具体实施中,它们应设计成活动学习和探究学习,可以在具体的计算机科学课程中开设,也可以嵌入在社会科学、语言艺术、数学和科学等课程中。

水平 2 的课程标准是在学生已经具有了一些数据表达、算法和问题解决等计算思维的概念下设计的。学生能够在学习过程中使用技术工具和学习资源,在合作中创作数码作品。同时,学生还应该了解一些相关的职业,在这些职业中需要使用计算工具和技术、标准的输入输出设备和计算机基本术语,以及相关责任和伦理道德的原理。

(3) 水平 3(推荐为 9—12 年级)应用概念,创设现实方案。

水平 3 分为三个具体的课程,每一个课程分别关注计算机科学的不同方面。通过这些课程,学生能够掌握最先进的计算机科学的概念和应用这些方案开发具体作品。依据这些标准组织的学习经验更关注对现实世界问题的探究,应用计算思维来开发研究方案。实施过程中,它们可以被设计为合作学习、项目管理和有效交流等内容。水平 3 包括如下课程:

水平 3A(推荐为 9—10 年级),现实世界中的计算机科学。这门课程推荐给所有 9—10 年级的学生,其目的是加强学生对计算机科学原理和实践的理解。帮助他们做出正确的选择、使用合适的计算工具和技术,理解计算对现代生活各个方面宽广的影响。最后,他们还要理解在工作和个人生活中应用计算机技术时会对社会和伦理道德所产生的影响。

水平 3B(推荐为 10—11 年级),计算机科学概念和实践。这门课程是对计算机科学以及相关学科的深入学习。包括算法问题解决和相关的活动。学习完这门课程后,学生应该清楚地理解计算思维对现实问题解决的应用。此外,也要了解工作中怎样使用现代合作工具与他们一起合作解决问题。

水平 3C(推荐为 10—12 年级),计算机科学主题。这是一门选修课程,是对某一个计算领域的深入学习。为学生提供了一个让他们深度探究他们感兴趣的计算机科学主题的机会。为他们将来工作和进入大学学习做好相应的准备。这些选择的内容包括:

① AP 计算机科学课程:AP 计算机科学课程是为那些准备进入大学学习计算机科学、商业以及相关学科的高中生设计的。AP 计算机科学课程强调问题解决和算法开发,介绍了基本的数据结构。学生完成这门课程,得到比较好的学习分数可以充抵大学一学期该课程的学分。学生选修 AP 计算机科学之前应先完成水平 1,2 和 3A 的课程,熟悉算法概念。此外,水平 3B 课程中学习的计算机科学原理等基础知识对选 AP 计算机科学课程的学生来说也很有用。

② 基于项目的课程:基于项目的课程要求所有学生必须完成水平 1 和水平 2 的学习。一些基于项目的课程也要求学生完成 3A 的课程。还有课程要求完成水平 3B 的课程。该课程可能是半年完成,也可能是一年完成。该课程中项目的内容主要是来自学生的兴趣和特殊的专业知识。这些具体的项目反映出计算机科学和信息技术变化发展的特征。理想情况下,每个项目都包括了基本的计算机科学概念,帮助学生在应用技术中发展专业技能。此外,学校也应该提供与当地大学相联系的基于项目的课程。

③ 一种职业性课程,可以得到相关的职业资质认证。

3. 学科主线

《计算机科学标准》通过五个主线来讨论所关注的内容。这些主线是:计算思维;合作;计算实践与编程;计算和交流设备;社区、全球化和伦理道德的影响。这些观点不仅表现出计算机科学的丰富性,也可以有效地组织学科内容,帮助学生用宽泛的视野来看待计算机科学。图 5.12 显示了这些主线的关系图。

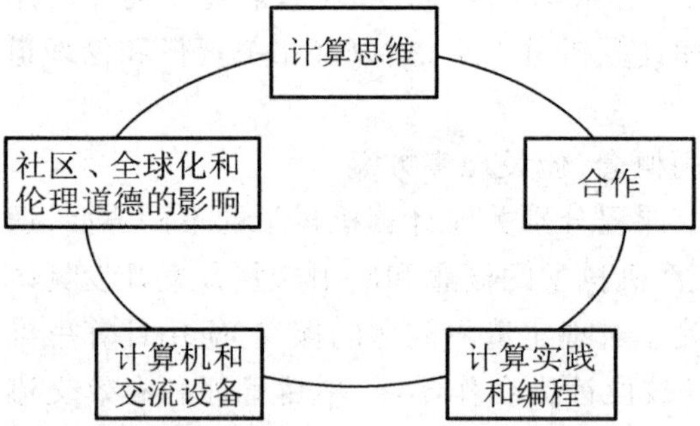

图 5.12 计算机科学标准的基本主线

计算思维作为一种解决问题的方法,它可以将计算机科学与所有其他的学科相结合,提供独特的分析方法,开发具有计算特征的解决问题的方案。随着对抽象、自动化、分析的关注,计算思维将会成为计算机科学的核心内容,并渗透到《计算机科学标准》的各个水平上。

计算机科学是一个合作的学科。就计算机科学来说,很多重要内容的开发很少是由一个人单独完成的。计算项目需要很多与计算专业相关的团队共同设计、编码、测试、排错、描述和软件维护。当前软件的研制方法更强调的是团队合作。此外,与学科专家发展团队合作,可以确保计算方案的正确、有效和高效。发展合作技术是《计算机科学标准》很重要的一部分。在小学，学生就应该能够通过技术与教师、同学进行合作。他们学习使用各种传统的和现代的交流工具收集信息，开展交流。他们也学习使用在线资源，通过网络加入到问题合作解决的活动过程中。这种合作会延续到初中和高中，通过应用多媒体工具开展团队学习活动，通过以团队的方式参加与他们日常生活相关的、解决软件问题的活动，进而提高他们的合作能力。

计算实践与编程是计算机科学教育的重要组成部分。《计算机科学标准》规定的计算实践活动包括创造和组织网页的能力，探究程序解决问题的能力，为了特殊计算问题选择合适的文件和数据库格式的能力，以及使用合适的程序接口、软件工具和图书馆帮助解决算法和计算问题的能力。这些能力也可以帮助学生在高中毕业时对今后学业以及职业选择作出明智的决定。K—12 年级学生有必要知道与计算相关的各种职业，了解计算在其中所起的主要作用。

K—12 年级所有学生都有必要理解现代计算机、交流设施和网络的基本组成。他们应该理解因特网怎样使得全球交流变得更加容易、如何做一个合格的因特网公民。使用技术进行交流的过程中，学生应该选用合适的、正确的专业术语。在小学阶段，计算机科学课程将向学生介绍一些技术设施和媒体，用以支持他们的学习活动。初中生应该有能力识别不同的技术设施，了解它们的用途，并能描述计算机和计算机网络的基本组件。例如，他们应该理解网页的组织、URL、搜索引擎。高中生应该理解更具体的计算设施，知道具体组件的抽象观念(例如，输入、输出、处理和数据库)和它们在计算机中的具体作用。学生还应该理解编译程序的原理，即为什么编译程序可以将软件编译为机器可以执行的程序。

计算机和网络应用的伦理道德是计算机科学教育在各个水平阶段的重要教育内容，该内容应该也是计算机科学学习和应用中的基本元素。学生一开始使用因特网就应该学习应用过程中需要遵循的伦理道德。学生还应该学习有关个人信息、网络安全、软件证书、复制权等基本原则，以确保学生成为现代世界负责任的公民。在不同类型软件中(如专有资源、开放资源等)，学生要能够做出明智的、符合伦理的选择，理解证书和协议的重要性。此外，学生应该能够评价他们从网络所获取到的信息的真实性和正确性。

计算机和网络是一种多元文化的现象，它影响到社会的各个方面。K—12 年级学生能够理解计算机在网络交流中的影响是非常重要的。他们应该知道在社会网络中合理和不合理的行为，以及技术在日常生活中的作用。

四、计算机科学课程中的计算思维

无论是英国还是美国的计算机科学课程，都强调计算思维教育是其核心内容。尽管计算机科学课程不是计算思维培养的唯一途径，但计算思维是我们认识周围世界中有关计算过程的很好的工具，从计算机和人两方面理解计算过程，因此通过计算机科学课程培养计算思维是十分有效的。

英国的计算机科学课程将计算思维培养归纳为三个方面:建模、分解和概括。课程建议通过解决生活中的实际问题来理解这些概念。例如,建模反映了对一个真实世界问题的描述,在此过程中学会捕获关键信息而忽略其他不重要的或相关度不高的信息。例如,对伦敦地铁地图的描述,不同的目的需要不同的模型,针对旅行者,节点可用图片表示;针对旅行时间有要求的人,用数字表示时间或距离就很重要。同样,一个问题可以通过分解成子问题来解决,并构成问题解决方案。课程建议用诸如“早餐”可以分解为“祝酒;泡茶;煮鸡蛋”来理解分解,理解递归过程,理解计算思维。

程序设计是计算机科学课程的主要内容。从计算思维培养的要求出发,英国计算机科学课程把程序设计分解为“设计和编写程序”、“抽象机制”和“程序的调试与推理”三个部分,而不是纯粹的编程序。例如,有效使用过程、类等概念或技术就是程序设计语言支持的抽象机制,在程序设计的实际教学过程中,画正方形的程序调用画直线程序;画直线的程序调用画像素的程序;画像素程序调用计算像素坐标(x,y)程序。这些就是层层嵌套的抽象。

当编制的程序出错,需要设计调试程序的“解决方案”,直到程序能正确运行。这就需要让学生有机会开发有关检测、诊断和纠正系统故障的方法,发展计算思维,这包括:阅读和理解文档;解释代码的工作或不工作;以铅笔和纸为工具手动执行代码;选择测试用例,构建测试等。

美国计算机科学课程将计算思维作为五条基本主线之首,认为通过课程培养学生计算思维,包括问题解决、设计系统、创新新知识,提高学生对当代计算能力的理解。通过计算思维的学习,可以让学生选择和应用更合适的策略与工具,分析解决现实世界中的复杂问题。

美国计算机科学标准为K—12年级学生建构了计算思维培养序。小学阶段(K—6年级)通过整合基本技能和计算思维概念向小学生介绍计算机科学的基本概念,初中阶段(6—9年级)支持初中生运用计算思维作为解决问题的工具,而高中阶段(9—12年级),学生将学习运用计算思维形成算法方案,解决实际问题。

美国计算机科学标准规定的能力要求

3年级学生能够达到:

(1) 使用技术资源(例如,智力玩具、逻辑思维程序)解决与之年龄相适应的问题。

(2) 使用写作工具、数码相机、绘画工具分步表达思想、观点和事件。

(3) 理解索引信息的方法,如按学生生日日期排序等。

(4) 认识到软件控制计算机的操作。

(5) 说明如何用“0”和“1”表示信息。

6年级学生能够达到:

(1) 理解利用算法解决问题的基本步骤(例如,问题陈述和探究、样本检测、设计、实施和测试)。

(2) 通过"非计算机练习"来理解算法的基本概念。

(3) 说明怎样用一串比特代码来表示数码信息。

(4) 描述怎样用模拟方式去解决一个问题。

(5) 当讨论一个大问题时，能够将其细化为一系列小问题。

(6) 理解计算机和其他领域的联系。

9 年级学生能够达到：

(1) 使用基本的算法步骤设计解决问题的方案。

(2) 描述并行过程，解决相关问题。

(3) 定义一个算法，用计算机实现此算法。

(4) 用不同的算法去解决同一问题，对这些算法进行评价。

(5) 实现搜索和排序算法。

(6) 描述和分析一段指令的运行结果。

(7) 对不同形式的内容(文本、声音、图片和数字)，用数据进行表示。

(8) 用可视化方式表示问题的状态、结构和数据(如图、表等)。

(9) 通过内容模型和模拟支持学习和研究。

(10) 评价什么样的内容可以用模型和模拟解决。

(11) 分析哪一种计算机模型能够正确反映真实世界，以及反映的程度。

(12) 使用抽象和分解的方式将问题化为子问题。

(13) 理解计算中(包括高级语言、编译、指令等)继承和抽象的意义。

(14) 检查数学元素和计算机科学之间的联系，包括二进制数、逻辑和函数。

(15) 提供计算思维在学科整合应用中的案例。

高中被分成三个具体的课程，每个课程聚焦计算机科学不同的方面。通过这些课程，学生可以学习计算机科学的概念，利用这些概念完成实际作品。依据这些标准创设的学习经验，聚焦于真实世界问题的探究、应用计算思维完成解决问题的方案以及计算机科学和其他学术学科的联系。

有关计算思维的具体体现大致在以下几方面：

(1) 理解利用计算机科学能处理的、难处理的以及不能处理的问题，理解抽象方法和并行处理方法在解决问题中的作用，使用函数、参数、类和方法将复杂的问题分成简单部分。

(2) 描述软件发展的过程，解释算法中的顺序、选择、循环、递归等内容，批判性地分类与选择算法，通过效能性、正确性、清晰性等方面评价一个算法。

(3) 描述二进制和十六进制之间的关系，分析不同形式数据信息的表示方法和转换方法，描述各种数据类型在计算机系统中的存储方式，理解大数据分析的比较技能。

(4) 使用数据分析的方法提高对自然与人类系统复杂性的理解，使用模型和模拟表示和理解自然现象、细化和验证科学假设、分析数据和确认方案。

第四节　信息技术课程中计算思维培养的实现

信息技术课程的课程总目标是培养信息素养，由于信息素养概念的不断发展与变化，使得信息技术课程在教学内容和具体目标上呈现不稳定性。从本质上说，信息技术课程主要是围绕人、信息、工具三者的关系展开的(见图 5.13)，这里的工具是指信息技术工具，计算机就是其典型代表。在这三者关系中，信息是研究的对象，人是主体，可以处理信息，工具位于人与信息之间，在一定程度和范围内帮助和替代人处理信息。信息技术课程可以围绕以下三个层次展开教学：人是如何处理信息的；人是如何运用工具处理信息的；工具是如何处理信息的。

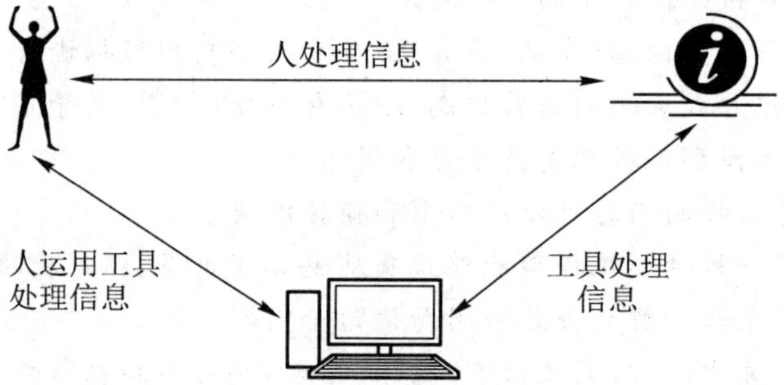

图 5.13　人、信息与工具的关系

第一层次，"人是如何处理信息的"反映了人与信息的最基本关系，也是信息技术课程需要解决的根本问题。该层次属于人类信息学范畴。人类信息学是研究信息在人类社会成员之间传递、传播和交流规律，人类信息学所关注的信息是迄今为止所有类型信息中人们使用得最多的一种，涵盖了信息的一切原始含义。目前的中小学的信息技术课程只能涉及其中一小部分，由于我们处于信息社会庞杂的信息包围之中，信息技术课程要求学生掌握信息处理的一般方法以后，更主要的是解决第二层次"人是如何运用工具处理信息的"，以提高信息处理的效率和效果。

第二层次反映了人用工具高效处理信息的基本技能以及有效使用工具的意识。目前，国内以信息素养培养为课程目标的信息技术课程主要就是反映了第二层次的学习要求。所以，当信息技术课程以有效使用信息技术工具解决有关信息处理问题为课程目标的话，那么，信息技术课程的不稳定性是必然的，并随着计算机技术的智能化程度越来越高，人类使用信息技术工具的要求也越来越低，信息技术课程的学习内容将会不断减少。

站在认识论的视角理解信息，人作为主体处理信息，具有一定智能的工具也能处理信息。第三层次，"工具是如何处理信息的" 反映了计算机的学科思想和方法论，也就是在一定程度上体现了计算思维。在信息技术课程中体现计算思维教育，有三方面的好处:其一,其学科思想可以迁移至其他应用;其二,有利于应对信息技术的飞速发展;其三,为将来从事信息技术专业发展的学生提供基础。

一、基于计算思维教育的教学原则

教学原则是指导学生学习活动的基本原理，也是教师在信息技术教育教学过程中优化教学应当遵循的基本要求和指导原理。教学原则不仅反映了“教”的客观规律,也反映了“学”的客观规律。

基于计算思维教育的信息技术课程教学，需要在完成信息技术课程教学内容的同时,通过有效教学方式和渗透计算思维的教学内容教学,将计算思维传递给学生。基于计算思维教育的教学原则,需要兼顾教学方法和教学内容两条途径的计算思维教育实施。

1. 操作性与实践性相结合原则

操作性是信息技术课程的特点。信息技术课程的教学目标之一就是要让学生掌握信息技术工具的基本操作技能。操作性即体现在课程的学习内容上,也体现在课程的学习方法上。但是,操作学习不应该是简单的,机械的,而是有目标的,基于实践的,解决具体问题的。信息技术在学习、工作和日常生活中被普遍应用,这就要求教师在教学中从实际出发,把教学理论与实践相结合,并不断引导学生运用已学知识解决实际问题,培养学生的动手能力和解决实际问题的能力。此外,这样做还易引起学生的学习兴趣,有利于学生对信息技术知识加深理解,也为今后学生步入社会,适应信息社会打下良好的基础。

网络搜索技术看似简单,但组织教学有一定的困难。一是学生技术起点不同,对非技术的关键词理解运用也有差异；二是不重视网络探索内在技术本质和奥妙的体验。

教学实施片断

片断 1:

教师组织学生讨论大家平常上网都做些什么。

生 1:“听歌,网上有许多可以下载的歌曲。”

生 2:“上网看体育新闻。”

生 3:“玩网络游戏。”

师:“怎样在网上找到你需要的内容呢?”

生:“用搜索引擎!”

师:“对,搜索引擎是我们在网络上进行查找的工具,你会用搜索引擎吗?”

生:“很简单,在搜索引擎里输入要找的文字,再单击‘确定’就可以了。”

片断 2:

师:看来大家对搜索引擎都有所了解。但是到底掌握到什么程度,到底能否顺利完成搜索需求呢?我们一起来做五个不同星级难度的搜索竞赛题,最先完成 1—

5题者,将成为搜索之星,并继续挑战第6题——“搜索之星”题。

帮助锦囊:在教学网站上有每一道题所对应的搜索技巧和实施步骤,假如你对搜索极不熟悉,请仔细阅读锦囊进行学习。

搜索竞赛题:

(1) 最有营养的水果是什么?为什么?

(2) 明天本市的天气如何?

(3) 你使用过“http://www.baigoogledu.com/”吗?请用它搜索“天津古文化街”。除了百度外,你还有没有使用过其他的搜索引擎,请再列举三个。

(4) 怎样查找天津到成都的交通方式(火车与飞机)?

(5) 常用的浏览器软件有哪些?请下载并试用其中的一个,找出该浏览器与IE浏览器的不同之处。

(6) 假设你获得搜索竞赛奖金3000元人民币,只能用于购买数码设备,请通过网络查询资料,设计一个“数码购买计划”(该题为“搜索之星”挑战题)。要求:数码设备从DC,DV,Scanner,MP4,iPod中任选一个。价格在2000—3000元。用文本文件写下你的购买计划,包括:数码设备名称、型号、主要功能、价格、购买方式等,注意标明信息来源网址等。

片断3:

教师运用讲授法进行小结:

(1) 常用搜索引擎,举例说明其异同。

(2) 归纳按需确定搜索策略的方法。

(3) 对学生搜索过程中出现的问题进行点评。

(4) 竞赛颁奖(最新数码相框图)。

网络搜索是一种操作技能,直观而单一。但上述的教学设计并不是简单地组织学生按部就班地练习搜索操作,而是为搜索操作设计了一个应用要求,强化了搜索操作的实践性。在此基础上,教师还采用了游戏教学法,游戏的魅力远胜于网页的内容,而游戏又带有竞技性、挑战性,学生不知不觉地就会融入其中,并自觉地学习相关技能技巧。

片断3教师的小结很重要。常用搜索引擎的介绍是拓展学生的知识面,而归纳搜索策略与方法,其意义不只是在于学生的搜索策略与方法的习得,更在于归纳过程以及抽象方法的体验与实践,这样的小结也体现出计算思维教育。

2. 直观性与思想性相结合原则

直观性教学原则的贯彻对于学生掌握信息技术基本技能,正确掌握获取信息、传输信息、处理信息和应用信息的能力起着非常重要的作用。信息技术是一门理论、实践与技能紧密结合的学科,教师在教学中重视直观性教学原则的贯彻,有助于学生将获得的感性认识上升到理性认识,形成系统的信息技术概念、原理与基本技能。信息技术教师采用最合适的直观手段组织教学,同时也需要与思想性有机结合。这种思想既有文化属性，也有技术属性。学生在学习信息技术工具操作过程中，学生要正确认识和理解信息技术相关文化、伦理和社会等问题，合法、合理地运用信息技术，同时学生也要认识到操作背后的技术思想和方法。直观性与思想性相结合，能使学生迅速观察与理解信息技术基本知识和技能，了解信息技术的发展和应用对人类日常生活和科学技术的深刻影响，用较少的时间获得较多的知识与技能，同时加深对知识的理解。

上海高中信息科技教材中，安排有一个关于文件压缩的实验体验活动。

实验体验活动案例

活动名称：文件压缩。

活动要求：学会一至两种文件压缩方法，比较不同格式文件的压缩比。

活动过程：

(1) 下载文件压缩软件 Winzip 或 WinRAR，自主学会软件的使用。

(2) 使用下载的软件分别对文本格式、声音格式和图像格式的文件进行压缩，比较压缩后的文件与原文件的大小。

(3) 填写表 5.2，将活动过程和结果记录下来。

表 5.2　文件压缩记录表

软件名称			软件大小	
下载地址				
文件压缩	文件格式	压缩前文件大小	压缩后文件大小	文件压缩比

活动总结：

根据活动内容，分析不同格式文件的压缩比是否有某种规律？

文件压缩是一种操作技能，具体的操作细节与使用的压缩软件直接相关。压缩操作过程是直观的，因为压缩软件的操作界面会清晰地告诉学生相关的细节和要求，教师可要求学生自行观察学习；压缩结果也是直观的，因为计算机操作系统会明确告诉学生压缩前文件和压缩后文件的大小，教材设计了“文件压缩记录表”，也可直观地展示比较结果。

事实上，学习压缩算法，理解压缩细节，对于高中生来说要求过高，也没有必要。但对压缩思想和规则作适当的了解，体现技术背后的思想与方法，是思维教育很重要的方面。所以，教材设计的实践体验活动没有停留在直观的压缩数据记录上，而是要求学生比较文件压缩实践活动中获得的各种数据，从中寻找规律，进而引发学生思考。能够有效把握直观性与思想性相结合教学原则的教师，一定会为学生的实践活动提供有利于学生思考的素材文件，例如，两个尺寸大小以及文件大小相同但图案不同的BMP位图文件，探究压缩效果，并且在教学过程中启发学生思考。

3. 规整性与创造性相结合原则

规整性是计算模型及其相关学科的特点，机器计算的过程就是严格地按预设的步骤有序进行的。为了保证计算步骤的确定，规整是基本要求。计算机程序的执行过程也是如此，程序设计语言的语法规则和编写要求也是严格而规整的。在信息技术课程中，特别有关算法与程序设计模块相关内容的学习，要特别注意培养学习规整的意识和习惯。

创造力的培养同样重要，学习程序开发、数字作品的制作，都是培养学生创造力的有效途径。培养学生的创造力，要注意培养学生创造性的个性心理特征。教师在教学中应善于运用联想启发式教学去激发学生，发扬民主，不断创造有利条件，放手让学生自己探索发现、独立解决问题。

培养学生创造力，教学目标、教学内容、教学手段均要有较高的创造性，抱残守缺或运用千篇一律的教学目标、教学内容、教学手段是跟不上高速发展、快速更新的信息技术和社会发展的要求的。

流程图是算法表示的方法之一，在算法与程序设计的教学中，让学生学会使用流程图描述算法，既掌握了一种描述算法的常用工具使用方法，又可以方便地用流程图来表示算法，简化学习过程。在实际的教学过程中，不少教师基于对算法与程序设计的规整性要求，对学生绘制的流程图格式要求过于重视。例如，教师们会习惯性地要求学生绘制的流程图走向一定是从上到下，对流线中的箭头标识个数也有严格规定。实际上，教学上这样的处理，是用规整性要求影响了创造力的培养，因为在教学过程中，流程图的最大功能在于将学生的思维图示化，以方便存储与交流。过于严格的规则，会影响学生有关算法描述的思维，学生过分关注了流程图的细节而忽略了算法本身。事实上，有些教学过程中的规定，也只是教学过程中教师长期养成的习惯，并不符合工程性的规定或程序流程图编制符号约定的国家标准，过分的严格不是规整。所以，规整性的把握以及规整性与创造性的有机结合，是信息技术课程工程方法养成和计算思维教育的重要策略。

二、基于设计的计算思维教学

抽象和自动化是计算思维的重要特征，计算思维的教学，也要始终把握抽象和自动化。设计是计算思维培养的重要形态，也是有着明显的计算机学科特征的形态。在计算思维培养的过程中,我们需要通过抽象的方法从感性认识上升到理性认识,从而形成理论与方法,然后还需要通过设计环节,将理性认识通过人造物的设计再回到感性认识。

程序设计是计算机学科的重要内容,也是计算机科学教育的重要学习内容。因为通过程序设计的学习,人们比较容易理解计算机有序执行即自动化的实施过程,同时也能够从程序的编制、调试、运行的过程感受从感性到理性、从具体到抽象,最后又从理性回到感性、从抽象回到具体进行检验的计算过程。

目前,在中小学信息技术课程中,算法与程序设计是一个相对专业性明显、学理比较清晰的学习领域。算法本身所承载的策略与方法就与计算思维的方法相一致，同时程序设计过程中涉及的策略与方法也同样体现了计算机学科以及计算思维所特有的思想。因此,算法与程序设计不仅是目前信息技术教师很乐于承担的教学内容,同时也是计算思维在教学过程中容易落实的领域。

1. 程序设计中的计算思维教学

"我们做自己喜欢的程序"是一堂高一年级的程序设计课,这堂课要用 VB 程序完成计算器的设计。

"我们做自己喜欢的程序"教学目标及重难点

【教学目标】

● 知识和技能

1. 尝试并体验用计算机解决问题的一般过程;

2. 综合运用分支结构、循环结构来解决一些学习与生活中的实际问题;

3. 能利用信息技术工具(网络、软件中的"帮助")进行自主探究。

● 过程和方法

1. 通过观察、思考,独立完成自己感兴趣的小程序(如设计具备基本功能的计算器);

2. 通过小组合作交流,完善所编程序(如设计计算器的扩展功能);

3. 通过网络平台及时得到实证数据,了解自身学习程度并寻求提升途径。

● 情感态度和价值观:

1. 体验分支结构、循环结构在用计算机解决实际问题中的地位和作用;

2. 通过亲身体验,把所学的程序设计方法应用于生活,解决实际问题,激发学习编程的兴趣;

3. 通过合作探究,体验共享知识、思想、方法的乐趣。

【教学重点】

1. 面对具体问题,找到一个合适的算法,用计算机来实现;

2. 分支结构、循环结构的应用。

【教学难点】

1. 引导学生利用信息技术工具自主探究；

2. 巧妙使用变量及灵活应用三种算法结构来解决复杂问题。

在预设的课程目标中，知识和技能第二条“综合运用分支结构、循环结构来解决一些学习与生活中的实际问题”是算法与程序设计模块重要的知识点，也体现了计算思维。然而正是这个知识点，教师往往是按传统的知识点传授方法告诉学生分支结构和循环结构的各种特点和应用实例，而忽略如何为学生提供思维的空间。所以，在讲解学科相关知识点时，如何拓展学生思维空间是一个值得研究与探索的问题，但本课的重点并不在知识分支结构和循环结构，而是在设计计算器，所以，从计算思维教学角度而言，根据过程和方法第一条“通过观察、思考，独立完成自己感兴趣的小程序”，如何观察，观察什么？如何思考，思考的重点是什么？这些问题需要教师作进一步的细化。

对于计算器，相信每位学生都用过。作为一个计算器的使用者，关注点肯定不在计算器上，而是在具体运算的内容和计算步骤上，对于计算器，只是关心其功能对自动运算操作的支持程度上。当教师要求学生通过观察、思考来设计一个计算器，此时学生对计算器的观察与思考重点在于计算器的每个键会有什么功能，即按下某一键以后，它会引发执行怎样的程序序列。这是很重要的抽象过程，教师如何引导学生进行思考，是计算思维培养的关键。

高一学生已积累了一定的计算机使用经验，但绝大多数是与使用常用的工具软件及网络应用有关，自己编程来解决实际问题，对他们来讲既新奇又担心，但反之，由于他们已经具备了一定的逻辑思维、分析问题、表达思想等能力，若能在学过编程结构、算法的基础上，引导他们自己设计喜欢的程序，定会激发他们学习编程的兴趣，并把这种思维方式带入其他学科。

全班分组后，根据事先布置的有关设计计算器的任务，让学生用算法、程序解决实际问题。

“我们做自己喜欢的程序”教学过程

教学环节	教学活动		设计意图
	教师活动	学生活动	
引入	1. 通过网上投票了解学生对编程的感受，引导学生用计算机解决实际问题，编制自己喜欢的程序。 2. 从11个课题中，根据教学特点，挑选一个小组的“计算器”作为今天的主题：	思考、倾听、互动。	了解用计算机解决实际问题的一般过程，编制自己喜欢的程序，培养对编程的兴趣。

（续表）

教学环节	教学活动		设计意图
	教师活动	学生活动	
	(1) 组长简单介绍课题。 (2) 以此作为基础,师生共同“出谋划策”，教师修改，形成框架,每个小组在组长的协调下,编制一个自己喜欢的计算器，最后评出一个优胜奖。 说明： (1) 若学生用 10 个普通按钮来完成数字键，则诱导学生改用控件数组,并比较两者区别。 (2) 修改上述程序时,择机介绍编程技巧、编程习惯。		
任务 1：独立完成计算器的基本功能	打开给出的 jsq.vbp，完成计算器的基本功能(加、减、乘、除)。要求： (1) 5 分钟内独立完成。 (2) 完成后上网登记,并把满意的代码上传，同时存到自己的文件夹内。 打开一个界面如下图的程序：独立编程,完成计算器的基本功能。 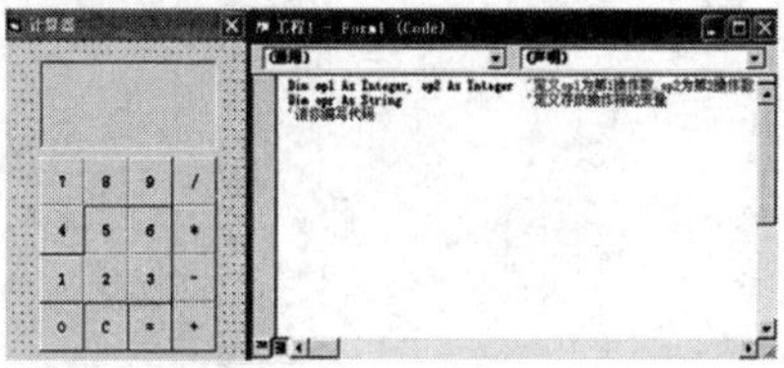 1. 学生操作。 2. 教师巡视。 3. 网上取数据，打开网页，刷新,寻找典型代码并讲解。	思考、倾听、互动。	通过亲身体验，把所学的程序设计方法应用于学习和生活，解决实际问题,激发学习编程的兴趣。

（续表）

教学环节	教学活动		设计意图
	教师活动	学生活动	
任务2：小组完成计算器的扩展及应用功能	以小组为单位编自己喜欢的提高版和应用版计算器，要求： 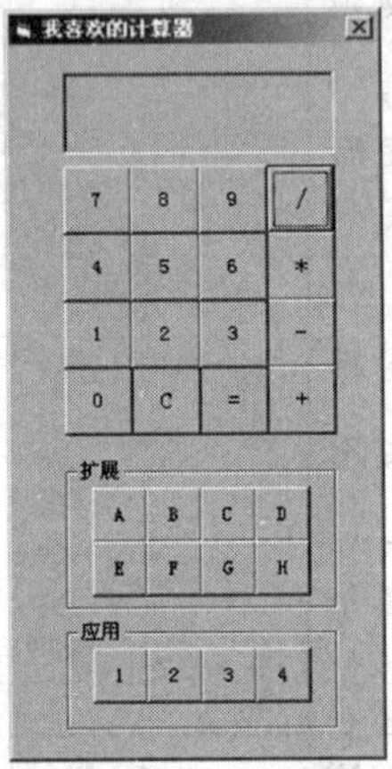 (1) 听从组长安排，积极参与；15分钟内完成。 (2) 根据功能多少及难度来确定优胜小组。 (3) 完成后上网登记。 实施过程： 1. 小组活动。 在组长组织下开始活动。 2. 教师巡视。 了解并解答学生活动活动中出现的问题。 3. 小组交流。 4. 评委巡视并记录。 5. 评委宣布比赛结果。	(1) 在组长组织下开始活动； (2) 通过"独立"+"合作"的方法完成自己喜欢的程序。	采用教师引导、学生先独立思考、小组讨论等多种方法，用算法和编程解决实际问题，并体验共享知识、思想、方法的乐趣。
小结和作业	1. 师生交流、互动。 2. 预告专题系列2——出租车车费。	倾听、互动。	鼓励学生把所学编程知识和方法用到学习和生活中，设法让兴趣和激情延伸。

从整个课堂教学实施过程我们可以得到如下启示：

(1) 教学过程中，主要围绕情景引入→启发思考→实证检验→合作探究→交流评价→实践拓展为主线进行教学，这一过程符合一般的探究式教学过程，也与计算思维培养所特有的抽象→理论→设计基本吻合。

(2) 知识传授是课堂教学的基本任务，但计算思维教学不是简单地通过知识传授就可以实现的。算法的传授是一方面，而另一方面是渗透在方法与过程之中的。例如，如何引导学生思考，抽象出能通过编程序解决问题的关键点；在引入环节中，教师通过分析十个数字键的编程情况，很自然地引入控件数据这一编程手段，让学生体会到计算机学科中常用的方法与技巧的来源与意义。

(3) 简约、关注点分离都是计算思维的基本特征。在该课的教学中，教师指导学生从个人独立完成计算器基本功能到小组完成计算器扩展功能，不是简单地增加功能，而是寻求理解代码，并对代码进行简化、规范化、模块化。同时，教师要求学生在小组内合作完成扩展功能，也渗透了计算机学科的工程化方法。

在算法与程序设计类课程的教学中，具体的算法学习是培养计算思维的直接渠道，例如，分治法、遍历法、遗传算法或者更简单的枚举法，都直接体现了计算思维的基本特征和思想，但在教学过程中渗透学科方法，实现计算思维教学更具有普适意义，也更符合思维教育的特征。因为思维教育与知识学习不一样，不是简单地记忆就可以了，需要引导与迁移。当然，类似于算法学习之类的通过教学内容实施的计算思维教育，尽管不像科学方法渗透那样具有普适性，但却是计算思维教育的基础，因为只有学生理解了这些计算学科的基本概念，才会用这些概念去思考问题、解决问题。

2. 程序调试中的计算思维教学

相对于程序设计，程序调试同样重要。从程序设计教学的角度而言，程序调试非常重要但却常被忽略，这里确实存在学生学习的程序过于简单而不太有调试机会的原因，但更多的原因是教师关注知识的传授更多一些，因为程序设计过程有传统的模式和限定的知识点，教师容易教，学生容易模仿。与设计程序相比较，调试中出现的问题是生成性的，调试也需要更多的思维能力。计算思维在程序调试过程中通常有很好的体现。

有一堂程序调试课，该课的教学知识与技能目标是：了解 VB 程序中的常见错误；借助“系统提示”、“设置断点”和“跟踪变量”等方法快速有效地完成程序调试。

实　例　1

以下是一段程序 TM1，其功能是：当单击“放飞梦想”按钮时，气球会飞出；单击“退出”按钮，则程序结束。TM1 程序有错，查错、修改以后以原文件名保存并上传(见图 5.14)。

主要程序代码：

```
Private Sub Command1_Click()
```

```
    Timer.Enabled = Ture
    Image1.Picture = LoadPicture("c:\ 气球.jpg)
End Sub
Private Sub Timer1_timer()
    If Image1.Top > -3500 Then
        Image1.Top = Image1.Top -100
    Else
        Timer1.Enabled = Flase
End Sub
```

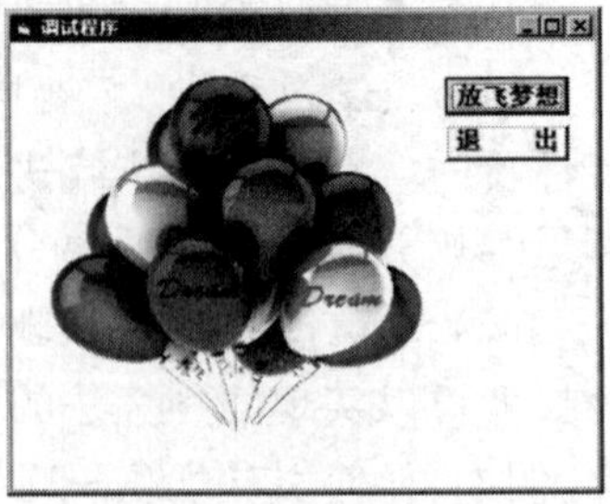

图 5.14 "放飞梦想"程序

以上程序中有三个比较明显的错误:漏写了控件的数字;图片路径出错;缺少"End IF"语句标识。教师通过这样一个简单的程序段,再现平时熟悉的错误。学生通过"系统提示"来查错、修改。在完成这个教学片断以后,教师再对程序段中的三个错误加以分析与归纳,并引导学生从计算机运行程序的角度,来设想计算机在执行程序过程中会出现什么情况,以及产生什么提示信息。经历这样的分析,学生不是简单地寻求系统提示的出错信息与实际错误之间的对应关系,而是会考察出错的缘由,从而理解计算的过程。

实 例 2

以下是一个求 100 以内所有素数的程序,每行依次输出五个素数。这个程序共有五个错误,要求找出这些错误。

```
Dim flag As Boolean, m As String, k As Integer, n As Integer
n = 0
flag = True
Print
For m = 2 To 100
    K = 2
    Do While k <= Sqrt(m)
        If m Mod k = 0 Then flag = Flase
        K = k + 1
    Loop
    If flag Then
        n = n + 1
        If n <= 5 Then
            Print m,
        Else
            Print
            n = 0
```

```
      End If
    End If
  Next m
```

以上程序共有五个错误,其中两个是变量定义类型错误和函数名错误,另三个是用错语句或漏写语句,属于语义类错误或逻辑错误,学生不能简单地通过系统提示来排错,教师提出了如下教学实施要求:

(1) 请学生复核求素数的算法。

(2) 学生独立完成两个语法错误的改错。

(3) 了解学生的完成情况,鼓励学生继续排错,并适时引入“设置断点”的调试方法。

从简单程序调试到复杂程序调试，关键在于程序量增大，无法直观地发现错误,又由于系统提示对逻辑错误不敏感,学生会明显感到调试手段的缺乏。在这种情景之下,引入“设置断点”的调试方法,不仅会让学生产生新鲜感,而且其实用性会促使学生更乐于接受这种调试方法,从而既提高了学生的学习兴趣,又促进了学习效率的提高。

站在计算思维的角度，一个具备计算思维的人应该习惯于运用计算机科学的基本概念来思考问题、解决问题,其前提是清楚计算机是如何解决问题的,或者说计算机是如何“思维”的。尽管我们说计算思维是人的思维,目前的计算机还不具备思维能力,但清楚计算机自动、有序地执行指令,是把握计算思维的基础。程序调试是一种很好的手段,可以让程序调试者设想自己是计算机,对于给定的程序,计算机是如何按预设的计划执行。这是一种机器计算与人脑计算的对照。

在通过程序培养学生计算思维的实施中的设计形态过程，是用程序作品的编制来实现的。程序调试则是将通过抽象方法编制的程序回到感性认识状态来检测其是否与原来的设想一致。“断点设置”提供了一个有效的手段,让计算机控制的程序执行与人脑中设想的程序执行同步。所以说,断点设计是调试程序的有效手段,也是学生了解计算机程序运行过程的利器。

基于这样的分析,从计算思维教学的角度出发,实例 2 的实施是以查排为目标的,但不能作为唯一目标,因为跟踪程序执行过程对思维发展很重要,断点设置恰好能为机器执行和人脑模拟执行提供一种检测和同步机制。可以想象,实例 2 实施之后可以适量地进行程序执行状态和执行过程的探讨。

3. 情景与程序设计相结合的教学案例

程序设计过程是制造人造物即程序的过程，将各种指令以构造的方法编写成指令序列,然后交付计算机执行,这是一个从抽象的指令到人造物的过程。事实上,如何从非构造性的现实世界中进行抽象,为构造抽象的指令序列做准备,这也是计算思维很重要的一部分。

应该为程序设计创设一个怎样的情景呢？计算一元二次方程的解是程序设计

中常用的情景实例，因为一元二次方程的求根公式可以很好地表达了分支结构的要求。但这个实例，学生关注的是分支结构，而如何将现实世界中的问题进行抽象已经由数学解析式解决了。计算思维中的抽象，是需要依据计算机的基本概念以及原理，将现实世界的问题进行抽象，成为计算机或机器计算能够理解或实现的表达形式。所以这种抽象既包括一般的抽象方法，也包括基本的计算原理。创设真实的、有意义的情境对培养程序设计环节中的抽象能力十分重要。

以下的案例是一个游戏开发的项目活动，以游戏的趣味性吸引学生投入到一个相对真实而完整的项目活动，开发学生的心智，同时也达到计算思维教育的目的。

"我们是游戏设计师"项目活动

设计一款能够吸引人的游戏可不是一件简单的事情，而是经过一个个精心设计的部分组合而成。这些部分大致分为五个：游戏的名称、游戏的情节、舞台设计、程序设计以及最后的调试。我们需要一个团队共同参与、合作、思考，才能把每一部分都设计完美，完成一个精彩的游戏程序。

活动一：为游戏想一个名称

游戏的名称非常重要，它是我们对游戏的第一印象，可以激发我们玩游戏的欲望。不仅如此，好听简洁的名称，更加方便我们平日对游戏的交流和评论。

想一想

1. 你知道哪些游戏的名称？
2. 你觉得这些名称好不好？为什么？
3. 经讨论，你决定为游戏取一个什么名称呢？

活动二：给游戏设置一个情景

无剧情的游戏往往不能吸引人们去玩或者玩不多久就没有兴趣了。一个好的游戏情景，不仅仅能够为游戏加分，同时也能够给予玩家足够的想象空间，让他们在玩游戏的时候如同身临其境。

说一说

1. 你知道哪些游戏的故事呢？请和你的伙伴分享一下。
2. 你觉得这段游戏故事哪一部分最吸引你？为什么？

写一写

给你的游戏写一段小故事。

____

____

____

____

大家评定

哪一部分写得最精彩，请你圈出来。

活动三:设计漂亮的舞台

在KODU软件中,有许多优秀的作品,这些作品不仅程序上设计得十分有趣,舞台也设计得十分精美。你浏览一下这些作品设计的舞台,选出你心目中设计得最好的舞台,然后在小组里交流一下各自的想法。

练一练

给你们的游戏设计一个精美的舞台吧!

活动四:设计游戏的程序

程序是一款游戏的灵魂,它直接决定了游戏的好坏。在设计程序的过程中,更加需要团队的协作以及一个完善的设计计划。

写一写

思维导图可以让我们梳理清楚游戏的条理,方便我们更好地操作。请用思维导图画出游戏设计的思路。

困难预见

□ 困难＿＿＿＿＿＿＿＿　解决途径＿＿＿＿＿＿＿＿

□ 困难＿＿＿＿＿＿＿＿　解决途径＿＿＿＿＿＿＿＿

□ 困难＿＿＿＿＿＿＿＿　解决途径＿＿＿＿＿＿＿＿

设计程序

活动五:调试程序

游戏程序不可能一次性就设计得很完美,需要在调试的过程中不断地改进。运行你们的程序,并且找一找哪些地方的设计有错误?哪些地方可以改进得更有趣些?

活动六:分享与交流

展示作品,并分享学习体会。

说一说

1. 在编程过程中,你遇到了什么困难,如何解决的?

2. 你还想在游戏中添加哪些内容使它更有趣?

对于程序设计教学,程序设计语言的选择是一个问题。在教学过程中,对于程序设计语言的语法规定过于关注,会影响计算思维教学的效果。但是,遵守程序设计语言的一系列规定是掌握和应用程序设计的前提。因此,选择合适的程序设计语言环境和平台,是提高计算思维培养的效率的关键因素。KODU是一种可视化游戏编程系统,不需要记忆程序语言和语法规则,可直接设置游戏角色和场景,采用When-Do模式编程控制各角色的行为,非常适合编程初学者使用(见图5.15)。上述项目活动以KODU为学习平台开发游戏,学习编程,学生可以方便地将自己设想的游戏场景、角色以及情节在KODU平台上实现,并达到发展计算思维的目的。

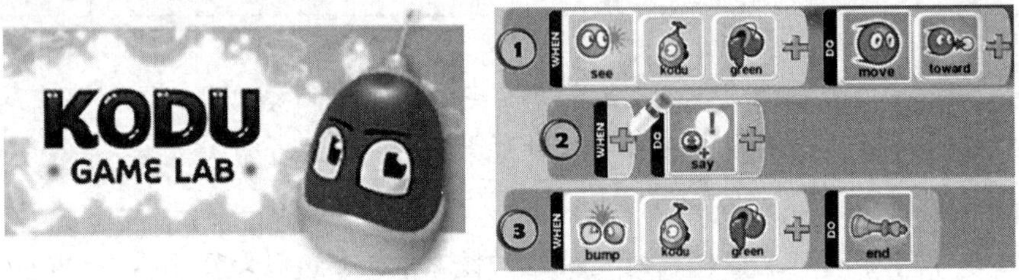

图 5.15　KODU 可视化游戏编程系统

"我们是游戏设计师"项目活动是KODU编程学习的最后阶段的教学活动,学生已经学习了KODU的基本操作,也已经有了模仿教师设计游戏的经历。整个项目活动基本覆盖了真实游戏开发流程,在这一过程中,学生不仅要完成传统程序设计课程中的编制程序代码以及调试的工作,还需要为游戏编撰故事情节。在这里,编故事并不简单,而是需要经历计算思维从具体到抽象的过程。与普通编故事不同,故事情节不仅要满足合理性、趣味性,还要满足可行性,即编写的故事是可以在已学习的KODU平台上实现的。这种思维特征是计算思维在工程化方面的一种体现,也可以迁移到其他学科领域。

在项目活动中,活动四采用思维导图使学生的思维可视化,可以帮助学生有效地整理、交流思想。活动三"设计漂亮的舞台"通过欣赏成熟的舞台背景设计引导学生设计自己的游戏舞台,也是一种计算思维的培养方式,因为学生在欣赏的同时,一定会考虑要实现这些舞台背景的关键要素并进行抽象,然后在自己的游戏中用计算机实现。

三、基于应用与操作的计算思维教学

运用计算机科学的基础概念来设计计算机系统,本身就是计算思维的表现。在使用计算机的过程中,也可以体现计算思维:一是运用计算机设计系统时,计算思维有正向促进作用;二是在使用计算机或类似机器计算的装置过程中,可以感受到计算系统的基本原理以及其反映出的计算思维。

1. 小学信息技术课程中的演示文稿制作

"欢乐演播厅"是一堂小学信息技术课,内容是学习制作演示文稿。

“欢乐演播厅”教学目标

【知识与技能】

1. 知道演示文稿的一般作用。

2. 能用“概念图”规划“自我介绍”的内容。

3. 掌握演示文稿软件的启动、关闭以及播放幻灯片的基本方法。

【过程与方法】

1. 通过制作、交流“自我介绍”概念图，了解概念图的意义和作用。

2. 通过探究和同伴互助完成学习单的过程，学会播放演示文稿的基本方法。

【情感态度与价值观】

1. 通过制作“自我介绍”概念图，养成做事前先规划的习惯。

2. 通过欣赏、播放演示文稿，体会信息技术在学习和生活中的作用。

从教学目标可以发现，学会使用演示文稿制作软件不是本课的唯一学习要求，学会概念图软件的使用也同样重要。由于学生对 Word 等软件使用已有经验，而与概念图之类的软件是首次接触，因此，该课在设计时注重对概念图的处理，包括概念图的概念分析、概念图的设计和概念图的作用，对于制作演示文稿所用到的软件则通过知识的迁移来实现。

该课主要内容是制作学生自我介绍的演示文稿，基本流程是：明确教学目标，规划演示文稿，然后学习制作软件，最后用演示文稿制作软件完成自我介绍的作品。

片断1（规划演示文稿）

1. 了解概念图。

师：想一想，在刚才的演示文稿中，老师介绍了哪几方面的信息？

(1) 学生交流，教师将有关信息无序板书。

(2) 请学生根据老师的自我介绍内容整理信息，梳理成概念图。

(3) 教师解释概念图的作用。

(4) 小结：这份概念图就是老师在做这份演示文稿时，为了先规划内容而先设计的。

2. 请学生用概念图的方式规划“自我介绍”演示文稿。

师：今天开始我们也要做一份自我介绍的演示文稿来帮助我们演讲，首先请大家利用概念图规划自己的“自我介绍”内容。

(1) 交流：可以从哪几方面介绍自己？

(2) 出示要求：利用概念图规划自己的“自我介绍”；内容要突出自己的个性；文字简洁明了，内容间的联系清晰。

(3) 学生制作概念图，师巡视指导。

(4) 交流、展示。

在本片断中，从信息的整理中引出概念图，概念图可以帮助学生整理繁多的信息，其本质是对信息的一种抽象与归纳。学生了解概念图的作用，建立制作作品前先规划的意识;学生通过交流介绍自己的信息,明确介绍的内容,通过制作概念图,了解规则内容,理清自己的思路。

片断2(学习使用 PowerPoint 演示文稿软件)

1. 师:有了规划,我们可以开始制作演示文稿了。用哪个软件来制作呢?

2. 用来制作演示文稿的软件有很多,有 WPS 演示,有 Impress,有 Keynote,有 PowerPoint 等,这次我们就利用 PowerPoint 来制作自我介绍的演示文稿。

3. 向学生示范:打开 PowerPoint 软件。

4. 观察、交流,认识 PowerPoint 窗口。可对比 Word 软件,认识任务窗格、编辑区、视图窗格等。

先规划,后制作,是数字作品的开发规则,也是一般作品开发的普遍规则。另一方面,目前图形界面的各类开发工具与平台,特别是 Windows 操作系统下的软件,尽管功能不同,但操作上有很多共性,这是因为这些软件的开发人员,已经对人们完成数据作品制作的操作进行了抽象,不管是文字处理还是表格处理,或者是演示文稿的制作,其基本的操作是相似的。本教学片断教师介绍不同的演示文稿软件,开拓学生的眼界,并且引导学生从已学过的 Word 字处理软件迁移,提高他们的自主学习能力。通过教师的适当提示,从 Word 软件和 PowerPoint 软件的功能相似性,可以让学生感受这种操作功能的抽象。

片断3(打开和播放演示文稿)

师:我们了解了 PowerPoint 软件窗口,现在老师就请你尝试来用一用。

1. 实践与探究。

(1) 打开桌面上老师的"自我介绍"演示文稿。

(2) 观察黑板上的概念图。

(3) 按顺序播放整个演示文稿。

(4) 同伴交流演示文稿软件和文字处理软件的特点。

(5) 尝试从第3张幻灯片开始播放。

2. 小组合作、尝试,师巡视指导。

3. 随机反馈、检测探究成果。

这堂课就是这样让学生以合作探究的方法学习使用 PowerPoint 软件, 然后模仿教师的自我介绍演示文稿样例,完成自己的数字作品制作。

从三个教学片断,基本反映了一节课的教学内容。尽管是演示文稿制作的传统学习内容,但只要教师善于挖掘与渗透,还是能够让学生感受计算机学科特有的思维特质,落实计算思维教学。

2. 在操作与应用技术中感受计算思维

计算机是一个黑匣子,计算原理的学习需要一定的知识储备,这些都是中小学计算思维培养的困难所在。然而,在现有信息技术课程中,在教授计算机应用过程中,通过一定的设计与引导,还是可以让学生感受计算原理以及计算思维的。

认识IP地址,并学会设置IP地址的简单方法,是中学信息技术课程要求掌握的基本内容。有教师设计了这样一个导入:

片断1(导入)

1. 提问学生平时在哪个网站搜索信息?

2. 事先删除本地连接中的DNS的IP地址,然后向学生演示在浏览器中输入www.baidu.com,结果网页出错,而输入119.75.218.45则能够打开网页。

3. 提出疑问,并提示学完这节课,便可解惑。

我们把问题可以进一步细化成两个方面:一是www.baidu.com或百度服务器与119.75.218.45的关系,解决了这一问题,也就是阐述了计算中的编码思想,通过编码,将具体的服务器抽象为了数符;二是指删除本地连接中的DNS的IP地址后计算机为什么不认识www.baidu.com,即DNS的作用,解决这一问题,也就是阐述了计算中的转换思想,通过转换,得到有用数据,实现自动化。

片断2(IP地址格式)

类似一个电话号码,一个IP地址反映了一台计算机与因特网的一个连接,让学生体会IP地址的功能,举例119.75.218.45,着重说明四个十进制数与32位二进制之间的对应关系,引导学生回顾每8位二进制对应的每个十进制数的取值范围。

这里用电话类比IP地址,并对地址编码及取值范围作进一步的阐述,甚至进一步介绍IPv6概念,强化编码思想。实际上,在信息技术课程教学中,类似的编码案例还有不少,对学生而言,积少成多,会潜移默化地形成编码思想。

片断3(DNS)

1. 说明DNS的作用,并打开本地连接,说明这是另外一种查看本地IP地址的方法。

2. 然后设置首选DNS的IP地址为10.168.0.100,备用的DNS的地址为202.96.209.5。DNS中含有域名和IP地址的对应表,使用DNS,可以将域名转换为IP地址。联系导入时设置的疑问,让学生们认识DNS,IP地址、域名之间的关系。说明DNS含有域名和IP地址的对应表。

通过对DNS的设置,观察与分析设置前后的现象,来感受DNS的功能,这是计算机学科常用的思维方式。

第六章　计算思维应用与影响

计算轶事

中文屋思想实验

约翰·塞尔(J. R. Searle)，当代美国哲学家，主要研究语言分析哲学和心灵哲学。1980 年，塞尔在论文“心、脑和程序”(Minds, Brains and Program)中，提出了一个著名的中文屋思想实验(见图 6.1)。

实验是这样的：塞尔是一个根本不认识汉字、只会英语的测试者，被关在一间堆着汉字牌子的屋子里，陪伴他的还有一本用英文写的手册，手册中写的是处理汉字字符的规则，这些规则对将递进来的字符和屋子里的字符之间的转换做了形式化的规定。中文屋外面是一位纯正的汉语说话者。现在，有几个顺序排列的汉字牌子从窗口塞进来，上面写的是一句中文，比如说，“你在用计算机吗？”。塞尔根据这些汉字的形状去查找他手里的英文手册，按照手册的指令，从屋里的那堆汉字中找出几个汉字依顺序从窗口递出去，比方说，递出去的是，“我正在计算机上玩游戏”。按照这种“交谈”方式进行下去，外面的人认为里面的人完全理解汉语。而事实上，中文屋里的塞尔根本不知道屋外送进来的中文字符串是什么意思，他递出去的字符串是对应的答案，只是塞尔很擅长按手册中的指令娴熟地处理一些汉字符号。这说明，单靠纯形式的方式来“操纵”汉字符号不是理解汉语。

图 6.1　中文屋实验

进一步讨论，如果将中文屋中的塞尔本人换成一台计算机，操作手册上的规则实质上就是计算机的软件。从塞尔不理解中文，也能推断出计算机不懂中文，但仍然会给中文屋外面的人产生错觉，以为中文屋里的塞尔或计算机是懂中文的。

塞尔借用语言学的术语非常形象地揭示了中文屋的深刻寓意：形式化的计算仅有语法，没有语义。由于计算机程序是基于语法的，并且语法对于语义是不充分的，而人类心灵具有语义，因此，一个计算机程序不足以产生心灵。这一结论也被引申为计算机永远不可能代替人脑。

中文屋实验对人们研究什么是思维，特别是计算机能否思维的影响是巨大的。继塞尔之后，很多学者对中文屋实验进行了细致而深入的分析。不妨我们也来设想一下，如果中文屋中的不是塞尔，而是和塞尔一样不懂中文的"你"。你每天收到"你在用计算机吗?"这样的问题，刚开始你确实不认识"计算机"，但经历了很长时间，你逐渐记住"计算机"就是"Computer"，你也就无需查手册，你还能说你不懂中文吗?如果你在中文屋中连续住了好几年，认识的词汇和语法越来越多，你终于能够熟练地运用中文，并将一篇中文翻译成英文或者将一篇英文翻译成中文了，那么这时你还能够说你不懂中文吗?

第一节　计算与思维的哲学思考

对于计算，人们最初只把它看作是人进行某种数值的输入和输出的变换，但事实上，计算的含义早已不局限于这样的狭隘理解。早在17—18世纪，一些哲学家为了对人的心智过程作出机械的解释就进行了探求人的思维的机械实现。而人类对生命模拟的向往其核心也是探求人的思维的机械实现，20世纪以来，哲学界兴起了一股用非生物媒介创造新的生命形式的研究热潮，即所谓的"人工生命"。目前，在计算科学、认知科学和计算哲学中，都认为计算一词的含义是指一个装置或一种元件可以执行一种准确而完整的，由数字、符号和语句所表示的解决问题的方案或算法。也可以说，计算一词指的是一个装置或一种元件与一种可形式化的算法之间存在着的某种模型化关系。

计算哲学是从哲学高度对计算学科的重要问题、根本问题进行理论分析、阐释和评价。它是一种元理论方法，具有哲学方法论的批判功能。因而计算哲学可以定义为批判性研究的哲学领域，它涉及到计算的概念、本质和基本原理以及对计算学科方法论的提炼和应用，目的是为计算学科的概念基础提供系统论证，从而建立新的理论框架。

计算科学以及计算机技术的发展为计算哲学提供了理解问题的新方法、新视角、新观念，如何将有关计算的概念、方法和模型应用于理解科学知识的结构和增长以及科学发现、科学理论的评价等问题则成了计算哲学研究的主要任务。计算哲学将指导人类建立新的自然观、生命观、科学观和科学方法论。

一、计算中的哲学思想

计算机科学中的很多问题，都要求我们首先对实际问题进行具体分析，从问题本身抽象出一个数学模型，然后设计一个符合这个数学模型的算法，最后根据算法编写程序、运行程序以解决问题。从哲学意义上讲，就是要求我们透过表面现象，抓住主要矛盾，深入分析本质，掌握变化规律，形成正确认识，最终解决问题。这是我们解决实际问题一种十分有效的方法。

在哲学方法中，量变是质变的基础，任何事物在发生质变前都依赖于量的积累。反映到现实生活中，我们要做成任何事情，都必须朝着目标一步一步地向前推进。循环算法体现了“量变”到“质变”的过程。例如，我们要在黑板上写一句话，就需要一个字一个字地写。那么，在计算机中如何实现类似的目标呢？我们可以采用以下的循环语句：

```
s=0; i=1
Do while i<100
  i=i+1; s=s+1
Loop
```

这是一个求 1+2+…+100 的 VB 程序段，循环体中，不断做累加，直到不能满足条件 i<100 为止。循环结束，累加工作也就完成。单一的加法操作不断叠加，完成了最终的运算。在程序设计中，程序员大量使用循环语句，因为循环语句是实现量变到质变哲学思想最有力的工具。

面向对象的思想就是用面向对象的观点和方法来认识和描述客观世界。客观世界中的任何事物都可以称为对象，面向对象就是从客观实际出发，具体对象具体分析，去粗存精，去伪存真，由此及彼，由表及里，建构关于对象的数据模型和对象间的通信关系。面向对象的程序设计方法深刻体现了认识论的一般规律，充分展示了具体—抽象—具体的哲学方法。

例如，人都是有姓名、性别和年龄的，我们就可以依据这些得到关于人的抽象概念。当然，如果对象具有某些动作特性，也可以作为操作考虑进去。于是，我们可以建立以下关于人的数据模型：

```
class Person
{
  public:
  char Name[20];
```

```
    char Sex;
    int Age;
};
```

关于人的数据模型是从许许多多人的特性抽象而得来的，人作为对象是具体的，人的类概念是抽象的，这个阶段是一个从具体到抽象的过程。有了抽象的类概念之后，我们就可以用它来方便地解决具体问题了。例如，如果我们需要记录一个顾客的有关信息，就可以这样描述：

```
Person Customer;
  strcpy(Customer.Name,"Mary");
  Customer.Sex='F';
Customer.Age=28;
```

语句 Person Customer 就是创建一个具体的对象，后面三条语句是将详细的信息赋予我们创建的对象。Person 是抽象的类概念，而 Customer 是具体的对象，这个阶段是一个从抽象到具体的过程。

实际上，在计算机中，由具体抽象而来的方法和机制比比皆是，而我们在计算机上每一次点击鼠标或输入数据，就是这些抽象的方法和机制在悄然帮助我们调度计算机资源，以完成我们的具体任务。

毫无疑问，计算机是一个世纪以来人类最重要的发明，它改变了世界，同时也改变了人类的思维方式。目前以图灵机的计算模型为核心的计算机，无论如何变化，其基本机制都是建立在二进制逻辑之上的，是通过有序执行来实现计算的。这种机制是脱离了具体对象和内容的一种抽象，是与内容分离的纯粹的形式逻辑。而人类思维是历史的和辩证的，是主观与客观的统一，是形式与内容的统一，是形式逻辑与辩证逻辑的统一，这是发展至今的计算机科学所难以企及的。

二、从“万物皆数”到计算主义

计算机科学是“1”和“0”的世界，是高电平和低电平的世界，是“接通”和“断开”的世界，是“真”和“假”的世界，是逻辑的世界，也是数的世界。

如果追溯科学思想的历史，那么就可以发现，其实计算机科学哲学是源于古希腊的毕达哥拉斯主义。“万物皆数”是毕达哥拉斯哲学的内核，它传达给人们的观念是：数是万物的始基、是万物最基本的组成要素，同时也是万物的共同本质和性质。具体地说，数学和谐是关于物理世界基本结构知识的本质核心，在自然界那种富有意义的秩序中，必须从自然规律的数学核心中去寻找它的根源。“万物皆数”和“万物皆可计算”具有相似的理念。

很多哲学家从计算的角度认知思维、视觉和生命的本质，把思维的本质看作是计算。莱布尼兹认为，一切思维都可以看作是符号的形式操作的过程。图灵认为，任何一个人类能行的计算过程，都可以用一台图灵机来模拟，电子计算机就是用物理的方式实现图灵机。人的大脑应当被看作是一台自动状态机,尽管大脑与计算机的组成物质不一样,但它们的本质则是相同的。

计算主义(computationalism)是当代一种关于心灵或认知的理论,计算主义的基本思想是:心理状态、心理活动和心理过程就是计算状态、计算活动、计算过程。换句话说,认知就是计算。许多计算主义者,基于不同的考虑,把各自心目中的计算主义进一步推进和具体化。一种推进是进一步阐述计算的概念,一些人认为计算就是对形式符号的操纵,一些人按照图灵机理论和可计算性理论来理解计算的概念,还有一些人认为计算就是信息处理。我们经常听到这些说法:心灵与大脑的关系,就像程序与计算机的关系;更直接的说法是,大脑就是一台计算机的硬件,心灵是计算机的程序或软件。这些说法在哲学中被称为关于心灵的计算机理论(the computer theory of mind)。

在计算主义的框架下,人类心灵被理解为某种心灵算法及其同构形式系统在物理系统中实现的结果。根据一些有影响的计算主义版本,信念、欲望的功能作用被表达在一个庞大的计算结构中。这个结构就是所谓的心灵程序或算法,认知科学的任务则是弄清这个结构的计算特性。

本章一开始介绍"中文屋"故事中的哲学家约翰·塞尔,就是想通过中文屋思想实验证明计算主义的错误。但计算主义者认为,汉字屋思想实验可以这样理解:在抽象的计算层面上,假定理解汉语是某个形式系统,汉字屋是对这个理解汉字系统的实现。计算主义者可以承认,汉字屋中的塞尔,即使熟练地处理了汉字符号,也并不理解那怕一个汉字。可是,理解汉语的不是塞尔一个人,而是包括塞尔、英文手册、汉字牌子在内的整个汉字屋。

塞尔与计算主义的争论,本质上是计算与思维的关系。讨论计算或心灵是否可以被计算,对计算机学科方法论意义在于:首先,突破了计算机科学领域的界限,人类的心理过程可以作为计算机学科方法论的研究对象;其次,丰富了计算机科学的主领域,指出了更多的研究方向。计算机学科方法论与心灵哲学的结合和互动使它成为新的、范围更大的计算学科。

第二节 计算思维的应用

抽象是计算思维的本质,计算思维这一本质特征在计算学科的重要表现就是抽象描述问题与具体实现问题是相分离的。这一特点不仅决定了一大批计算机科学工作者的工作方式,而且使计算机科学与技术的研究、开发在很短的几十年里就已进入比较深层的阶段。正是基于这样的特点,计算机科学工作者借助于计算模型方法来研究并解决问题。经过对各种计算模型的深入研究和应用,计算学科很快走向了深入,推动了计算机学科的发展,也推动了计算哲学的发展。

计算思维的提出与发展，其贡献不仅在于计算学科领域，也促进了其他学科领域的发展，特别对教育领域产生巨大影响。

一、计算思维的应用领域

《大数据时代》是英国学者维克托·迈尔·舍恩伯格和肯尼思·库克耶撰写的信息时代数据与生活、工作与思维的关系的著作。该书一开头就描述了一个有关 H1N1 流感预报的故事。

2009 年出现了一种新的流感病毒，这种甲型 H1N1 流感结合了导致禽流感和猪流感发生的病毒的特点，在短短几周之内迅速传播开来。美国和所有其他国家一样，都要求医生在发现新型流感病例时告知疾病控制中心。但由于人们可能患病多日实在受不了才会去医院，同时信息传回疾病控制中心也需要时间，因此，通告新流感病例时往往会有一二周的延时。而且，疾病控制中心每周只进行一次数据汇总。

在甲型 H1N1 流感暴发的几周前，谷歌公司的工程师们发表了一篇引人注目的论文，它令公共卫生组织的官员们和计算机科学家们感到震惊。文中解释了谷歌公司为什么能够预测冬季流感的传播，这种预测范围不仅可以包括全美，还可以具体到特定的地区和州。谷歌公司通过观察人们在网上的搜索记录来完成这个预测。公司保存了多年来所有的搜索记录，而且每天都会收到来自全球超过 30 亿条的搜索指令，如此庞大的数据资源足以支撑和帮助它完成这项工作。所以，谷歌公司的员工检测一些特定的用于获取有关流感信息的检索词条，如“哪些是治疗咳嗽和发热的药物”，关注特定检索词条的使用频率与流感在时间和空间上的传播之间的联系。谷歌公司总共处理了 4.5 亿个不同的数学模型，在将得出的预测与 2007 年、2008 年美国疾控中心记录的实际流感病例进行对比后发现，公司的预测与官方数据的相关性高达 97%。所以，和疾病控制中心一样，谷歌公司也能判断出流感是从哪里传播出来的，而且判断非常及时，不会像疾病控制中心一样要在流感暴发一二周后才可以做到。所以，2009 年甲型 H1N1 流感暴发的时候，与习惯性滞后的官方数据相比，谷歌成为了一个更有效、更及时的指示标志。公共卫生机构的官员获得了非常有价值的数据信息。

谷歌公司关于流感预测的例子，反映了大数据时代人们对待数据的一种新观念和处理方式，而这种处理方式的提出与实践，是与计算思维分不开的。计算思维所提出的新思想、新方法会促进自然科学、工程技术和社会经济等领域产生革命性的研究成果，计算思维也是创新人才的基本要求和专业素养。

近年来，生物学的“数据爆炸”为计算机科学带来了巨大的挑战和机遇，传统的计算机科学通常处理的数据量要远远小于这一规模，如何处理、存储、检索和查询这一巨大的数据并非易事。更为重要的是，如何从各种数据中发现复杂的生物规律和机制，进而建立有效的计算模型就更加困难。计算机科学家巧妙运用算法，使得对人类基因测序成为可能，大大降低了基因组测序的成本，提高了测序速度。

数据挖掘与聚类分析方法等技术在生物 DNA 序列方面有广阔的应用空间，反映了计算思维的应用空间以及具备计算思维的科技工作者的创新领域。从另一方面来看，计算思维与 DNA 有着内在的联系。20 世纪 50 年代，计算机先驱者冯·诺依曼就提出了具有细胞自动再生功能的自动机，他的细胞再生自动机实际上就是人工生命体的雏形，他对遵循简单规则而自发生成的秩序极感兴趣。作为细胞再生自动机工作的一部分，他还研究了自再生的逻辑，他天才地预见到，自再生自动机的逻辑结构在活细胞中必定能存在。

1994 年 11 月，美国科学家阿德勒曼在《科学》上公布的 DNA 计算机理论，更是从另一个角度揭示了生命就是算法，进化就是计算的观念。DNA 是生命的基石，任何生命类型的所有特征都以严格的规则编码在其 DNA 序列上，不管是生命的结构，还是生命的过程，在这个意义上它是一个信息库或数据库。另外，DNA 所有的行为都是以程序化、模块化的形式表现，在这个意义上它又是一个程序库。无论它是作为信息库还是程序库，DNA 都具有基本的计算特征，而生物体中所有现象的基本形式都是 DNA 的复制、切割、粘贴，这一事实深刻表明，生命本身就是由一系列复杂的计算或算法组成的。生命系统就是一台以分子算法为组织法则的多层次生物计算机，DNA 计算机就是对生命这种自然计算机的一种表征。从前，分子算法，如自复制自动机、胞格自动机、遗传算法、人工生命等全都是在电子计算机上实现的，DNA 计算机概念的出现是分子算法的化学实现的开端。这种立足于可控的生物化学反应或反应系统，无疑更加有力地直接地表明了生物现象与过程的计算特征。

如果说流感测试是计算思维在数据处理方面的应用，属于计算机技术应用范畴。生物 DNA 的研究领域中，计算思维不仅在数据挖掘、大数据处理中体现了应用价值，并且由于计算思维与生命 DNA 结构的内在相似性，使得这两个领域的结合促进了双方的创新发展。

以 1975 年图灵奖共同获得者西蒙(H. A. Simon)和纽厄尔(A. Newell)为代表的符号主义者认为，认知是一种符号处理过程，同时他们还提出了人类思维过程也可用某种符号来描述的思想，即思维就是计算，认知就是计算的思想。除了思维、认知之外，有关视觉认知理论的学者也把视觉看作是一种计算。根据计算视觉理论，神经系统所作的信息处理与机器相似，视觉是一种复杂的信息处理任务，目的是要把握对我们有用的外部世界的各种情况，并把它们表达出来。这种任务必须在三个不同的水平上来理解，这就是计算理论、算法和机制。计算理论是关于信息处理问题，它的解就是计算的目标，是在可见世界内找出这些性质并构成这个问题的约束条件；算法是指为完成期望的计算所采用的算法；机制是完成算法的物理实体，它由给定的硬件系统构成机器硬件的构架。计算视觉理论目前已得到广泛的应用 。

自 20 世纪 80 年代以来，进化理论就已开始受到计算科学与信息理论的深刻影响，许多科学家已逐渐把进化看成是向着组织的更高复杂性稳定推进——信息积累的过程。亦即进化被视为对信息处理，即计算过程的改进。物种对更加复杂和更加多样性的信息处理得越成功，它就越能适应复杂多变的环境，即物种在不断计算的过程中进化。在这种经过了修正的进化观中，生物体不再被看成经由自然选择的随机过程而产生的被动存在，而是一个动态的自组织过程。在新的思维方式中，“生存”应该同获取与环境相关的信息并做出计算的能力有关。人类正在用“计算”的术语来描述自然，开始把信息处理能力和增强的计算能力视为自然进化的显著特征。

计算、智能计算、计算思维的认知观已经深入到生物学、医学、宇宙学、物理学、化学乃至经济学、社会学等诸多领域，已经成为科学家认识事物、研究问题的一种基本的普适的观念和方法。整个自然界是由算法构成的，是按算法演化计算的，现实世界之万事万物只不过是算法的复杂程度的多样性，它们在发展中不断进行自我计算自适应，自然界的规律在某种程度上都是可计算的。

二、计算思维对教育的影响

计算机和互联网的普及及其所带来的生产智能化，宣告了工业时代的结束，信息时代的到来。信息时代是一个不同于以往任何时代的崭新时代。信息时代的生产力和生产方式的发展水平、人类认识能力的发展水平、教育自身的发展水平，与工业时代相比，都达到了一个前所未有的高度，发生了划时代的变化。这些变化对教育产生了新的要求，而这些新要求只有思维教育才能够满足。因此，社会变革决定了知识教育向思维教育的转变。

然而，不同学科对思维教育的要求并不相同，思维教育也在不同教学中有过实践。例如，理想化思维方法就是物理学科的学科思维之一，理想化思维方法是一种对质的近似求真，它根据问题的内容和性质，抓住主要因素，撇开次要、局部、偶然的因素，建立一个与实际情况差距不大的理想模型、理想过程、理想状态去研究。在物理教学中，“自由落体运动”、“完全弹性碰撞”、“自由振动”、“卡诺循环”、“等温过程”、“绝热过程”等都是理想状态，在流体力学中的“理想液体”，在分子物理学中的“理想气体”，是频繁出现的理想模型，但在物理学科中这些学科思维的教育往往是采取无意识教育方式进行的，也就是在讲物理的同时无形之中进行方法论的教育。但计算思维作为计算学科的学科思维之一，因计算学科的发展性面临知识更新周期太短而使得思维教育的迫切性加强，对计算思维的研究不仅可以促进计算学科的思维教育有意识地设计与实施，也会带动其他学科思维教育的探索与实践，促进教育领域由知识教育向思维教育的转向。

计算思维的提出与研究，促进了对计算学科的反思。其一，计算学科的本质探析包括：计算是不是一门学科？计算学科的本质是什么？计算学科的核心是什么等。其二，计算学科的思维方式，即计算机解决问题的过程，基本上是模拟人类大脑分析问题、解决问题的过程，因此有必要分析人类是如何解决问题的，以及在解决问题的过程中人类是如何进行思维活动的,从而更加清楚地探讨计算学科的思维方式。其三,计算学科的基本问题、重大问题及其未来走向。其四,计算学科的方法论探析,即以统一计算理论为研究基础,开发出一种基于计算技术的哲学方法,用以解释和解决计算学科领域所产生的传统的和新的研究问题。其五,计算学科的价值原则、伦理原则,即对从事计算职业人员的价值观念要求以及道德行为规范的研究。

计算思维的提出与研究,促进了计算学科的建设与人才的培养。计算思维能从学科思维的角度理解计算学科的基本问题、重大问题、根本问题、发展规律,以及知识体系的层次结构、教学的内在规律等问题,结合学科发展与社会发展对从业人员的不同阶段要求,制定出符合人才培养方案与培养目标的教学计划与课程体系。重视计算思维教育有利于提高学员的抽象思维能力和逻辑思维能力, 提升从业人员发现问题、解决问题的能力,促使研究人员做出具有原创性的成果,培育出适合时代潮流的计算人才。

计算思维的提出,也促进了计算学科思维的细化研究。如存储思维,它是从计算思维的角度出发, 将知识内容中涉及到存储的思想和思维方式的知识进行重新归类和整理,旨在通过这部分知识的构建,加强学生对计算机内部硬件存储数据方式的认识和理解,提高学生对信息管理和信息存储安全的意识,进一步体会计算机存储方式的多样化和权衡的思想方法,感受人类保护和传承信息的意义。再如安全思维,可以加强学生的信息安全和数据安全意识,增强学生从多方面、多角度、多渠道对信息进行加密、监控、备份等保护措施的能力,使他们进一步体会信息安全的重要意义和必要性, 感受飞速发展的信息技术和计算机技术这两把双刃剑给人类社会和生活带来的巨大变化。再如操作思维, 它是计算学科中很有特点的一种思维,以提高学生的动手实践能力为目标,培养学生举一反三、触类旁通的能力,使学生进一步体会计算机操作的简便和效率, 感受计算机技术的不断发展给人类生活方式带来的巨大影响和变革。

纵观中小学的计算机教育, 以程序设计为主的计算机教育因其教育价值与学生的社会实际应用需求相脱离而引起了第一次转向, 以工具使用为主的计算机教育因其过分关注软件操作、忽视课程内涵而引起第二次转向。学科价值的缺失使得计算机教育在中小学推广存在障碍,是否会引起课程的第三次转向值得期待。事实上,计算机科学和技术已经进入我们的经济、生活和技术产业的各个核心领域,数字化时代也正改变着世界和劳动力的发展,计算机科学支持着技术部门,为国内经济发展和其他经济部门作出巨大的贡献, 这需要更多依赖于计算和具有计算专业技能的工作者。计算思维的提出与发展,有利于计算机教育的价值探索,也会促进计算机科学在中小学教育中的普及。通过开展以计算思维为主线的计算机科学课程教学,可以使学生理解计算机科学的基本原理和技能,理解计算机科学的本质和在现代世界中的地位,能够在其他学科的问题解决活动中使用计算机科学技能,尤其是使用计算思维。

计算思维代表着一种普遍的认识和一类普识的技能，它应该像“读”、“写”、“算”一样，成为每个人的基本技能，而不仅仅限于计算机科学家，因此，每个人都应该热心于计算思维的学习和应用。

参考文献

1. 陈国良. 计算思维导论[M]. 北京:高等教育出版社. 2012
2. 赵致琢. 计算科学导论(第 3 版)[M]. 北京:科学出版社. 2006
3. 董荣胜. 计算机科学导论——思想与方法(第 2 版)[M]. 北京:高等教育出版社. 2013
4. 任晓明,桂起权. 计算机科学哲学研究[M]. 北京:人民出版社. 2010
5. 王小燕. 科学思维与科学方法论[M]. 广州:华南理工大学出版社. 2003
6. 王荣良. 算法与程序设计[M]. 上海:华东师范大学出版社. 2008
7. 董荣胜,古天龙. 计算机科学与技术方法论[M]. 北京:人民邮电出版社. 2002
8. 黄国兴. 中国计算机科学与技术学科教程 2002[M]. 北京:清华大学出版社. 2002
9. 钱学森. 关于思维科学[M]. 上海:上海人民出版社. 1986
10. 中华人民共和国教育部. 普通高中技术课程标准[M]. 北京:人民教育出版社. 2003
11. 陶增乐,吴洪来,王荣良. 人工智能初步[M]. 杭州:浙江教育出版社. 2006
12. 王荣良. 上海市中小学信息科技课程标准解读[M]. 上海:华东师范大学出版社. 2006
13. Dennis E. Shasha,Cathy A. Lazere. 向怡宁译. 奇思妙想[M]. 北京:人民邮电出版社. 2012
14. 上海市教育委员会. 上海市中小学信息科技课程标准[M]. 上海:上海教育出版社. 2004
15. 王荣良,高淑印. 信息技术课堂教学案例发展点评[M]. 北京:教育科学出版社. 2011
16. 王荣良. 信息科技课程教学案例精选[M]. 上海:华东师范大学出版社. 2011
17. 王荣良. 高中信息科技[M]. 上海:华东师范大学出版社. 2008
18. 王荣良. 小学信息科技(第二册)[M]. 上海:华东师范大学出版社. 2008
19. 维克托·迈尔·舍恩伯格,肯尼思·库克耶. 盛杨燕,周涛译. 大数据时代[M]. 杭州:浙江人民出版社. 2013
20. J. Glenn Brookshear. 刘艺,肖成海,马小会,毛倩倩译. 计算机科学概论(第 11 版)[M]. 北京:人民邮电出版社. 2011

21. 邹恒明. 算法之道[M]. 北京:机械工业出版社. 2010
22. Ronald L. Graham, Donald E. Knuth, Oren Patashnik. 张明尧, 张凡译. 具体数学:计算机科学基础(第2版)[M]. 北京:人民邮电出版社. 2013
23. 崔林, 吴鹤龄. IEEE 计算机先驱奖[M]. 北京:高等教育出版社. 2012
24. 牟琴, 谭良. 计算思维的研究及其进展[J]. 计算机科学. 2011, 3
25. 郭喜凤, 孙兆豪, 赵喜清. 论计算思维工程化的层次结构[J]. 计算机科学. 2011, 3
26. 朱亚宗. 论计算思维——计算思维的科学定位、基本原理及创新路径[J]. 计算机科学. 2009, 4
27. 董荣胜, 古天龙. 计算思维与计算机方法论[J]. 计算机科学. 2009, 1
28. 董荣胜. 计算思维与计算机导论[J]. 计算机科学. 2009, 4
29. 袁开榜. 二十一世纪, 人们应该具有计算思维能力[J]. 计算机教育. 2011, 3
30. 郅庭瑾. 为思维而教[J]. 教育研究. 2007, 10
31. 郭红霞, 唐晓鸣. 为思维而教——兼谈思维教学的价值和方式[J]. 教育探索. 2009, 3
32. 谭和平, 李其维. 略论思维的可训练性[J]. 华东师范大学学报(教育科学版). 1998, 4
33. 刘朔, 刘颖. 英国的思维教育及对我国的启示[J]. 外国教育研究. 2002, 10
34. 胡弼成. 论教育形态的变革——思维教育简论[J]. 高教探索. 2008, 5
35. 苏翊翔. 英美国家思维教育实践及其对我国基础阶段外语教育的启示[J]. 外国中小学教育. 2012, 3
36. 王荣良. 计算思维:一种新的学科思维方式[J]. 中国信息技术教育. 2012, 6
37. 牟琴, 谭良. 基于计算思维的探究教学模式[J]. 研究开放学习. 2010, 11
38. 廖伟志, 李文敬, 王汝凉. 基于培养学生计算思维的任务驱动式“离散数学”教学模式研究[J]. 计算机教育. 2009, 11
39. 朱立平. 论程序设计课程“实验导学”教学模式的构建[J]. 计算机教育. 2009, 10
40. 苏小红, 车万翔, 王甜甜, 赵玲玲. 如何在程序设计课程中培养计算思维能力[J]. 工业和信息化教育. 2013, 6
41. 赵岭忠, 钱俊彦, 蔡国永. 算法设计策略与计算思维[J]. 企业科技与发展. 2010, 8
42. 曾显峰, 廖晓芳. 基于程序设计教学的文科生计算思维培养[J]. 计算机教育. 2012, 2
43. 姚天昉. 在程序设计课程中引入“计算思维”的实践[J]. 中国大学教学. 2012, 2
44. 战德臣, 聂兰顺, 徐晓飞. “大学计算机”——所有大学生都应学习的一门计算思维基础教育课程[J]. 中国大学教学. 2011, 4
45. 衷克定, 玛丽亚木·玉苏甫江. “大学计算机”课程的计算思维能力形态及其取向

[J]. 中国大学教学. 2013,5
46. 吕俊. 大学计算机基础教学中的计算思维养成[J]. 计算机教育. 2013,5
47. 朱鸣华,赵铭伟,赵晶,林鸿飞. 计算机基础教学中计算思维能力培养的探讨[J]. 中国大学教学. 2012,3
48. 冯博琴. 对于计算思维能力培养"落地"问题的探讨[J]. 中国大学教学. 2012,9
49. 王吉,张建鹏. 信息技术教师,你是谁[J]. 中国信息技术教育. 2008,8
50. 王荣良. 信息技术课程中算法学习的价值探索[J]. 中国电化教育. 2008,8
51. 王荣良. 信息技术课程之工程思维辨析[J]. 中国教育技术装备. 2012,27
52. 衡孝庆,魏星梅. 工程思维研究的现状与展望[J]. 科学决策. 2009,7
53. 王荣良. 挖掘信息技术课程中的批判性思维[J]. 中国信息技术教育. 2013,9
54. 刘向永,董洪波. 英国中小学信息通信技术课程变革述评[J]. 现代教育技术. 2013,1
55. 钱松岭,董玉琦 美国中小学信息社会学课程与教学述评[J]. 中国电化教育. 2013,8
56. 王荣良. 计算思维对中小学信息技术课程的影响初探[J]. 中国教育技术装备. 2012,9
57. 钱松岭,董玉琦. 美国计算机协会 K—12 阶段计算机科学课程模型述评[J]. 中国信息技术教育. 2009,7
58. 王荣良. 信息科学学科的基本框架与信息技术课程的内容层次结构[J]. 中国教育技术装备. 2013,3
59. 闫学杉. 关于 21 世纪信息科学发展的一些见解[J]. 科技导报. 1999,8
60. 程炼. 何谓计算主义[J]. 科学文化评论. 2007,4
61. 宣克祥. 试论计算机科学中的哲学智慧[J]. 教育教学论坛. 2010,10
62. 李大社,范辉,李晋江,赵小芳. 计算与计算哲学[J]. 山东工商学院学报. 2009,10
63. 刘坤起,赵英豪,汪慎文. 计算机科学与技术学科的两种新的典型方法[J]. 石家庄学院学报. 2007,11
64. 张晓如,张再跃. 再谈计算思维[J]. 计算机教育. 2010,12
65. 任晓明,潘沁. 冯·诺依曼的计算机科学哲学思想[J]. 科学技术哲学研究. 2011,8
66. 杨小爱,魏屹东. 中文屋论证究竟证明了什么?[J]. 山西大学学报. 2013,3
67. 郝宁湘. 计算:一个新的哲学范畴[J]. 哲学动态. 2000,11